生態經濟學

肖良武、蔡錦松、孫慶剛、張攀春
編著

財經錢線

前　言

　　隨著人類對環境資源開發能力的提高，尤其是在18世紀以後，大量工業機械的應用，開採業、製造業特別是冶煉業、化學工業的大規模發展，大量煤炭被開採，過度開荒、毀林，「石油農業」模式的大規模應用等，造成全球範圍內嚴重的環境污染、資源短缺、水土流失、生物多樣性銳減，極大地破壞了生態系統並嚴重威脅著人類經濟、社會的可持續發展。

　　20世紀六七十年代以來，人們越來越清晰地認識到，經濟發展和環境保護是不可分割的。由於經濟增長的原材料主要來自自然，如果經濟發展損害了環境，環境的惡化必然限制甚至破壞經濟的發展。尤其對於許多發展中國家而言，農業、林業、礦業和能源生產至少占其國民生產總值的一半，依賴這些產業生存和就業的人口比例則更高。在這些發展中國家特別是最不發達國家的經濟中，自然資源的出口一直占很大比重。結果，這些相對貧窮的國家在出口越來越多稀有資源的同時也變得日益貧窮。同時，對自然資源的過量開採，必然導致環境的破壞，進而帶來更嚴重的災難，經濟發展也將終止。如何妥善處理經濟發展和環境保護的關係，轉變經濟發展模式，已成為世界各國特別是發展中國家最重要的問題。

今天，我們只有穩步推進生態經濟建設，才會使資源的永續利用和經濟的可持續發展成為可能。

　　正是由於以上原因，生態經濟建設顯得尤為迫切。

001

《生態經濟學》(第二版) 在第一版的基礎上，新增「生態旅遊」「生態補償機制及政策研究」兩章，以適應專業人才培養的需要。

　　本書的編寫分工為：肖良武負責全書的框架設計並編寫第一章；黃臻負責第二章的編寫；孫慶剛負責第三章的編寫；蔡錦松負責第四章的編寫；鄭瑞、李藝負責第五章的編寫；張韜負責第六章第一節至第四節的編寫；劉清海負責第七章的編寫；張攀春負責第六章第五節、第八章的編寫；羅騰飛、袁國龍負責第九章的編寫；文瑾負責第十章的編寫。全書的統稿、審核、定稿由肖良武、蔡錦松、孫慶剛、張攀春共同完成。

　　本書涉及理論與實踐的研究面廣，需要深入探討的問題尚有很多，故難免有不當之處，敬請廣大讀者和同行批評指正。

肖良武

目錄

第一章　導論 ……………………………………………………………（1）

　　第一節　生態經濟學的形成和發展 ……………………………………（2）

　　第二節　生態經濟學的內涵與性質 ……………………………………（6）

　　第三節　生態經濟學的研究對象和內容 ………………………………（11）

　　第四節　生態經濟學學科體系及與其他相關學科的關係 ……………（13）

　　第五節　研究生態經濟學的意義 ………………………………………（15）

第二章　生態經濟系統 …………………………………………………（19）

　　第一節　生態經濟系統概述 ……………………………………………（20）

　　第二節　生態經濟系統的組成 …………………………………………（25）

　　第三節　生態經濟系統要素配置及方法 ………………………………（28）

　　第四節　生態經濟系統的基本矛盾與協調統一 ………………………（37）

第三章　生態經濟學的價值理論 ………………………………………（43）

　　第一節　生態經濟學的價值觀 …………………………………………（44）

　　第二節　生態經濟學的產值觀 …………………………………………（48）

　　第三節　生態經濟學的效益觀 …………………………………………（54）

　　第四節　生態經濟學的財富觀 …………………………………………（59）

第四章　生態產業 ………………………………………………………（65）

　　第一節　生態產業概述及原理 …………………………………………（66）

　　第二節　生態農業 ………………………………………………………（69）

　　第三節　生態工業 ………………………………………………………（77）

第四節　生態服務業 …………………………………………… (83)

第五章　生態旅遊 …………………………………………………… (95)

　　第一節　生態旅遊概念及內涵 ………………………………… (96)
　　第二節　生態旅遊的產生和發展 ……………………………… (99)
　　第三節　生態旅遊的特點與原則 ……………………………… (103)
　　第四節　生態旅遊系統 ………………………………………… (107)

第六章　生態消費 …………………………………………………… (117)

　　第一節　消費主義的興起與發展 ……………………………… (118)
　　第二節　消費主義的危害及成因 ……………………………… (119)
　　第三節　生態消費的內涵及特徵 ……………………………… (125)
　　第四節　生態消費的意義 ……………………………………… (128)
　　第五節　生態消費模式及其構建 ……………………………… (129)

第七章　生態城市建設 ……………………………………………… (145)

　　第一節　生態城市概述 ………………………………………… (146)
　　第二節　生態城市建設的評價方法 …………………………… (151)
　　第三節　生態城市的評價指標體系 …………………………… (154)
　　第四節　生態城市規劃、建設與管理 ………………………… (164)

第八章　欠發達地區的生態經濟建設 ……………………………… (175)

　　第一節　欠發達地區生態經濟建設的意義 …………………… (176)
　　第二節　欠發達地區生態經濟建設的現狀 …………………… (177)
　　第三節　欠發達地區生態經濟建設的途徑 …………………… (183)

第九章　生態補償機制及政策研究 ………………………………… (195)

　　第一節　生態補償機制的概述 ………………………………… (196)
　　第二節　生態補償機制的國際經驗與借鑑 …………………… (203)

第三節　重點領域生態補償機制的案例分析 …………………………（206）

　　第四節　建立生態補償機制的戰略與政策框架 ………………………（212）

第十章　生態經濟制度建設 ……………………………………………（227）

　　第一節　生態經濟制度建設的意義 ……………………………………（228）

　　第二節　生態經濟制度建設的現狀 ……………………………………（232）

　　第三節　生態經濟制度建設的途徑 ……………………………………（234）

參考文獻 ……………………………………………………………………（241）

第一章

導論

　　生態經濟學是一門新興學科，學習本學科首先要瞭解它的形成和發展歷程，瞭解它的內涵與性質、研究對象和內容、學科體系構成及研究意義。本章的任務就是介紹生態經濟學的基本情況。

第一節　生態經濟學的形成和發展

一、生態經濟學形成的背景

人類進入工業文明以來，創造了比過去一切時代總和還多的物質財富，也創造了更加豐富的文化與制度，人真正成為「自然的統治者」。但是在經濟社會迅速發展的同時，也產生了眾多的環境問題，諸如資源耗竭、環境惡化、同溫層臭氧減少、海平面上升、森林縮減、土壤侵蝕、生物多樣性減少等，這些問題的存在已經嚴重影響了人類的正常生活和經濟發展。人類的經濟亞系統已經嚴重地影響到地球生態系統的正常運轉，也制約了經濟系統的進一步發展。要解決這些問題，需要有新的知識或學科的出現。

在20世紀60年代後期興起的環境保護運動中，循環經濟思想還僅僅表現為發達國家一些環境科學工作者的一種超前性和理想化的理念，還遠遠沒有變為他們國家的人們的自覺實踐，因為當時這些工業發達國家所關心的還只是以公害為代表的環境污染問題。進入20世紀80年代以後，發達國家開始注意到採用資源化的方式來處理生產過程的廢棄物，但對污染和廢棄物產生是否合理和是否應該從生產和消費的源頭上防止污染產生，則還沒有更深刻的認識；他們開始關心經濟活動所造成的生態環境後果，但還沒有質疑造成這種後果的經濟運行模式本身。

1992年，世界環境與發展大會以後，世界各國對可持續發展理論和戰略取得空前的共識。在可持續發展理論指導下，環境污染的源頭預防和全過程治理開始代替末端治理成為發達國家環境與發展政策的主流。這種認識上的理性飛躍，使人們更加清楚地看到了線性經濟必然會帶來嚴重污染，而污染的末端治理又不能從根本上治理和杜絕產生污染的內在邏輯關係。30年來，中國環保事業儘管在治污、控污方面傾注了極大的精力，也取得了巨大的成就，但各種污染問題仍很嚴重，繼續污染的趨勢還沒得到根本遏制，追根溯源，癥結概出於此。既然末端治理不能從根本上解決污染產生和防治問題，那就自然要從源頭和過程方面去尋找解決的途徑，從產生污染的經濟發展模式上去尋找解決問題的根本辦法。在這種背景下，循環經濟的出現就是順理成章了。

黨的十六屆三中全會確定了以統籌城鄉發展、區域發展、經濟社會發展、人與自然和諧發展、國內發展和對外開放為內容的新的科學發展觀。這種科學發展觀本質要求「可持續發展能力不斷增強，生態環境不斷得到改善，資源利用效率顯著提高，人與自然關係和諧，推進整個社會走上生產發展、生活富裕、生態良好的文明發展道路」。這種科學發展觀正確地解決了經濟、社會與環境全面協調和可持續發展問題，突出了環境在可持續發展中的基礎地位和作用。實踐這種新的發展觀，必須徹底摒棄人類沿用至今的傳統的經濟增長方式，要代之以大力發展物質閉環流動的生態經濟為本質特徵的循環經濟。

黨的十八大以來，以習近平同志為核心的黨中央，深刻總結人類文明發展規律，將生態文明建設納入中國特色社會主義事業「五位一體」總體佈局和「四個全面」戰略佈局，「美麗中國」成為中華民族追求的新目標，推動中國綠色發展道路越走越寬廣，引領中華民族在實現偉大復興徵程上闊步前行。

二、生態經濟學的形成及發展

　　生態經濟學的產生歸功於生態學向經濟社會問題研究領域的滲透。20 世紀 20 年代中期，美國科學家麥肯齊首次將植物生態學與動物生態學的概念運用到對人類群落和社會的研究上，提出了「經濟生態學」這一名詞，主張經濟分析不能不考慮生態學的過程。

　　生態經濟學作為一門獨立的學科，是 20 世紀 60 年代後期正式創建的。美國海洋生物學家萊切爾·卡遜，她於 1962 年發表了著名的科普讀物《寂靜的春天》，對美國濫用殺蟲劑所造成的危害進行了生動的描述，揭示了近代工業對自然生態的影響，首次真正結合經濟社會問題開展生態學研究。20 世紀 60 年代美國經濟學家肯尼斯·鮑爾丁在《一門科學——生態經濟學》一書中正式提出「生態經濟學」的概念。鮑爾丁明確闡述了生態經濟學的研究對象，提出了「生態經濟協調理論」。美國另一經濟學家列昂捷夫是第一個對環境保護與經濟發展的關係進行定量分析研究的。

　　聯合國於 1972 年在瑞典首都斯德哥爾摩召開了「人類環境會議」，把保護生態環境的意識落實到保護生態環境的實際行動中。但是自然生態的破壞並沒有停止，人類生存的環境還在繼續惡化。為此，聯合國於 1992 年又在巴西的里約熱內盧召開了「環境與發展會議」。大會提出：環境保護與人類經濟社會的發展是密切聯繫不可分割的，脫離了經濟的發展來保護環境是保護不了環境。大會明確提出把環境與發展密切結合起來，以可持續發展作為世界環境保護與人類經濟社會的發展共同的正確指導思想。

　　1980 年，聯合國環境規劃署召開了以「人口、資源、環境和發展」為主題的會議，並確定將「環境經濟」（生態經濟）作為 1981 年《環境狀況報告》的第一項主題。由此，生態經濟學作為一門既有理論性又有應用性的新興科學，開始被世人矚目。1989 年，國際生態經濟學會成立，《生態經濟》雜誌創刊。爾後，成立了兩個著名的生態經濟學研究機構，一個是位於美國馬里蘭大學的國際生態經濟學研究所，另一個是位於瑞典斯德哥爾摩的瑞典皇家學會的北界國際生態經濟研究所。這兩個研究所及學會會員的研究大體代表和左右著西方國家生態經濟學界的動向。20 世紀 90 年代以來，生態經濟理論有了更深入的發展。在 1996 年美國著名生態經濟學家戴利發表《超越增長——可持續發展的經濟學》，1999 年保羅·霍肯出版《自然資本論：關於下一次工業革命》，2002 年美國經濟學家萊斯特·R. 布朗出版了《生態經濟——有利於地球的經濟構想》《B 模式》等生態經濟學力作之後，生態經濟學沿著可持續發展理論方向又邁進了一步。

　　此後，一大批論述生態經濟學的著作問世，從此，生態學進入了「邊緣學科」的

新時代，與社會經濟問題密切結合，交叉發展，產生了公害經濟學、污染經濟學、環境經濟學、資源經濟學，最終分離出一門新的邊緣學科——生態經濟學。

發達國家發展循環經濟具有深刻的理念和實踐支撐基礎：①生態經濟效益理念。1992年世界工商企業可持續發展理事會（WBCSD）在向聯合國環境與發展會議提交的報告《變革中的歷程》中提出了生態經濟效益的新理念。這一理念要求企業生產過程中要實現物料和能源的循環往復使用以達到廢物和污染排放最小化。②工業生態系統理念。這是由美國通用汽車公司研究部任職的福羅什和加勞布勞斯提出的一種新理念。1989年他們在《科學美國人》發表了《可持續發展戰略》一文，提出了生態工業園的新概念，要求企業之間產出的各種廢棄物要互為消化利用，原則上不再排放到工業園區之外。其實質就是運用循環經濟的思想組織園區內企業之間物質和能量的循環使用。自1993年起，生態工業園區建設逐漸在各個國家展開。③生活垃圾無廢物理念。這種理念本質上要求越來越多的生活垃圾處理要由無害化向減量化和資源化方向過渡，要在更廣闊的社會範圍內或在消費過程中和消費過程後有效地組織物質和能量的循環利用。

當世界經濟的發展進入20世紀60年代末之際，生態與經濟不協調的問題日益顯現。面對當時已經凸顯的人口、糧食、資源、能源和環境等五大生態經濟問題，人們紛紛尋找解決問題的出路，引發了以「羅馬俱樂部」為代表的「悲觀派」觀點和以美國的赫爾曼·康恩、朱利安·西蒙為代表的「樂觀派」觀點。

悲觀派以「羅馬俱樂部」為主要代表。自20世紀60年代末以來，該派環境經濟學家對人類社會發展的過去、現在和未來進行了大量的系統研究，將全球的未來描繪成一幅可悲的圖景。其代表性著作有《增長的極限》《全球2000年》和《世界保護戰略》等。悲觀派的基本看法是：如果人類社會按目前的趨勢繼續發展下去，則2000年的世界將比我們現在所生活的世界更不安定、更擁擠、污染更嚴重、生態上更不平衡。如不立即採取全球性的堅決措施來制止或減緩人口和經濟增長速度，則在若干年內的某一時刻，人類社會的增長會達到極限。此後，便是人類社會不可控制地崩潰，人口和產量都將大幅度下降。

樂觀派以美國未來研究所所長卡恩博士為代表，其代表作是《世界經濟發展——令人興奮的1978—2000年》。他堅持用設想的方式而不是用數學推導的方式看待未來。他對歷史進行了分析解釋，並以此作為預測未來的基礎。

此外，還存在著中間派，中間派對世界未來的看法介於以上兩者之間。中間派承認人類面臨問題的嚴重性，但認為只要有謹慎而堅決的行動，就一定有希望，而且必能戰勝這一挑戰。代表人物有世界未來學會主席柯尼什和德·儒弗內爾和艾倫·科特奈爾等，其代表作是《環境經濟學》，以及阿·托夫勒的《未來的震盪》和《第三次浪潮》，約翰·奈斯比特的《大趨勢——改變我們生活的十個新方向》。中間派的基本看法是：今後的歲月可能布滿風險，但人類各個領域的活動仍有希望取得許多巨大的成就。中間派對未來的態度既不是悲觀主義，也不是樂觀主義，而是滿懷信心的現實主義。

三、中國生態經濟學的形成及發展

中國對生態經濟的研究始於20世紀80年代。1980年8月在青海省西寧市召開的一次全國性學術會議上，著名經濟學家許滌新首次提出開展生態經濟學的研究，創建生態經濟學科的建議。同年9月，許滌新發起召開了有農業經濟學家王耕今，生態學家馬世駿、侯學煜和陽含熙院士參加的首次生態經濟座談會。與會者一致強調在中國加強生態經濟學研究的重要性和緊迫性，並明確提出了在中國創建生態經濟學的任務和當時需要研究的一些重大課題。這次會議有力地推動了生態經濟學在中國的發展。

1981年5月，雲南省農經學會在昆明召開了生態經濟問題研究工作會議，同年11月成立了雲南生態經濟研究會，這是中國誕生的第一個群眾性的生態經濟研究組織。

1982年11月在江西南昌召開了全國第一次生態經濟討論會，會上遞交的70多篇論文從不同角度對生態經濟基礎理論問題和實際應用問題進行了探討，討論會還通過了給黨中央、國務院關於開展生態經濟研究的建議書。

1984年2月，由中國社會科學院經濟研究所、農業經濟研究所、城鄉建設環境保護部、環境保護局、中國生態學會和中國「人與生物圈」國家委員會，在北京聯合召開了全國生態經濟科學討論會暨中國生態經濟學會成立大會。時任國務院副總理的萬里同志代表黨中央和國務院為大會做了報告，指出生態經濟問題是社會主義建設中的戰略問題，認為生態學會和生態經濟學會的成立是中國對這個問題開始覺醒的表現。要求大力開展這方面的研究、宣傳和教育工作，為改善中國的生態環境提出建議，在社會主義建設中積極發揮作用。會後，出版了許滌新的專著《生態經濟學探索》，並被蘇聯譯成俄文版出版；還出版了全國生態經濟科學討論會論文集。這次會議的召開，有力地促進了中國生態經濟研究工作的飛躍發展。會後，全國生態經濟學術團體紛紛成立，學術交流活動空前活躍。

1985年6月，雲南省生態經濟學會創辦了《生態經濟》雜誌。1987年，許滌新出版了《生態經濟學》，其後出版了一系列有關生態經濟學的著作和教材。這些成果的出現，標誌著中國生態經濟學這一新興學科理論體系初步建立起來。

案例連結：生態文明貴陽會議

2009年8月，第一次生態文明貴陽會議，在中國首次提出了「綠色經濟」的概念，並以生態文明為焦點，立足中國、面向世界。大會提出，保護生態環境是前提，要尊重自然、善待自然，正確認識保護環境和發展經濟的關係，綜合運用經濟、法律和必要的行政手段來保護環境；轉變經濟發展方式是關鍵，實現從「褐色經濟」到「綠色經濟」的轉變。2011生態文明貴陽會議，進一步明確以科學發展為主題，以加快轉變經濟發展方式為主線，將積極應對氣候變化和推進綠色低碳發展作為重要的政策導向，對於縱深推進生態文明建設具有重要意義。2012年生態文明貴陽會議繼續致力於匯聚官、產、學、媒、民及其他各界決策者開展交流與合作，傳播生態文明理念，分享知識與經驗，

促進政策的落實與完善，抓住綠色經濟轉型的機遇，應對生態安全的挑戰，形成國際、地區和行業議程，從而有助於構建資源節約、環境友好型社會，推動人類生態文明建設的進程。2012年生態文明貴陽會議繼續致力於匯聚官、產、學、媒、民及其他各界決策者開展交流與合作，傳播生態文明理念，分享知識與經驗，促進政策的落實與完善，抓住綠色經濟轉型的機遇，應對生態安全的挑戰，形成國際、地區和行業議程，從而有助於構建資源節約、環境友好型社會，推動人類生態文明建設的進程。2013年生態文明貴陽會議的主題是「建設生態文明：綠色變革與轉型──綠色產業、綠色城鎮和綠色消費引領可持續發展」。2014年生態文明貴陽會議的主題是「改革驅動，全球攜手，走向生態文明新時代──政府、企業、公眾：綠色發展的制度框架於路徑選擇」。2015生態文明貴陽會議的主題是「走向生態文明新時代，新議程、新常態、新行動」。2016年生態文明貴陽國際論壇主題是「走向生態文明新時代：綠色發展・知行合一」。2017生態文明試驗區貴陽國際研討會秉持生態文明貴陽國際論壇的理念、風格和模式，以「走向生態文明新時代，共享綠色紅利」為主題，堅持「既要論起來，又要幹起來」，圍繞以建設國家生態文明試驗區為重點的前瞻性、戰略性、實踐性問題，舉辦了一場研討大會、一場國際諮詢會委員會議、九場專題研討會和系列活動。2018年生態文明貴陽國際論壇是生態文明貴陽國際論壇創辦十週年，也是升格為國家級國際性論壇的第五次年會。論壇以「走向生態文明新時代，生態優先，綠色發展」為主題，來自35個國家和地區的2,426名嘉賓參會，圍繞「一帶一路」「長江經濟帶」、生態自然環境、可持續發展、氣候變化、反貧困等方面暢所欲言，集思廣益，分享了各自在生態文明建設領域的探索和取得的成果。歷屆會議均達成了對建設生態文明、發展綠色經濟具有積極意義的「貴陽共識」。

（資料來源：http://www.ddcpc.cn/2017/jr_0626/104375.html.）

第二節　生態經濟學的內涵與性質

一、生態經濟學的內涵

（一）國外學者對生態經濟學含義的理解

美國經濟學家肯尼斯・鮑爾丁在他的重要論文《一門科學──生態經濟學》中首次提出「生態經濟學」的概念，對利用市場機制控制人口和調節消費品的分配、資源的合理利用、環境污染以及用國民生產總值衡量人類福利的缺陷等做了一些有創新性的論述。他在對傳統經濟學忽略人類經濟活動賴以進行的基礎──自然環境的行徑進行反思的基礎上，提出人類經濟活動時刻與生態系統發生關係，即經濟系統與生態系統的相互作用構成了一個生態經濟系統。肯尼斯・鮑爾丁還提出了「生態經濟協調理論」，指出現代經濟社會系統是建立在自然生態系統基礎上的巨大開放系統，以人類經濟活動

為中心的社會經濟活動都在大自然的生物圈中進行。

美國著名的生態經濟學家赫爾曼·E. 戴利提出了穩態經濟理論和建立宏觀環境經濟學的主張。所謂穩態經濟是指通過低水準且相等的人口出生率和人口死亡率使人口維持在某個合意的常數，同時通過低水準且相等的物質資本生產率和折舊率來支撐恒定的、足夠的人造物質財富存量，從而使人類的累計生命和物質資本存量的持久利用最大化的經濟。穩態經濟的前提是將資源、能量、流量控制在生態可持續的範圍內，然後提高經濟系統的效率。穩態經濟的實質是保持人口和物質資本存量零增長，主要通過沒有數量增加的質量改進來實現。他認為，人類應該停止傳統的經濟增長，取締妨礙可持續發展實現的全球自由貿易制度，加強國家共同體對社會、經濟發展的控制。穩態經濟主要控制的是經濟的輸入端，首先將社會的資源損耗確定一個可持續的規模，然後進入市場進行有效配置。

美國著名的生態經濟學家羅伯特認為，生態經濟學是一門從最廣泛的領域闡述經濟系統和生態系統之間關係的學科，重點在於探討人類社會的經濟行為與其所引起的資源和環境變化之間的關係。生態經濟學的基本宗旨之一就在於關注經濟發展對人的生存的影響。他認為目前人類社會經濟亞系統是整個地球生態系統的一部分，而且這個亞系統的存在和發展是以生態系統為基礎的，人類的經濟系統必須要和生態系統保持協調，包括它們之間的物質循環和能量的流動，以及規模和尺度的互相協調。

(二) 中國學者對生態經濟學含義的理解

中國對生態經濟學最早的研究是由著名的經濟學家許滌新發起的，後來經過許多學者的補充和完善，發展形成了中國的生態經濟學研究。

其後，生態經濟學在中國得到了迅速的發展。一批學者從不同視角對此學科進行研究，同時也得到了政策制定者的關注，出現了一批優秀的成果，制定了一系列相關政策。目前，中國已經將發展生態經濟和保護生態環境作為基本國策。

生態經濟學家王松霈認為生態經濟學為可持續發展提供了理論基礎。在其所著的《生態經濟學》一書中提到，當代世界範圍內所產生的各種生態經濟矛盾，都是人們為了發展經濟的需要，採取了錯誤的經濟思想和錯誤的經濟行為，損害了自然界的生態平衡而造成的，因而實質上是經濟問題。王松霈認為，生態與經濟協調理論是生態經濟學的核心理論，生態與經濟協調理論是在工業社會向生態社會轉變過程中產生的，它的提出體現了生態時代人們改變經濟發展中生態與經濟嚴重不協調現狀的客觀要求，決定了整個生態經濟學理論體系的建立和學科基本理論特色的形成。

生態經濟學家滕有正認為，生態經濟學是研究生態經濟系統的運動發展規律及其機理的科學，是一門兼有理論和應用二重性的科學，就其基礎部分來說，屬於理論科學。他認為生態經濟學是一門具有邊緣性質的經濟學，它和政治經濟學、生產力經濟學、生態學、環境科學、人口科學、資源科學、國土科學等有著密切的關係，因此生態經濟學與一些相鄰學科就有許多共有範疇或概念，如經濟系統、生態系統、環境、資源、人口、自然生產力、社會主義生產力等。除了與相鄰學科的共有範疇之外，生態經濟學還

有許多本學科的特有範疇,這其中包括關於生態經濟系統狀態的範疇,如生態經濟關係、生態經濟資源,生態經濟結構、生態經濟功能、生態經濟信息等;關於生態經濟運行機制的範疇,如生態經濟序、生態經濟演替、生態經濟閾、生態經濟價值、生態經濟需求等;關於系統調控管理的範疇,如生態經濟價值、生態經濟戰略、生態經濟政策、生態經濟區域、生態經濟工程等;關於研究方法的範疇,如生態經濟抽象、生態經濟評價、生態經濟指標、生態經濟模型、生態經濟同構、生態經濟設計等。

還有一些學者認為,生態經濟學分為狹義生態經濟學與廣義生態經濟學兩部分。狹義生態經濟學是對生態經濟系統及其構成要素進行描述和分析,探究生態經濟系統運行規律的理論,狹義生態經濟學著重對生態經濟系統本身進行分析研究;而廣義生態經濟學則是建立在經濟生態、政治生態、人文生態、社會生態基礎上的理論,分析經濟子系統、社會子系統和生態子系統內部存在和發展的本質規律,以及子系統之間的反饋作用機制,旨在指導人類經濟、政治、社會、科學、文化實踐沿著合理的、順應自然規律的道路前進。

根據國內外學者的研究與表述,唐建榮總結認為,生態經濟學是綜合不同學科(包括生態學、經濟學、生物物理學、倫理學、系統論等)的思想,是對目前人類經濟系統所產生的問題及其對地球生態系統的影響而研究整個地球生態系統和人類經濟亞系統應該如何運行才能達到可持續發展的科學。其所要達到的最終目的就是人類經濟系統和整個地球生態系統的可持續發展,這需要充分地瞭解人類的經濟系統和生態系統之間的相互作用關係,以及社會經濟系統對生態系統的影響。

(三)生態經濟與循環經濟、綠色經濟、低碳經濟的區別

生態經濟是指在生態系統承載能力範圍內,運用生態經濟學原理和系統工程方法改變生產和消費方式,挖掘一切可以利用的資源潛力,發展一些經濟發達、生態高效的產業,建設體制合理、社會和諧的文化以及生態健康、景觀適宜的環境,實現經濟騰飛與環境保護、物質文明與精神文明、自然生態與人類生態的高度統一和可持續發展的經濟。

循環經濟也稱為資源閉環利用型經濟,是以資源的高效利用和循環利用為核心,以減量化、再利用、資源化為原則,以低投入、低消耗、低排放和高效率為基本特徵,符合可持續發展理念的經濟發展模式。循環經濟產生於環境保護興起的20世紀60年代,萌芽於生態經濟。1966年,美國經濟學家肯尼斯·鮑爾丁在「宇宙飛船經濟理論」中提出要以「循環式經濟」代替「單程式經濟」以解決環境污染與資源枯竭問題,肯尼斯·鮑爾丁因而被認為是生態經濟學、循環經濟理念的最早倡導者。20世紀90年,英國經濟學家大衛·皮爾斯和克里·特納在《自然資源與環境經濟學》一書中正式提出「循環經濟」的術語,以代表一種有別於傳統經濟發展方式的模式。循環經濟本質上是一種生態經濟,它自覺地運用生態學規律來指導人類社會的經濟活動。出入傳統線性經濟運動系統中的物質流要遠遠大於內部互相交融作用的物質流,使經濟活動出現了「高投入、低產出、高排放、高污染」的特徵;而出入循環經濟系統的物質流則以互相

關聯的方式進行交換和往複利用，從而使進入系統中的物質和能量得到最大限度的利用，形成了「低投入、高產出、低排放、低污染」的結果。

綠色經濟是以市場為導向、以傳統產業經濟為基礎、以經濟與環境的和諧為目的而發展起來的一種新的經濟形式，是產業經濟為適應人類環保與健康需要而產生並表現出來的一種發展狀態。「綠色經濟」一詞源自英國環境經濟學家皮爾斯於 1989 年出版的《綠色經濟藍圖》一書，但其萌芽卻要追溯到 20 世紀 60 年代開始的「綠色革命」，主要針對的是綠色植物種植的改進，隨後這場革命演變成一場全球的「綠色運動」，不僅涉及資源與環境問題，還滲透到社會各個方面。1990 年 Jacobs 與 Postel 等人所特別提出的社會組織資本深化了對綠色經濟的研究。2007 年聯合國秘書長潘基文在聯合國巴厘島氣候會議上提議開啓「綠色經濟」新時代之後，「綠色經濟」便出現在了各個國際會議的議題之中，成為一種新的能夠引領世界經濟活動走向的話語。

低碳經濟是以「低能耗、低排放、低污染」為基礎的經濟發展模式。目前，對「低碳經濟」概念的闡述主要是英美日等發達國家、印度和巴西等發展中國家、聯合國政府間氣候變化專門委員會（IPCC）的一些報告、決議、倡議書、行動指針，以及我們黨和國家領導人的一些提法和學術界對中央精神的一些認識和體會，尚沒有一個嚴格的定義。中國環境與發展國際合作委員會 2009 年發布的《中國發展低碳經濟途徑研究》，最終把「低碳經濟」界定為：一個新的經濟、技術和社會體系，與傳統經濟體系相比在生產和消費中能夠節省能源，減少溫室氣體排放，同時還能保持經濟和社會發展的勢頭。

「低碳經濟」問題，源於 20 世紀 90 年代以來的氣候問題備受關注的國際大背景。瑞典科學家阿列紐斯在 1896 年預測大氣中二氧化碳濃度升高將帶來全球氣候變化，已被確認為不爭的事實。在此背景下，1992 年《聯合國氣候變化框架公約》、1997 年《京都議定書》獲得通過。2003 年英國政府在《我們的能源未來——創造低碳經濟》的能源白皮書中首次提出了低碳經濟的概念。特別是自從《斯特恩氣候變化報告》（2006）和聯合國政府間氣候變化專門委員會（IPCC）第四份氣候變化評估報告——《氣候變化 2007 綜合報告》（此前於 1990 年、1995 年和 2001 年，IPCC 已經相繼完成三次評估報告）發表及「巴厘島路線圖」決議（2007）之後，低碳經濟無論是在國際上還是在國內，都開始受到廣泛關注。

目前，低碳經濟作為循環經濟的重要組成部分和深化，作為實現生態經濟、綠色經濟的有效途徑之一，已被各國視為應對能源、環境和氣候變化挑戰的必由之路和實現經濟轉型、可持續發展的共同方向。

二、生態經濟學的性質

生態經濟學是生態學和經濟學相互交叉、滲透、有機結合形成的新興邊緣學科，是一門跨自然科學和社會科學的交叉邊緣學科。那麼，生態經濟學究竟是屬於生態學的一個分支，還是屬於經濟學的分支呢？目前，較多的學者認為其屬於經濟學的分支，但也

有少數學者認為其屬於生態學的分支。也有人認為它既不屬於生態學，也不屬於經濟學，而是一門新興的獨立學科。目前，持這種觀點的學者有增多的趨勢。

（一）生態經濟學具有邊緣學科性質

生態經濟學是近年來出現的一門由生態學和經濟學相交叉、滲透、有機結合形成的新興邊緣學科。現代科學的發展，出現了自然科學和社會科學交叉合流的一體化趨勢，生態經濟學就是這種趨勢的產物。生態經濟學，既不完全以經濟系統本身為對象，又不同於社會經濟發展規律的一般經濟學。它以生態經濟系統為研究對象，把生態與經濟兩個系統的相互聯繫作為一個整體，來研究揭示生態經濟複合系統的發展規律。現代生態學與現代經濟學本身都是多學科有機組成的綜合性很強的學科。生態經濟學，從誕生之日起，就吸取了這兩門學科多種知識和理論營養，進行交叉融合，形成了自己獨有特色、具有邊緣性的科學體系。

（二）生態經濟學具有經濟科學性質

生態經濟學從本質上說，是自然學科與社會學科之間的邊緣學科，它運用兩大學科的理論和成果揭示生態系統和經濟系統之間相互關係的規律，這些關係和規律叫作生態經濟關係和生態經濟規律，其本質還是一種經濟關係。不過這種經濟關係是在生態系統與人類經濟過程的相互關係中產生的。也就是說，在生態經濟規律（或關係）中，生態系統與人類經濟過程之間相互作用和相互影響是以人類經濟活動為中心的，這是人類經濟關係在更深層次上，在更廣泛的領域中，在更新的內容上的體現。所有這些都說明了生態經濟學屬於經濟學範疇。

生態經濟學從它成為一門獨立學科的必然性來看，是一門經濟學，是經濟學的一個分支。生態經濟學不是生態學和經濟學一般相結合的學科，而是在現代科學發展的過程中所產生的生態學和經濟學一體化的學科。它從生態經濟系統中的生態與經濟兩個系統的矛盾運動中研究人類社會經濟活動與自然生態相互發展的關係，揭示其在人們的經濟生活和經濟關係上的規律性。他把自己的研究領域重點放在生態和經濟兩個系統之間相互聯繫發展過程中發生的經濟現象和體現的經濟關係上。從生態學和經濟學的結合上普遍闡明產生這些經濟問題的生態經濟原因和解決這些問題的理論原則。也就是說，在生態經濟系統中，生態系統與經濟系統間相互作用和相互影響是以人類經濟活動為中心。研究這些問題，旨在調節人類社會的經濟活動，使人與自然、社會、經濟和生態環境能夠協調發展，以滿足人類生存和經濟社會發展的需要。以上這些問題，都決定了生態經濟學這門學科按其性質應該歸屬於經濟學的範疇。

（三）生態經濟學既有很強理論性又有很強的實踐性

生態經濟學研究內容的抽象概括程度高。生態經濟學是從整體上來研究生態經濟系統中生態系統和經濟系統之間相互關係及其發展規律的學科，揭示自然和社會這個統一體運動發展的規律性，隨著對自然、社會及其相互作用認識深化而抽象出理論概念和理論範疇，如生態經濟系統、生態經濟關係、生態結構、生態功能、生態平衡、生態經濟效益、生態經濟目標、生態經濟規律等。它要建立自己特有的理論和數學模型，也有自

己眾多的應用分支學科。

　　生態經濟學具有很強的理論經濟學性質。對適用於一切社會經濟形態的一般研究，人們通常稱之為廣義的理論經濟學。而廣義理論經濟學的中心問題，是研究生產力與生產關係內部矛盾運動發展的客觀規律及社會生產力和生產關係之間相互作用的客觀規律，不僅政治經濟學和生產力經濟學是理論經濟學科，而且生態經濟學也是理論性很強的經濟學科。

　　生態經濟學具有很強的應用經濟學性質。生態經濟學的產生來源於現實經濟發展產生的問題與需求，同時，它又應用於經濟發展的實踐，指導經濟發展的實踐過程。一方面，對過去經濟學研究中已經涉及的，但是由於沒有和生態規律結合起來研究所產生的問題進行研究，另一方面，由於將經濟學和生態學孤立研究，兩者結合存在大量亟待解決而無法用固有理論解決的問題，生態經濟學應運而生。它的研究對社會經濟的發展有著重大的指導意義，它是發展經濟、保護環境的理論基礎，是制定國民經濟方針、政策的科學依據，是制定工農業發展規劃乃至國際政策的指導思想，為解決嚴重生態、環境問題提供有效方法。

第三節　生態經濟學的研究對象和內容

一、生態經濟學的研究對象

　　人類社會發展至今，既沒有不研究客觀規律的學科，也不存在沒有研究對象的學科。作為一門學科，其特有的研究對象和對某一客觀規律或某客觀規律的一定側面的研究是該學科存在的前提。生態經濟學同一切學科一樣，有自己特定的研究對象。

　　傳統生態學主要研究不包含人類的自然世界，傳統經濟學主要研究人類社會的經濟。生態經濟學改變了傳統經濟學、傳統生態學的研究思路，將生態系統和經濟系統作為一個不可分割的有機整體，由一個生態系統和經濟系統相互作用所形成的生態經濟複合系統。生態經濟學是從生態學和經濟學的結合上，以生態學原理、經濟學原理為基礎，以人類經濟活動為中心，圍繞著人類經濟活動與自然生態之間相互發展的關係這個主題，研究生態系統和經濟系統相互作用所形成的生態經濟系統。也就是說，生態經濟學研究的是生態經濟系統，主要是研究人類社會經濟系統和地球生態系統之間的關係。

　　生態經濟學不是一般地研究生態系統和經濟系統的相互關係，而是研究作為整體的生態系統和經濟系統統一有機體運動發展的規律性。社會物質資料生產和再生產的運動過程，是人類和自然之間進行物質交換的運動過程。因此，社會物質資料再生產運動不斷進行，人類不斷佔有自然物質的有用形態，同時不斷將廢棄物和排泄物返回自然。人類就是這樣不斷往復循環地和自然進行物質交換。這是人和自然的最基本的關係，也是經濟系統和生態系統最本質的聯繫。這種相關的聯繫是以物質循環、能量流動、信息傳

遞和價值增值為紐帶，把生態系統和經濟系統耦合成為生態經濟有機整體的。這一有機整體的運動發展是生態經濟系統運動發展的表現，在此基礎上，就構成生態經濟學的研究對象。因此也可以說，生態經濟學是研究社會物質資料生產和再生產運動過程中經濟系統與生態系統之間物質循環、能量流動、信息傳遞、價值轉移和增值以及四者內在聯繫的一般規律及其應用的學科。

生態經濟學是一門邊緣學科，由很多相關學科交織而成，其研究對象的邊界很難確定，但使它成立並能夠發展壯大的最主要研究對象，是由生態系統和經濟系統相互交融而形成的生態經濟系統。生態經濟系統的物質組成是人類生存的基礎，也是可持續發展的根本。而生態經濟學的研究，既不能向生態學延展太深，也無力向經濟學瞭解太細。生態經濟學與其他經濟類邊緣科學不同的是，它一方面要堅持經濟效益原則才能實現發展，另一方面要堅持生態效益原則，才能實現可持續性。而經濟學及其他邊緣學科是缺乏生態觀念的傳統經濟學理論。尤其創立了生態經濟協調發展理論作為中心內容，使生態經濟學的最主要研究對象和領域邁向了新的階段。

二、生態經濟學的研究內容

（一）研究的基本範疇

生態經濟學研究的基本範疇，包括一些與相鄰學科共有的範疇，如經濟系統、生態系統、環境、資源、人口、技術等，具體而言，包括生態經濟系統、生態經濟產業、生態經濟消費、生態經濟效益、生態經濟制度等。除此以外，還包括本學科特有的範疇，如關於生態經濟運行機制的範疇。

（二）研究生態經濟系統的區域性結構問題

研究生態經濟系統的區域性結構問題是生態經濟學研究的重點，因為任何一個系統都由一定的結構所組成，而這種結構又往往佈局於一定區域土地面積上。同時，合理的區域結構，往往決定著該地域生態經濟系統的整體功能和優勢，對提高各種生態經濟系統的功能，有著十分重要的意義。

（三）研究生態經濟系統的綜合功能和整體運動問題

生態經濟系統綜合功能的產生是由系統內各要素之間進行物質、能量、信息的流動和轉移的各種狀態、速度所決定。它包括生態和經濟兩個系統的生態平衡和經濟平衡及其內在規律性問題，經濟再生產和自然再生產的內在聯繫和規律問題，人類的各種經濟活動對生態經濟系統帶來的影響和效益問題，以及一系列計量的指標體系問題。

（四）研究人類對生態經濟系統的科學管理問題

由於生態經濟複合系統是人類通過各種經濟行為作用於生態經濟系統的結果，人類是生態經濟系統的主要消費者，因此研究人類管理生態經濟系統的科學顯得特別重要。

（五）研究生態經濟學的發展歷史及其實用問題

生態經濟學必須在總結歷史經驗教訓的同時，從中找出許多生態經濟學規律性的東西，從而促進人類更好地運用生態經濟複合系統的理論去指導生產實踐，使生態效益、

經濟效益和社會效益達到滿意的程度。

上述五個方面的內容，均是生態經濟複合系統所要研究的問題。當然，要研究這一系列的內容，必須運用現代科學的一些方法和手段，如系統論、信息論、控制論、耗散結構論、協調論、突變論、電子計算機的系統工程等手段，才能達到理想的效果。

第四節　生態經濟學學科體系及與其他相關學科的關係

一、生態經濟學學科體系

綜合生態經濟學的研究內容，生態經濟學的學科體系可以劃分為四類：

（一）理論生態經濟學

從總體上研究人類社會經濟活動和自然生態環境的統一運動，揭示生態經濟發展的總體規律，是研究生態經濟理論和實踐的共性、全局性問題，為各部門應用生態經濟學提供基礎理論，如生態經濟學、生態經濟學說史等。

（二）部門生態經濟學

研究國民經濟某一個部門的生態經濟發展狀況及其運動規律，如工業生態經濟、農業生態經濟、運輸生態經濟、基本建設生態經濟、旅遊生態經濟等。

（三）專業生態經濟學

研究國民經濟某一個行業的生態經濟狀況及其具體規律，就構成了專業生態經濟，如能源生態經濟、人口生態經濟、水利生態經濟等。

（四）地域生態經濟學

研究某一自然地理區域的利用、改造和保護。生態經濟總是同一定地域相聯繫，因而具有明顯的區域性特徵，如山地生態經濟、流域生態經濟、海域生態經濟、水體生態經濟、城郊生態經濟、庭院生態經濟等。

二、生態經濟學與其他相關學科之間的關係

（一）生態經濟學與生態學之間的關係

生態學和經濟學兩方面在很大程度上是相統一的，生態學是研究生物與其周圍物理、化學環境因子相互關係的科學，生態系統是一定區域內由生物與周圍物理、化學環境組成的具有特定結構和功能的統一體，因此生態學也重點研究生態系統的結構、狀態和功能。因而生態學也稱之為「研究大自然的經濟學」，即研究世界上含人類在內所有生物與生物之間及其他各類環境因子相互依存、相互作用的關係和狀態，是最宏觀的經濟學。而經濟學只是研究人類這種生物為生存、繁衍和發展與各類環境因子（含生物因子及資源）的相互作用、過程及效果。生態經濟學是從整體上和客觀上來研究如何使生態、經濟、社會這三個子系統協調發展。

（二）生態經濟學與經濟學之間的關係

傳統經濟學的世界觀是以人為本位，人類的偏好為主宰經濟行為的動力。生態經濟學則認為，必須通過限制人的需要以適應自然資源的有限性。傳統經濟學的核心是增長和規模，它提倡不受自然生態環境制約的經濟發展，解決人們需求之無限擴張的根本方式是經濟的不斷增長和規模化發展，主張經濟規模不斷擴大、經濟增長率不斷提高。生態經濟學主張經濟發展應該受自然資源和生態系統整體性的制約，經濟規模是和生態系統的自然承載力相關的，即在可持續的基礎上輸入能量、更新資源和吸收消化廢棄物的能力。經濟系統被看成是一個更大的、但有限的而且是非增長的生態系統的子系統。生態系統的規模是固定的，經濟規模相對於這個生態系統的規模非常重要。

生態經濟關係的本質是經濟關係，對經濟關係的科學分析來自經濟學理論。

宏觀經濟學是以一個國家的整體經濟活動或經濟運行作為考察對象，考察一個國家整體經濟的運作情況以及政府如何運作經濟政策來影響整體經濟的運行。宏觀經濟學所研究的問題分為短期和長期。就長期問題來講，宏觀經濟學主要考察一個國家的長期增長和發展的問題。而經濟發展的根本點就是經濟、社會的發展與生態環境的相協調。生態經濟學把生態系統和經濟系統作為一個整體來研究人類進行物質資料生產的發展規律，揭示人類社會經濟活動和自然生態發展的普遍的、必然的、內在的聯繫。它所研究的經濟、技術、社會和生態問題具有宏觀的特點，如人口與資源、經濟發展與生態環境、經濟發展與技術進步等問題，這與經濟學所關心的問題是完全一致的。另外，生態經濟問題的解決，需要通過國家政策、法律的調控，乃至國際市場、國際法對世界的經濟發展進行調控，對全球環境建設合理規劃、管理；生態建設涉及的各部門、各區域的協調問題同樣需要政府從宏觀上加以調控。現行的宏觀經濟政策在改進一個國家的生態經濟的狀況上起著重要作用。

微觀經濟學是以單個經濟主體的經濟行為作為考察對象，所要解決的問題是經濟資源的優化配置問題。在當今世界上，經濟資源的優化配置是通過市場機制達到的，而市場機制的最主要部分是價格機制問題。微觀經濟主體的行為與結果通過價格的引導可以解決資源的優化配置問題。從微觀角度來看，價格手段是保護環境的經濟手段體系中比較靈活和有效的手段。價格手段一般具有兩方面的作用：一是使價格具有幫助體現社會邊際成本的功能，如對產生污染的產品提高價格；二是盡力消除價格在發揮原有功能時產生的副作用，如資源價格偏低。所以，生態經濟學中要運用微觀經濟學的理論來影響微觀決策主體的行為。生態經濟學具有微觀經濟學的性質，這是因為生態經濟協調發展除了實現戰略思想的轉變外，還必須以最基本的經濟細胞企業、農戶為依託，從小區域、小流域建設開始，配置豐富多彩的技術項目和生態經濟具體模式，即從大處著眼，小處著手，才能建立生態經濟持續發展的良性循環。

生產力經濟學是研究社會生產力的學科。社會生產力是指人同他所用來生產物質資料的那些自然對象和自然力的關係，即生產過程中人和自然的關係。它表明某一社會的人們控制和徵服自然的物質能力。而這種物質能力是存在於人和自然之間的物質變換關

係之中的。可見，無論是生產力經濟學，還是生態經濟學都要考察人和自然之間的物質變換關係。這樣，生態經濟學的研究就不可避免地同生產力經濟學的研究範圍與對象發生某種重疊。這種情況表明兩門經濟學科是相互交叉的，兩者有著極其密切的聯繫。

發展經濟學以發展中國家經濟為研究對象。其任務是研究發展中國家經濟從落後狀態發展到現代化狀態的規律性，研究其發展的過程、發展的要素及應該採取的發展戰略和政策等。生態經濟學是研究生態經濟系統由不可持續發展狀態向可持續發展狀態轉變及維持其可持續發展動態平衡狀態運行所需要的經濟條件、經濟關係、經濟機制及其綜合效益的學科。由於可持續發展不僅是發展中國家的目標，也是發達國家的目標，所以生態經濟學所探索的規律帶有上述兩類國家之間的通用性，是研究在這兩類國家中走可持續發展道路所需遵循的普遍原則；而不像發展經濟學只探索發展中國家發展的規律性，所概括的規律和原則只適應於發展中國家。

生態經濟學的時間尺度亦類似生態學，但又強調不同時間尺度間的開發行為的長期影響。在空間尺度上，生態經濟學更強調全球性觀點的生態與經濟之間相互作用與互相依存關係。生態經濟學的總體目標是綜合經濟學與生態學的目標，即追求生態經濟系統的可持續性，並把握生態經濟系統的規律。

第五節　研究生態經濟學的意義

一、帶動一批新學科的發展

隨著生態經濟學的發展，將帶動一批新學科的研究，也將為原有學科注入新的內容。生態經濟學研究的對象是生態經濟系統，它包括兩個主要的子系統，即生態系統和經濟系統。在社會再生產過程中，經濟系統持續地從生態系統中吸取物質和能量（資源），又持續地把物質和能量排入生態系統。因此，二者互為開放系統。西方經濟學家把研究這種開放系統的經濟方面的學科叫作「開放生態經濟學」。

此外，像生態哲學、資源生態經濟學等都是隨著生態經濟學的發展而發展起來的。

二、推動生態經濟的發展

生態經濟學的創立，為發展經濟、保護生態環境提供了理論基礎和科學依據，是編製經濟發展規劃的指導思想，是解決目前存在的生態問題的有效途徑，因而對推動生態、經濟、社會的協調發展具有十分重要的意義。

（一）為制定社會經濟持續發展戰略提供正確的理論指導

制定一個正確的戰略規劃，是保證社會經濟順利發展的重要前提。傳統經濟學片面地強調經濟增長，忽視了經濟增長中的生態問題。生態經濟學主張從生態與經濟的結合上研究和樹立社會經濟的產值觀、資源價值和發展戰略觀，認為現代經濟社會是一個生

態經濟有機整體，社會再生產是包括物質資料再生產、人口再生產和生態環境再生產的生態經濟再生產；人類的需求不僅僅是物質、文化的需求，而且包括對優美舒適的生態環境的需求。因此，經濟社會發展戰略應該是經濟—社會—生態同步協調發展戰略，在目標選擇上注重不斷改善生態條件和提高環境質量，並通過完整的多元指標體系來保證這一目標的實現。生態經濟學這一重要的戰略觀點，為制定全面正確的社會經濟發展戰略提供理論指導，對國民經濟建設方針及政策的確定、國土資源開發整治、編製國家經濟發展規劃和國民經濟管理等，都具有重要意義。

（二）為設計和建設良性循環的生態經濟系統提供科學依據

生態經濟學的重要任務之一，就是通過對生態經濟系統的結構和功能機制的研究，揭示生態經濟運動的規律，為設計和建立良性循環的生態經濟系統提供科學依據。近幾年來，人們在應用生態經濟學原理建設高質量的生態經濟系統方面，進行了有益的嘗試，如中國上海、貴陽、大連等城市，進行生態建設的試點，取得了很好的效果。

（三）對當前經濟發展的現實意義

1. 是從中國國情出發的必然選擇

眾所周知，人口、資源、環境的狀況是一個國家最基本的國情。如果說它們是當今人類生存與發展所面臨的三大難題，那麼可以說，這三大難題在中國尤其突出。人口眾多、資源相對不足、生態基礎脆弱的現實國情，決定了在建設中國特色社會主義現代化的事業中，必須而且也只能實施可持續發展戰略。這是因為，人口眾多、資源短缺、環境污染、生態退化已成為影響中國經濟和社會發展的重要因素。生態經濟學正是為了尋求解決上述問題的措施和途徑，以協調人和自然的關係，維護生態平衡，促進經濟發展。

2. 是企業轉變增長方式的客觀需要

目前，中國多數企業仍然是一種高投入、高消耗、高污染、低產出、低質量、低效益的粗放型經濟增長方式，這種方式使企業及整個國民經濟發展付出極大生態代價和社會成本，造成不可持續發展的危機。把企業生產經營管理的重點放在轉變粗放經營的經濟增長方式上，逐步從現有以資源環境消耗型為基本內容的粗放型非持續經濟增長方式，轉向以環境資源節約型為基本內容的經濟增長方式。這樣才能切實避免以犧牲環境和浪費資源為代價換取企業經濟一時增長的先污染後治理的老路。

3. 是增強企業競爭力的需要

目前，中國企業面臨的是按照國際通行的 WTO 規則競爭的新環境。為了適應這種新環境，中國國內市場必須嚴格按照現代市場經濟的規範與要求運作。這是關係到中國企業的命運與前途的重大問題。從國際貿易來看，中國加入 WTO 之後，關稅大幅度降低，傳統的非關稅貿易壁壘也將逐步取消；國際貿易壁壘逐步轉向各種苛刻的技術標準和環境法規與生態標準及其要求，這樣對中國企業的生產與銷售構成很大衝擊。從國內貿易來看，中國政府實施可持續發展，保護生態環境，必然要支持與鼓勵低污染或無污染的生產與消費，從而對低污染或無污染的綠色產品實行減徵消費稅的優惠政策。

復習思考題

1. 生態經濟學的內涵是什麼？
2. 生態經濟學的研究對象是什麼？
3. 簡述生態經濟學的學科體系。
4. 簡述生態經濟學與經濟學之間的關係。
5. 簡述研究生態經濟學的意義。

第二章

生態經濟系統

　　生態經濟系統是生態經濟學的研究對象，理解和掌握生態經濟的概念和基本原理，有助於把握生態經濟系統運行規律，對生態經濟系統進行優化調控，從而實現生態經濟系統的可持續發展。本章主要介紹生態經濟系統的概念、特性、組成要素及功能，以及生態經濟系統要素配置及方法、生態經濟系統的基本矛盾與協調統一等內容。

第一節　生態經濟系統概述

一、生態經濟系統的概念

生態經濟系統是由生態系統和經濟系統兩個子系統相互交織、相互作用、相互混合而形成的統一複合系統。他們是通過技術仲介及人類勞動過程所構成的物質循環、能量轉換和信息傳遞的有機統一整體。生態系統與經濟系統之間有物質、能量和信息的交換，同時，還存在著價值流沿生態鏈的循環與轉換。在這個系統中的各個子系統之間、子系統內各個成分之間，都具有內在的、本質的聯繫，這個系統中的每一個要素承擔著特殊的作用，都是系統不可缺少的部分。

生態系統和經濟系統的統一必須在勞動過程中通過技術仲介才能相互耦合為整體。技術系統是生態經濟系統的中間環節，技術是人類利用、開發和改造自然物的物質手段、精神手段和信息手段的總和。凡是生態系統與經濟系統相互交織和物質能量的循環轉化過程，都有技術的仲介作用。從生態系統的整體結構來看，技術系統只是起一個仲介作用，起主導作用的還是主體結構中掌握和運用技術的主體人。價值的形成及其增值過程也必須通過人類腦力和體力勞動，以及各種具體勞動過程才能實現。因而，人類通常所見到的經濟系統和生態系統實際上絕大多數都是複合生態經濟系統。生態經濟系統並不是自然的生態系統和人類社會經濟系統簡單的疊加體，而是由他們之間存在的物質交換和能量流動這兩個系統相互作用和影響組成的有機體，是生態經濟要素（如環境要素、生物要素、技術要素和經濟要素等）遵循某種生態經濟關係的集合體。人類的社會經濟系統建立在自然生態系統的基礎上，並且在依靠生態系統的同時也通過各種活動對其產生影響。

二、生態經濟系統的特性

(一) 融合性

生態經濟系統的融合性體現在生態經濟系統的再生產是自然再生產、經濟再生產和人類自身再生產這三個再生產過程的相互交織。

人是經濟系統的主體，人的再生產需要消耗一定的物質資源，以一定的經濟條件為支撐，在人的主導作用下自然力和人類勞動相結合，共同創造使用價值，其產品參與和影響經濟、社會、自然再生產的總循環過程。生態系統通過能量流、物流的轉化、循環、增值和累積過程與經濟系統的價值、價格、利率、交換等軟件要素融合在一起。

(二) 開放性

生態經濟系統是一個開放的系統，它與更大的大自然和社會環境有著物質、能量、價值與信息的輸入輸出關係，這是整個生態經濟系統協調發展的依據。系統通過不斷地

與外界進行物質、能量、信息、價值的交換，就可能使系統從原來的無序狀態變為一種在時間、空間和功能上的有序狀態，這種平衡狀態下的有序結構就叫耗散結構。通過這種交換和循環使生態經濟區域功能的發揮具有較高的效率，具體表現在物質循環的高效性、能量轉換的高效性、價值增值的高效性及信息傳遞的高效性。

（三）有序性

生態經濟系統的有序性也是生態經濟系統構成的重要特性之一，即構成生態經濟系統的各種成分和因素，不是雜亂無章的偶然堆積，而是在一定時間和空間上處於相對有序的狀態。實質上是生態經濟系統雙重目標及協調有序的實現，是在生態系統與經濟系統雙向循環耦合過程中完成的。首先，經濟系統的有序性是以生態系統的有序性為基礎的。經濟系統也遵循經濟有序運動規律性，不斷地同生態系統進行物質、能量、信息、價值等交換活動。經濟系統的有序性也影響生態系統的有序性，以維持一定水準的社會經濟系統的穩定性。其次，生態系統的有序性和經濟系統的有序性必須相互協調，並融合為統一的生態經濟系統的有序性。為使系統結構趨於穩定狀態，生態系統和經濟系統相互之間不斷進行物質、能量、信息和價值等交換，各要素相互交換過程中的協同作用，不僅使兩大系統協調耦合起來，而且使耦合起來的複合系統具有生態經濟新的有序特性。

人類活動在很大程度上影響了生態經濟系統協調有序性的發展，如亂砍濫伐、肆意排放廢棄物等必然影響生態系統的有序性，因而人類活動一定要和生態系統相協調，而不能超越生態經濟系統的限度。所以生態系統與經濟系統所具有的非平衡生態結構，決定了二者必須相互進行不斷的交換活動以維持某一穩定狀態。

（四）動態演替性

生態經濟系統演替是社會經濟系統演替與自然生態系統演替的統一，它與社會歷史發展相關聯，而且還與同一歷史階段經濟發展的不同時期以及同一時期的不同經濟活動相聯繫。從生態經濟結構進程來看，大體經歷了原始生態經濟系統演替、掠奪型生態經濟系統演替和協調型生態經濟系統演替三個階段。

1. 原始型演替

原始型生態經濟系統的演替，是生產力發展水準極低條件下的產物。它主要存在於自然經濟和半自然經濟條件下農業和以生物產品為原料的家庭工業中。在這種社會經濟條件下，經濟系統與生態系統只能形成比較簡單的生態經濟結構，其特點如下：①主要依賴自然的幫助才能完成演替任務；②在演替過程中，資金要素基本上不參與生態經濟系統結構的形成，主要由自然經濟決定；③演替過程中起仲介作用的技術手段十分簡單，經濟系統與生態系統的能量流、物流結合能力差，並且轉化率低；④演替規模小，速度慢，經濟系統對生態系統的作用，一般不會超過生態系統的耐受限度。

根據上述的特徵，原始型生態經濟系統是在生產手段落後，以石器為主的生產工具不可能充分開發出生態系統累積起來的物質和能量的生態經濟系統；同時人口數量少，植物數量豐富，生態系統的食物資源可以說是取之不盡、用之不竭，但這是生產力發展

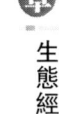

第二章 生態經濟系統

水準極度低下的產物。

2. 掠奪演替

掠奪型生態經濟系統演替，主要表現在資本主義的發展階段，以化石能源利用為主的發展階段。它是指經濟系統通過技術手段，以掠奪的方式同生態系統進行結合的一種演替方式。掠奪型的生態經濟系統演替的特點如下：①具有經濟主導性，生態基礎要素的定向演替要靠經濟、技術要素的變動來實現；②有使生態資源產生耗竭趨勢的特點，這是由於經濟主導型的生態經濟系統演替，具有極強的同化和吸收自然資源的能力；③由於嚴重的環境污染，具有產生環境質量快速消耗的特點。

掠奪型生態經濟系統演替，是具有脫離生態規律約束傾向的經濟增長性的演替，這種演替雖然一定時間內能使經濟快速增長，但由於這種增長以破壞資源和環境為代價，所以，當環境和資源損傷到一定程度出現嚴重衰退時，便會成為制約經濟增長的嚴重障礙。

3. 協調型演替

協調型生態經濟系統演替主要表現在生態文明社會的發展階段，它是指經濟系統通過科技手段與生態系統結合成物能高效、高產、低耗、優質、多品種輸出、多層次互相協同進化發展的生態經濟系統的演替方式，也就是經濟社會持續協調發展階段的生態經濟特徵。協調型生態經濟系統演替的特點表現在：①互補互促的要素協調關係。協調型生態經濟系統演替特點，表現為經濟系統與生態系統各要素是互補互促的協調關係，單一的生態系統因其營養再循環複合效率、生產率和生物產量都較低，人們為了滿足需要，便運用經濟力量來干預生態系統中營養循環和維持平衡的機制，以獲取高轉化率和高產量。這種干預引起生態系統向更加有序的結構演化，從而生產出比自然狀態循環時多得多的物質產品。較多的物質產品輸入社會經濟系統後，又會引起經濟有序關係的一系列變化。②高輸入、高輸出的投入產出關係。演替必然包含一部分對維持現狀多餘的物質和能量，這部分物質和能量既是系統自身的產物也是自然經濟和社會環境的投入。協調型演替正在於利用這些多餘的物質和能量，在技術手段的作用下，使原來有序的生態結構關係發生新的變化，從而產生更加有序的結構演替變化，協調型生態經濟系統演替具有不危及生態環境的特徵。經濟系統與生態系統的關係有時是不協調的，特別是經濟迅速發展時期，常常會出現經濟系統與生態系統相矛盾的現象，協調型的演替正在於能夠找出恰當的方法解決兩者之間的矛盾。

三、生態經濟系統的分類

地球上最大的生態經濟系統是生態經濟圈。依據不同的經濟特徵，可以把它分為農村生態經濟系統、城市生態經濟系統、城郊生態經濟系統和流域生態經濟系統四大類。

(一) 農村生態經濟系統

凡是以農業為主體的生態系統，就是農村生態經濟系統。農業在整個國民經濟中具有十分重要的基礎地位和作用，隨著農村經濟的發展，農村生態經濟也在日益向專業化

方向發展。農村生態經濟系統大致分為以下幾種類型：

1. 農業（種植業）生態經濟系統

它是農村生態經濟系統的基礎，其主要特點是利用綠色農作物的光合作用，將太陽能轉化為化學潛能和將無機物轉化為有機物的第一性生產系統，其他各種不同形態的農村生態經濟系統都要在這個基礎上才能建立起來。

2. 林業生態經濟系統

林業生態經濟系統是指以經營木本植物為主的林業生產系統。林業生態經濟系統，可以分為自然森林生態經濟系統和人工營林生態經濟系統兩大類。林業生態經濟系統在農村生態經濟系統中地位十分重要，對於保障農業生產和為畜牧業提供條件，對於保持水土、涵養水源、調節氣候、有利水分和其他一些物質循環以及充分利用光能生產林產品等方面，都具有獨特的不可替代的作用。

3. 畜牧業生態經濟系統

畜牧業生態經濟系統是指以生產家畜、家禽等經濟產品為主的生態經濟系統，它可分為草原畜牧業生態經濟系統和農區畜牧業生態經濟系統兩大類。

4. 漁業生態經濟系統

漁業生態經濟系統是指以水生生物生產為主的生態經濟系統，它包括海洋生態經濟系統和內陸水域生態經濟系統兩大類。

（二）城市生態經濟系統

城市是一個典型的經濟—生態有機系統，在這個系統中還可以分為三個不同級別的亞系統，即工業經濟生產系統、高密度的人口消費系統、維護城市生態平衡的分解還原系統。這三大亞系統有著內在的特殊有機聯繫，經濟生產系統是城市存在的經濟基礎，也是城市人口生存的物質條件；經濟生產與人口生存不可避免地會排泄廢棄物，這又是還原系統存在的前提；反過來，城市人口高密度集中，如果沒有人口和人口集聚，也就不會有城市，更不可能有工業經濟生產系統；但如果沒有生態分解還原系統，城市就可能毀於垃圾、污水和臭氣之中。因此，城市工業經濟生產系統、高密度人口消費系統和城市生態分解還原系統三者相互作用、相互聯繫構成了一個不可分割的統一的城市生態經濟系統。

（三）城郊生態經濟系統

這是既區別於城市又不同於農村的一種特殊生態經濟類型，它的最大特徵就是以城市為主要服務對象建立起來的農村生態經濟系統。為城市服務，不僅包括通過商品交換為城市提供蔬菜、食品等生活消費品，更重要的還包括非商品交換所接納和處理城市排放的廢棄物。因此，有城市就必須有城郊，有多大規模的城市就必須有相適應面積的城郊與之配合。隨著城市化迅速擴展和城市「三廢」污染的加劇，城郊生態經濟系統也顯示出越來越大的作用。

（四）流域生態經濟系統

流域生態經濟系統視研究的範圍而定，小的系統可指小流域，是一種比較簡單的生

態經濟系統，流域內既可是單一的某種生態經濟系統，也可以是包括農、林、牧、漁等幾種經濟生產內容的農村生態經濟系統。大的系統可以是在很大範圍內既包括農村經濟生產，又包括城市和城郊經濟生產的綜合性生態經濟系統，如珠江三角洲流域、長江流域、黃河流域。流域，一般是指地域或區域而言。研究流域生態經濟系統，可以為國土整治和制定經濟總體發展規劃提供理論依據。

案例連結：「三北」防護林工程

「三北」防護林工程東起黑龍江賓縣，西至新疆的烏孜別里山口，北抵北部邊境，南沿海河、永定河、汾河、渭河、洮河下游、喀喇昆侖山，包括新疆、青海、甘肅、寧夏、內蒙古、陝西、山西、河北、遼寧、吉林、黑龍江、北京、天津等13個省、市、自治區的559個縣（旗、區、市），總面積406.9萬平方千米，占中國陸地面積的42.4%。1978—2050年，歷時73年，分三個階段、八期工程進行，規劃造林5.35億畝（1畝≈666.67平方米）。到2050年，三北地區的森林覆蓋率預計將由1977年的5.05%提高到15.95%。

建設三北工程是改善生態環境，減少自然災害，維護生存空間的戰略需要。三北地區分佈著中國的八大沙漠、四大沙地和廣袤的戈壁，總面積達148萬平方千米，約占全國風沙化土地面積的85%，形成了東起黑龍江西至新疆的萬里風沙線。這一地區風蝕沙埋嚴重，沙塵暴頻繁。從20世紀60年代初到70年代末，有667萬公頃的土地沙漠化，有1,300多萬公頃農田遭受風沙危害，糧食產量低而不穩，有1,000多萬公頃草場由於沙化、鹽漬化，牧草嚴重退化，有數以百計的水庫變成沙庫。據調查，三北地區在20世紀五六十年代，沙漠化土地每年擴展1,560平方千米；20世紀七八十年代，沙漠化土地每年擴展2,100平方千米。

三北地區大部分地方年降水量不足400毫米，干旱等自然災害十分嚴重。三北地區水土流失面積達55.4萬平方千米（水蝕面積），黃土高原的水土流失尤為嚴重，每年每平方千米流失土壤萬噸以上，相當於刮去1厘米厚的表土，黃河每年流經三門峽16億噸泥沙，使黃河下游河床平均每年淤沙4億立方米，下游部分地段河床高出地面10米，成為地上「懸河」，母親河成了中華民族的心腹之患。

干旱、風沙危害和水土流失導致的生態災難，嚴重制約著三北地區經濟和社會的發展，使各族人民長期處於貧窮落後的境地，對中華民族的生存和發展構成嚴峻挑戰。建設三北工程不僅對改善三北地區生態環境起著決定性的作用，而且對改善全國生態環境也有舉足輕重的作用。

建設三北工程是實現民族團結，鞏固國防，實現各民族共同繁榮的戰略需要。三北地區是中國多民族聚居區，聚居著漢、回、蒙、滿、維吾爾、哈薩克、鄂倫春、塔吉克等22個民族，總人口1.67億。

三北地區戰略地位突出，有中國重要的國防基地。工程區橫跨中國北方半壁河山，同俄羅斯、蒙古等10多個國家接壤，國境線長達7,000千米。三北地區有許多革命老

區，由於生態條件惡劣，經濟發展緩慢，群眾生活困難。建設三北工程不僅對增強民族團結，實現各民族共同繁榮有著重要意義，而且對維護國家安全，鞏固國防建設起著積極的作用。

建設三北工程是促進區域經濟發展，加快農民脫貧致富，實現經濟社會可持續發展的戰略需要。三北地區地域遼闊，光熱資源充足，物種資源多樣，礦產資源豐富，人均農地、草地均高於全國平均水準，是中國重要的畜牧業基地和極具開發潛力的農業區；已經發現的礦產有170多種，約占全國的70%，其中有多種礦產在全國乃至全世界都佔有明顯的優勢，是中國重要的能源、冶金、重化工基地。

三北地區植被稀少，農村木料、燃料、肥料、飼料俱缺，農業生產低而不穩，農村經濟發展緩慢，人民生活水準低下。三北地區惡劣的生態環境嚴重地制約了區域社會經濟發展，影響了農民脫貧致富。建設三北工程不僅對促進當地的經濟社會發展，早日實現農民脫貧致富具有非常重要的現實意義，而且對促進中國國民經濟社會可持續發展具有戰略意義。

建設三北工程是改善三北地區生態環境、解決生態災難的根本措施。三北地區在農田保護、水土保持、防風固沙等方面進行了廣泛的探索，累積了一定的經驗，不少地方取得了較好的效果。工程建設前，三北風沙區造林保存面積達187萬公頃，黃土高原水土流失區造林保存面積達140萬公頃，為大規模進行沙害、水患治理累積了經驗。實踐證明「治水之本在於治山，治山之要在於興林」是符合客觀規律的，植樹種草是解決生態災難的根本措施，生態災難只能用改善生態的辦法來治理。

（資料來源：https://baike.baidu.com/item/%E2%80%9C%E4%B8%89%E5%8C%97%E2%80%9D%E9%98%B2%E6%8A%A4%E6%9E%97%E5%B7%A5%E7%A8%8B/11046362?fr=aladdin.）

第二節　生態經濟系統的組成

一、人口要素

人口要素是指生活在地球上的所有人的總稱。人口是組成社會的基本前提，是構成生產力要素和體現經濟關係和社會關係的生命實體。在生態經濟系統中，人口要素屬於主體地位，其他要素都屬於客體地位。這是因為其他的自然生態系統以及環境等都是和人口相對應的，只有和人類相互作用才具有實際意義，沒有人類也就談不上什麼生態經濟系統和自然生態系統與人類經濟系統之間的矛盾了。另外，人類作為生態經濟系統的主體，其最大的特點是具有創造力也就是能動性，這是人和其他一切生物的區別。因為人類具有能動性，所以人類才可以能動地控制和調節這個系統，使之符合客觀發展規律。

二、環境要素

環境是一個相對的概念，是指與居於主體地位的要素相聯繫和相互作用的客體條件。在生態經濟系統中，人類居於主體地位，從廣義上說環境要素就是人之外的其他一切生物和非生物。另外根據和人類的關係，環境要素可以細分為物理系統、生物系統和社會經濟系統三個亞系統。

（一）物理系統

物理系統由所有自然環境成分組成，包括地球之外的太陽輻射、岩石土壤圈、大氣圈、水圈。他們獨立於有機生命體之外，均有其自身的運動規律，但是這些圈層卻是生物圈和人類社會存在和發展必不可少的，並且生物圈、人類的社會經濟系統和這些圈層時時刻刻都在進行著物質和能量的交換，包括人類社會從這些圈層中獲取物質和能量，同時又將人類消費過的廢棄物排放到環境中。因此，可以說這些物理系統是生命系統存在的基礎。

（二）生物系統

生物系統包括植物、動物及微生物等，這些生物在生態經濟系統中分別扮演了不同的角色。綠色植物進行光合作用，固定太陽能，並且從土壤中吸收營養元素，促進物質循環，這一點是重要的，也就是進行第一次生產的過程，綠色植物不僅是自然生態系統中的生產者，也是生態經濟系統中的生產者。動物在生態經濟系統中既是消費者也是生產者，各種動物和植物及非生物環境組成了豐富多樣的自然生態系統。微生物在系統中擔當著分解者的角色，有了他們的分解作用才使得系統的物質循環能夠形成一個閉環。

（三）社會經濟系統

社會經濟系統是人類為了生存和發展而創造的，是人類文明的象徵，這個系統從自然環境中獲取資源進行生產和消費，不斷地發展和進步。

這三個亞系統都有各自的結構和功能，而且系統之間還在不斷地進行著物質和能量的交換。人類社會經濟系統，以物理系統和生物系統為基礎，人類從其中獲取資源，享受舒適的生態環境，同時自然環境還容納了人類所排放的各種廢棄物。總之，環境要素是人類社會經濟系統的基礎，同時人類社會經濟系統對環境也產生了重大的影響。

三、科技與信息要素

科學是關於自然、社會和思維的知識體系，技術是指依據科學原理發展而成的各種操作工藝和技能，包括相應的生產工具和其他物資設備及生產的作業程序和方法。現代科學技術貫穿於社會生產的全過程，其重大發現和發明，常常在生產上引起深刻的革命，使社會生產力得到迅猛的提高和發展。

科技要素能改變全球生態經濟系統中物質能量流動的性質和方向。發達國家正是借助科技要素的這種特殊功能從發展中國家掠奪了大量財富，造成了發展中國家生態惡化。科技和技術兩者相互依賴、相互促進，都是人類在改造自然的過程中所造成的，這是人類和其他生物最主要的區別。信息是事物運動的狀態及這種狀態的知識和情報。在

系統內部及系統之間的相互作用過程中，不僅存在著物質和能量的交換，還存在著信息的交換。在一定條件下，信息交換對系統的組成、結構和功能及系統的演化起著決定性的作用，是人類對系統實施干預、控制的基本手段。

現代科學技術貫穿於社會生產的全過程，其重大發現和發明，常常在生產上引起深刻的革命，使社會生產力得到迅速發展。從系統論來看，科學技術是一種精神創造過程，可以被認為是減熵過程，如技術的進步使資源的利用效率提高，減少了不必要的消耗，也就減少了系統中熵的增加；科學發展使得人類可以認識自然界發展的規律，發展中的不確定性隨之減少，系統的有序程度得到提高，使熵減少。因此，科學技術也是一種資源，這種資源在人類經濟高速發展的今天顯得尤為重要，因為在經濟發展中化石燃料等一些不可更新資源日益減少，成為主要的發展限制因素，一方面科學技術的發展可以提高這些資源的利用效率，減緩資源危機的到來，另一方面可以依靠人類科學的發展來尋找新的資源作為替代品。

根據維納的定義，信息可以看作是一種解除不確定性的量，可以用所解除的不確定性的程度來表示信息量的多少，因此信息的實質就負熵，在生態經濟系統中可以將其看作是一種負熵資源。例如，對於一個生產系統（企業）來說，必須瞭解充分的信息，才有可能做出正確的決策，使其不斷地發展和進步，而對於整個生態經濟系統來說，信息的充分和流動，可以使得系統中的各個子系統之間相互關聯，達到協同運動，通過協同作用，可以使系統從無規則混亂狀態走向宏觀的有序狀態。信息在生態經濟系統中具有很重要的作用。維納等人強調指出，任何系統都是信息系統，他說：「任何組織之所以能保持自身內的穩定性，是由於它具有取得、使用、保持和傳遞信息的方法。」系統各部門之所以能組合成相互制約、相互支持、具有一定功能的整體，關鍵是由於信息流在進行連接和控制（見圖 2-1）。沒有信息，任何有組織的系統都不可能獨立地存在。

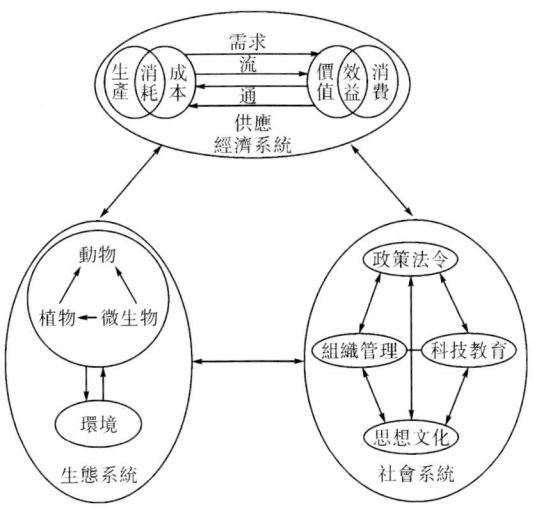

圖 2-1　生態經濟系統

027

第三節　生態經濟系統要素配置及方法

一、要素配置

所謂生態經濟系統的要素配置，就是人類根據生態經濟系統的構成、要素作用效應及由此給社會經濟系統或環境系統所帶來的後果，通過人類自覺的生態平衡意識，遵循一定的原則，利用科學技術、上層建築（主要是行政干預和經濟政策、經濟計劃等）、技術措施等手段，圍繞一定的社會經濟目標，對生態經濟系統所進行重新安排、設計、佈局的活動。生態經濟系統要素配置包括以下三個部分：

第一，生物要素的控制。即對一定生態系統中的動、植物的時空分佈、數量、品種進行組合。如，根據生態系統的容量和限度，對森林、草地、作物、人口、牲畜進行增減、移位、變動，使他們的現存狀態有利於達到該系統的動態平衡並取得最佳的經濟效益。

第二，經濟要素的配置。經濟要素所包括的內容很廣，泛指一定生態經濟系統的人、財、物和信息。經濟要素的配置，即對輸入、輸出該生態經濟系統的資金、勞動力、機械、化肥、價格、產品及經濟政策、經濟信息、政策等進行過濾、選擇和實施的活動。

第三，技術要素的配置。技術要素輸入是人類對生態經濟系統駕馭能力的重要標誌，它包括作用於一定生態經濟系統的技術措施、技術設施、技術方案和技術決定。

由此可見，生態經濟系統要素配置的內容和對象包括生物要素、經濟要素和技術要素，其範圍包括宏觀、中觀和微觀方面的活動。被配置的各要素具有三個顯著的特點：①要素本身依時間、地點、條件而異，具有變動性；②在人類一定階段的認識能力和科學水準下，具有可控性；③每個要素及其變動都或多或少、長期或短期地從不同角度作用於生態經濟系統，產生有益的或有害的效果，即具有效應性的特點。所以，人類對生態經濟系統要素的配置活動是在多種因素的動態序列中進行的，是一個社會、技術的系統工程。

二、配置方法

區域生態經濟要素的合理配置是人們實現一定配置決策的具體途徑。由於生態經濟系統的範圍不同，社會、經濟、技術條件不同，經營目標不同及決策水準的差異，配置方法亦不盡相同。時正新（1985）將生態經濟要素配置的方法歸納為宏觀配置法、食物鏈配置法、增減配置法和數學配置法。何乃維、李小平（1988）則根據要素的屬性特徵，提出相輔相成配置法、同閾組合配置法等。要構成一個結果穩定、功能高效並持續發展的生態經濟系統區域，必須通過一定的方法使區域生態經濟要素的配置在屬性關

係、數量規模、時間順序和空間地域上有所規定，才能使要素之間彼此相輔相成，合理組合在一起。

（一）同類要素的擇定：相輔相成配置法

同類要素擇定是指根據區域生態經濟要素的同類相吸特性，選擇那些具有相輔相成、共利共生關係的要素，使之有機地組合在一起。

1. 生物群落與無機環境之間的相宜配置

生物群落演替的規律表明，生物群落與無機環境之間是在相互適應、相互改造的過程中向前演進的。因此，要實現生物群落與無機環境之間的相宜配置，可以從下面兩方面進行：一是依據無機環境特性來選擇適宜的生物群落；二是改造或恢復無機環境使之適合生物群落。但是，就目前人類對生態經濟區域的調控程度來看，改造無機環境具有很大的困難。相反，可以通過適宜生物群落的選定及配置，達到改造和恢復無機環境條件的目的。例如，在水土流失區域採取種樹、種草等措施，當森林（綠色）覆蓋率達到一定程度時，不僅遏制了水土流失，保持了水土，而且改善了氣候、水文等無機環境條件。因此，生物群落與無機環境相宜配置的關鍵是要做到適地適作、適地適樹、適料適養、適水適漁。

2. 產業部門與生物群落、無機環境之間的相宜配置

一方面，產業部門應適應生物群落和無機環境的特點。例如，對生物群落和無機環境有較大依賴性的農業（農、林、牧、漁）、採掘業、環保業、交通運輸業等，在一定的技術手段和水準條件下，應該宜農則農、宜林則林、宜牧則牧、宜漁則漁、宜礦則礦。另一方面是改變生物群落，使之符合產業部門的需要。例如，在加工製造業、商業、服務業聚集的城市地區就要注意和加強綠化，在市郊發展蔬菜、畜禽、乳蛋生產，以滿足這些產業部門發展需要。圖 2-2 為各種各樣的生態系統。

圖 2-2 **各種各樣的生態系統**

3. 產業部門之間的相關配置

如果產業部門與生物群落及無機環境之間的相宜配置使人類決定了一個生態經濟區域的主導產業部門，那麼產業部門之間的相關配置，就是根據部門之間的投入產出關係，即產前、產中、產後關係來決定一個生態系統區域的補充部門和輔助生產部門的。配置好主導產業部門的旁側結構，使產業部門形成一種互助的彼此相關的關係。產業部

門之間的相關配置，一方面要根據生物群落要素及無機環境的多用性和相關性特點，進行綜合開發、綜合利用、綜合治理和綜合保護。如，對以一礦為主的伴生礦，除了開掘、利用主要礦種之外，對其他伴生礦元素也要加以利用；對林區的木材，除了木材之外，還應對樹樁、梢頭、樹皮、刨花、邊角料等加以綜合利用，做到地盡其力，物盡其用。同樣，對惡化的生態經濟區域，在要素重組的過程中也要注意產業部門的相關配置。例如，水土流失區工程措施與生物措施相結合，治山、治水、治林、治田、治路相結合，對礦區被破壞的土地、廢石填溝與植樹造林相結合，對排出的廢氣、廢水、廢渣處理利用與消除污染源及限制排放相結合等，這是從生物群落與無機環境特點出發圍繞主導產業部門進行旁側結構的相關配置。另一方面，要根據主導產業部門的原料要求、產品供給等關係，建立服務於主導產業部門的交通運輸業、商業、服務業及加工製造業等具有投入產出鏈特徵的產業。例如，對牧區，不僅要注意肉、蛋、奶的生產，還應加強肉、蛋、奶產品的加工轉化的增值能力、出口的開拓能力，以提高區域的複雜度、開放性。

4. 農村、小城市、大中城市及城市郊區的相應配置

在那些生物群落、無機環境條件優越的地區發展起來的城市、集鎮是生態經濟區域中物質循環、能量轉化、價值增值及信息傳遞最活躍、最集中的地方。大中城市通過小城鎮、城郊向農村輸送先進的技術、設備、人才、信息，為農村注入新的活力，帶動農村的發展；農村則通過小城鎮為城市提供豐富的原料和剩餘勞動力。在這種連為一體、結成網路的生態經濟區域內，要做到相應配置。首先，城市應該向農村傳遞先進的技術、工藝和設備，禁止或減少落後的、陳舊的設備的轉移，杜絕城市污染向農村擴散。同時，城市自身的擴展要注意保護農村的耕地、水域等資源要素。其次，農村也應向大中城市、城鎮提供適銷對路的農產品。這樣，城市與農村相互促進、相得益彰，共同促進生態經濟區域的繁榮和發展。

（二）適度規模的限制和規定：同閾組合配置法

各個區域生態經濟要素的合理規模，使生產規模、社會規模、環境容量及生物（及其生長量）之間相互匹配，使豐富資源的優勢得到充分發揮，短缺資源的劣勢得到有效避免。

1. 產業部門的規模必須適度

從產業部門在生產過程中與生物群落及無機環境的關係來看，後者不僅為前者提供必備的原料、勞動資料、勞動對象，而且還作為活動場所給前者提供立足之地，前者也將物質和能量投入後者之中，促進生物的生長、發育、繁殖。因此，相對於生物群落要素，產業部門與無機環境之間就是提取與給予的關係。我們假定產業部門對生物群落、無機環境的提取量與投入量分別為 M 和 S，生物群落的生物生長量及無機環境的各個因子的自我更新量分別為 G 和 V，並且 G、V 一定，那麼，可分為以下幾種情況討論：

（1）只取不投，即 $S=0$，$M>G$，或 $M \leq G$ (V)。

當 $M>G$ (V) 時，其現實形態是生態經濟區域的產業部門只顧森林砍伐、草地放

牧、牲畜屠宰、作物收穫、培肥地力、水體養殖、換代補給、綜合利用、節約利用、回收轉化等來保護生態，使得林木、草類、畜群、魚群得生長量小於採伐量、屠宰量及捕撈量，生產規模大於生長限制閾，地力更新量、礦產資源的綜合利用水準及換代補給量小於地力耗竭量、浪費量，生產規模大於環境容量限制閾。其結果是生態經濟區域中生物群落的衰退、無機環境的污染及礦藏的大量浪費（換代補給問題似乎不是那麼令人擔心），顯然這種做法是不可取得。當 $M \leqslant G(V)$ 時，即雖然產業部門的生產不對生物群落及無機環境給予投入，但是對這些資源的耗用量小於其生長量和自我更新量，這是一種自然型的生態經濟區域。

（2）取大於予，即 $M>S+G(V)$。其顯示形態是採伐量大於生長量及植物總量、捕撈量大於放養量、礦產耗用量快於發掘量等，即生產規模閾大於環境容量限制閾和生物生長限制閾。顯然，這也會導致生態經濟區域的退化。

（3）取予相當，即 $M=S+G(V)$。其現實形態是生態經濟區域產業部門的生產，一方面，要注意植樹種草、培肥地力、水產養殖、飼養牧畜（並與飼料供給量相適應），尋找礦產代用品並注意綜合利用、節約利用、廢料利用、廢料循環轉化；另一方面，通過上述措施，使森林砍伐量等於栽種量及原油林木生長量之和，土壤肥力的耗竭等於投入的肥料量及土壤肥力自我更新量之和，即生產規模與環境容量限制閾及生物生長限制閾相當。那麼，這對於一個沒有劣化的生態經濟區域來說是可取的，不僅具有生態效益，而且經濟上也可行，因為 $M>S$。

（4）取小於予，即 $M<S+G(V)$。其現實形態是在生態經濟區域內注意恢復植被、保護土壤、加強養殖、配備防污設備等，即生產規模不超過生物生長限制閾和環境容量限制閾。顯然，這對於區域生態經濟要素的重組來說，雖然初期的經濟效益不顯著，但有利於生物群落中動植物的生長和無機環境條件的改善與恢復。因此，這種做法也是可取的。

綜合考慮上述生產規模閾、環境限制閾及生物生長限制閾之間的四種關係，無論是在一個初建還是一個重組的生態經濟區域內，都必須服從 $M \leqslant S+G(V)$，並且要素重組只能是 $M<S+G(V)$，才能優化生態經濟區域。因此，在調控生態經濟區域，進行要素配置的過程中，應該確定合理的墾殖指數、採伐量、飼養量、屠宰量、採掘量和排污量，使產業部門的生產規模不超過環境限制容量和生物生長量。

2. 社會群落規模必須適度

首先，人口規模要加以控制，這是顯而易見的。因為，在一個特定的生態經濟區域內，人口的增長必須與其賴以生存、享受和發展的土地、糧食、森林、草地、淡水、能源等資源相適應。如果人口過多，那麼人均資源不足，這就必然一方面導致盲目擴大生產規模，使生態經濟區域更趨劣化，另一方面又限制了人類自身的生存和發展。例如，中國人口過多並且集中分佈在東南部，人均資源擁有量與世界平均水準相比嚴重不足，並且已經體現了人口作為重要原因之一的濫墾、濫伐、濫捕的現象。有人根據中國淡水供應、能源生產、乳蛋魚肉供應、糧食生產、土地資源、人均收入、人口老化等因素綜

合考察，提出中國生態理想負載能力是 7 億~10 億人。其次，城市的規模也應適度。城市的規模過大不僅會導致城市大氣、水質污染、垃圾排放量過多、交通擁擠、噪音增多、住房緊張、就業困難及犯罪嚴重等一系列「城市病」，而且不利於生態經濟區域內農村地區的發展。所以，應該從生物群落、無機環境條件的特點出發，控制社會群落的規模，使人口、城市規模適度。

3. 發揮規模效益與消除「瓶頸」制約

在生產規模、社會群落的規模不超過環境容量限制閾及生物生長限制閾的前提下，對區域生態經濟要素調控的同時應注意揚長避短，發揮規模效益和消除「瓶頸」，這是另一層意義上的適度規模配置。

美國經濟學家 Paul A. Samuelsonz 指出：「規模的經濟效果可以解釋為我們購買的許多物品都是大公司製造的。」雖然，人們主張控制產業部門的生產規模和社會群落的規模，但是在這一前提下（尤其是當作為資源的生物群落、無機環境較為豐富的時候），對區域生態經濟要素的調控仍然要注意發揮生物群落和無機環境要素的優勢，使產業部門的生產規模以及社會群落的人口數量達到一定的程度，獲得規模遞增的收益——成本最低、盈利最多時的最優生產規模。如果產業部門生產規模及社會群落聚集規模以及社會群落的規模不超過生物群落的生物生長限制閾和地理環境的環境容量限制閾，而更偏重於從產業部門要素及社會群落要素對生物群落要素及無機環境要素的開發利用角度來考察的話，那麼，發揮規模效益則是把投入和產出兩個方面綜合起來加以考察，即達到產業部門內部及產業部門間人力、物力、財力量上的合理聚集，達到在合理的城市規模和全球鄉村規模基礎上形成合理的城市與鄉村結合的規模。

事實上，生態經濟區域內諸要素對區域的貢獻能力不是等同的，能力較差、規模最小的要素形成區域發展的「瓶頸」，因此，在要素優化配置過程中，應該消除「瓶頸」制約，達到要素之間配比閾下合理配置的規模效益。例如，對交通運輸十分落後的區域應當積極開闢各種運輸渠道，為搞活區域創造條件。

(三) 同步時序的確定：同步運行配置法

要使具有不同生態經濟序的要素同步運行，必須合理確定各個要素的時序，使之相互一致，彼此呼應。同步，時序的確定有四種類型和方法，即週期性時序鏈條的同步配置、食物鏈時序同步配置、投入產出鏈時序的同步配置和時序網路的同步配置。

1. 週期性時序鏈條的同步配置法

根據不同生物群落對象規定不同產業（農業）生產週期。如，與作物的生長週期、輪作演替結構、四季交替結構相適宜，規定種植業的播種期、施肥期、休閒期及採收期；與果樹的大小年結果週期、林木的更新成熟週期相適宜等，規定相應的林業生產週期、輪伐期（迴歸年）及封山育林期；與畜齡結構、家畜利用年限相適應，制訂相應的家畜生產週期及役使使用時期（季節）計劃；與草原、草地的生長季節性相適應，確定相應的放牧期和輪牧期；與魚齡結構相適應，制訂相應的養魚週期及禁漁期等。要使產業部門（農業）生產週期與生物群落中動植物生長、發育、繁殖、衰亡的生命機

能節律同步協調、相互配合，就必須做到起步時點、運行速率及終止時限的一致性。

（1）起步時點的一致性。不同動植物有不同的出生（發芽、出苗）時間、季節，產業部門（農業）生產週期的開始也必須與之適應，做到同步。這又包括兩種情況：一是產業部門（農業）的起步時點與生物群落中動植物的生命機能活動時點的正點具有一致性（例如播種行為）；另一種情況是產業部門（農業）的起步時點的超前（例如苗期基肥的施用，必須在播種之前完成，這也是起步時點的一致性）。

（2）運行速率的一致性。產業部門（農業）的勞動力投放、施肥供應、電力分配、農藥使用、機械選擇等的配備，也要與動植物生長、發育、繁殖的速率相適應，使得勞動時間與生物的自然生長發育繁殖相吻合。例如，南方稻區「前穩、中攻、後補」的施肥方式，就是在前期底肥充足、基本期穩定的基礎上，在中期增加追肥量以促進第二枝梗分化和穎花分化，後期看苗補施「保花」肥和「增粒」肥。

（3）終止時限的一致性。根據邊際均衡原理，要素投入的適合點及最大收益值的獲得是在邊際收益剛補償了邊際成本的時候。因此，一旦 MR＝MC（邊際收益＝邊際成本），即在產業部門（農業）以與生物群落相吻合的速率向其投入最後一個單位的物質、能量的成本，與其獲得的增產量的收益相等時，那麼產業部門（農業）與生物群落在時間上的配合運行終止，即終止時限的一致性。例如，家禽在飼養期內隨飼養時間的推移，生產函數曲線呈 S 形（畜禽生產性能在其生長發育期內隨著時間的推移呈現由低到高，又由高到低的變化）。因此，對於主要提供肉、乳、蛋等產品的畜禽，在畜禽飼養週期內就應根據邊際收益等於邊際成本的原則，確定屠宰、出售的期限，至此，畜禽生產週期也告完結。又如，樹木或林木在其自然生長期內其材積平均生長量也呈 S 形，那麼，用材林的砍伐就應以目的樹種的平均生產量達到最高值時的時間為終止的時限。至此，也完成了一個林業生產週期。

2. 食物鏈時序的同步配置法

首先，要使生物群落的生命機能節律與無機環境的變動節律相吻合：①使生物群落的生長、發育及繁殖節律適應無機環境的光照、溫度、熱量、降水節律。如，高粱的播種、出苗、拔節、抽穗、開花、成熟的適宜溫度分別是 12℃（地溫）、20～25℃（氣溫）；馬尾松的造林適宜季節是雨水至春分；水杉的造林適宜季節是立冬至大雪，雨水至春分；蘋果適宜在冬季 9℃ 下低溫的 2～3 個月的地區生長、發育等。②根據這些特點就應把他們分別配置在相應的季節和地區，使人工改造無機環境的節律變化，適合於生物群落的生命節律，如利用溫室、塑料大棚等設施消除溫度降低對植物生長、發育的影響，從而使生物生長、發育的季節延長，這也是兩種不同生態經濟序的要素通過人工調控、合理配置之後的時序組合達到同步狀態。由於生物生長要以無機環境的元素為養料，所以，稱之為食物鏈時序的同步配置。

其次，要使具有不同生命機能節律的生物群落之間，以食物鏈次序進行同步配置。例如，一個湖區，在要素配置的時序上應先發展以湖區為主體的水體農業，然後可以利用耕地的農作物群落、林地的森林、果樹群落以及水域的魚類和水生植物群落之間存在

的供求關係、連鎖關係及限制關係，相繼配置防風林、防浪林、作物、家禽等生物群落，使水域、林帶、農田、牧場之間水陸結合、互利共生。

3. 投入產出鏈時序同步配置法

由於各個產業部門自身生產所必需的因子（如勞動者、資金、物資、技術等）有其不同的生存、組合、運行的規律，要達到產業要素之間同序組合、同步運行的目的，就要按照產業部門之間客觀存在的投入產出鏈關係進行配置，使之同步協調。例如，在一個以農業生產為主的區域，在農業生產起步之前，就要做好產前、產後部門的準備。如農業機械、化學肥料、農機、能源等產品首先要及時供應，處於「臨戰」狀態，當一個生產週期終結之後，又應該及時地把農副產品進行加工、儲藏、運輸、銷售，產後產業部門的起步也要隨之銜接上來。這樣，就達到了產前、產中、產後部門之間以投入產出關係連接起來的時序上的協調運行。

4. 時序網路的同步配置法

一方面，從單個產業部門與單個生物群落及無機環境之間的時序配置來看，起步時點的一致性、運行速率的一致性及終止時限的一致性，不過是描述了單對區域生態經濟要素的長期配置中的要求之間結合—運行—分離的一個短週期而已。因為區域生態經濟要素之間無時不在進行著物質循環、能量轉換、價值增值和信息傳遞，無時不是耦合在一起運行，各個配置週期之間總是此起彼續、此止彼起、相互銜接的。因此，單對區域生態經濟要素同步配置的週期性鏈條實際上應該是起步—運行—終止—起步—運行……。另一方面，從所有的區域生態經濟要素之間的時序配置來看，不僅僅有單對要素同步配置的週期性鏈條的存在，而且，由於要素之間複雜的食物鏈（網）及投入產出鏈（網），形成了所有區域生態經濟要素之間交錯、疊合、複雜的時序網路，這個時序網路是起步［運行（終止）］—運行［終止（起步）］—終止［起步（運行）］—起步［運行（終止）］……。這同樣要求我們搞好在週期性鏈條同步配置和食物鏈投入產出鏈同步配置基礎上的所有區域生態經濟要素長期性的時序網路的配置。只有這樣，整個生態經濟區域的時序網路才會有條不紊，整個生態經濟區域才會有節律地運行，區域結構才會表現出在具有均衡性、複雜性、開放性基礎上長期高效發展的持續性。

達到時序網路配置的關鍵是要以在生態經濟區域優勢生物群落及無機環境的生態經濟序基礎上建立起來的產業部門、行業部門為先導，按照該產業部門的生態經濟序來使其他產業的生態經濟序與之組合，即先建立骨幹主體，然後建立輔助產前、產後的產業部門。

（四）空間位置的劃定：立體網路配置法

將各個區域生態經濟要素佈局在適宜的地域空間，使各個要素具有合適的經濟生態位，要素之間的空間關係上呈現立體網路格局形式。

1. 生物群落之間立體配置及邊緣效應的運用

在林地、耕地、草地、養殖場、水域、庭院內進行垂直分層格局式的各個要素內部因子的配置，達到對光、熱、水、氣的充分利用，使各個因子互利共生。在林地內部：

把山區、丘陵地貌下的山頂、山腰和山腳結合起來；喬、灌、草間套作；林、茶間套作；林、藥、菌間套作；林、草、禽、畜結合；平原、沙漠地貌類型下的農林套種；林、茶、藥結合；林、草、畜結合，如河南農桐間作物網內的小氣候較非間作區有明顯改良，作物產量及經濟效益都有明顯提高。在耕地內部：稻、林間套作，稻、藕、魚套養，綠肥、秧、油菜間套作、高低搭配等。在水體內部：上中下分層養魚，魚蝦、魚鱉混養，藕葦混植。在庭院內部：果木、葡萄、瓜豆、蔬菜、花、牛、馬、雞、鴨、豬、羊、貓的立體種養業配置等。在水準散布的平面上，根據生態經濟區域的林地、耕地、草地、養殖場、水域、庭院等生物群落之間的供求關係、限制關係，將它們配置在合適的生態位上，進行適度、合理的聚集，達到對資源的循環利用、土地的合理利用。首先，要根據土地資源（氣候、地貌、岩石、土壤、植物和水文等因子的自然綜合體）的特點及生物群落的特徵，使之具有合適的生存及開拓環境。如，在坡度大於25°的山地，就不適宜墾殖，而應該作為林地；湖泊水域，就不適宜圍湖造田作為耕地，而應該建立漁場。使各個生物群落有合適的生態位是立體網路配置最重要、最關鍵的一環。其次，在各個生物群落有合適的生態位的基礎上，使林地、耕地、牧場、漁場及庭院之間在空間和地域上相互配合，有利於物質、能量及信息在空間上的相互交換和傳輸，以減少空間交換和傳輸上的損失。將具有垂直分層格局的各個生物群落之間在水準面上納入更為廣泛的再循環、再利用、再增值的立體配置格局之中，使耕地、林地、草地、養殖場、漁場及庭院之間互相促進、相得益彰。例如，中國南方較為廣泛發展的「桑基魚塘」農業生態模式就是各個生物群落之間空間上的立體配置模式——塘泥培桑、桑糞餵魚。又如，被譽為中國生態村的北京留民營村，在魚塘、菜地、林木、果園、畜禽、加工廠、微生物（沼氣）、村莊院落之間實行了立體網路配置，實行物質循環利用、能量高效轉化、價值多次增值。這幾種農業生態模式均獲得了異常高的經濟效益和生態效益。

在各個生物群落的交錯區，不同的生物群落集聚在邊緣交錯地帶會出現物質循環、能量轉換、價值增值和信息傳遞效率特別高的邊緣效應。因此，在生物群落要素空間配置的過程中，也應該注意發揮邊緣效應的作用，在耕地與養殖之間，林地與耕地之間，耕地、林地、養殖場、漁場與庭院之間，在空間上很好地滲透、銜接，達到作物借林木之利增加產量，林木借畜禽之利增加材積，果品、畜禽因作物豐產增加肉、蛋、奶，庭院借林綠蔭而環境優美的效果。

2. 農業（採掘業）、加工製造業、建築業、商業、服務業之間的立體配置與集聚效應的運用

各個產業、行業部門依其投入來源和產出流向，在空間地域上有不同的佈局、指向規律。按照這種佈局，指向規律配置各個產業部門要素，使之有合適的生存和發展的經濟生態位。受資源（來自生物群落和無機環境的動物、植物、礦藏、能源、燃料、動力等）指向約束的行業部門有林業、牧業、漁業、採礦業、冶金、石油、鋼鐵、化工、建材、水電、製糖、罐頭、乳肉水產加工、紡織、縫紉、製藥等產（行）業。將它們

分別配置在動植物礦藏、燃料、動力、原料、勞動力等資源豐富的地區。受市場（消費）指向約束的行業，如硫酸、食品、日用品、家具、專業設備等，應將它們配置在消費區。雖然產業、行業部門的資源指向約束和市場指向約束並不是絕對的，還受到其他因素的修正（如行為學派、社會學派對資源和市場對產業、行業的主要特性並不以為然），但無論如何，綜合考察諸多因素對產業部門指向約束的影響，是達到立體配置產業部門要素的第一步。另外，從空間位置上來看，農業、採掘業、環境保護業、加工製造業、商業及服務業等各大產業不過是位於生態經濟區域內以開發、利用、保護、治理生物群落要素、無機環境要素的農業、採掘業和環境保護業為起點的投入產出鏈（網）的各個結點上，因此，也必須依據投入產出關係使各個產業、行業部門之間在空間和地域上達到立體組合狀態。例如，在農業、加工業、商業具有合適的生態位的基礎上，進行同位集聚，實行農、工、商一體化，產、供、銷一條龍配置。

我們可以合理運用集聚效應的原理，以生態經濟區域內的主導產業、行業為骨架，然後依照各行業的指向、區位規律及其之間投入產出關係在空間地域上展開乘數效應，通過產業部門的立體空間配置，達到資源從空間充分利用、物質循環利用、能量高效轉化、價值多次增值、信息迅速傳遞的目的。但是，產業部門在空間上的集聚不能過分集中、臃腫，分散反而有利於空間結構上的均衡，有利於避免過分集中所帶來資源供給不足和環境污染嚴重等問題。

3. 農村、小城鎮、大中城市間的立體配置

作為大中城市、小城鎮、鄉村實體的建築設施，其合適的經濟生態位都應是地勢高、綠蔭掩映、交通方便、靠近水源、地質較好的地方。大中城市是生態經濟區域內社會群落要素的中心環節，它與小城鎮鄉村之間是點、面關係，並非孤立地存在，一方面它本身在地域、空間上不斷地向外擴張；另一方面，它又吸引周圍地區的小城鎮、鄉村向它靠攏，形成大中城市—小城鎮—鄉村立體組合格局。因此，在生態經濟區域的調控過程中，應以大中城市為中心實行立體配置。應控制大城市空間的過分擴大，開發大城市的地下、地上空間，形成大城市的上、中、下垂直分層格局，同時積極地把大城市的居民、企業單位向中等城市、衛星城疏散，從而使社會群落內各個因子（居民、企業、事業等）在生態經濟區域內比較均衡地分佈，這也符合邊緣效應的原理，因為城鎮作為大城市與鄉村的紐帶，事實上處於城市社會群落與農村社會群落的邊緣交錯地帶。

4. 所有區域生態經濟要素立體網路配置

生態經濟區域內的各個要素在地域空間上是相互關聯的。因此，對所有區域生態經濟要素必須進行因地適宜、統籌兼顧、合理佈局的安排，建立融洽的生態經濟區域立體網路結構。整個生態經濟區域立體網路結構表現在：分佈在地勢高、交通發達、水源便利點上的第二、第三產業大量集中的城市社會群落，同林場、農場、牧場、漁場融為一體的以第一產業為主的農村社會群落之間依靠交通運輸網，憑借中、小城鎮交互進行產業部門之間、農村與城鎮之間、生物群落之間、產業部門之間、社會群落、生物群落及無機環境之間的物質循環、能量轉換、價值增值及信息傳遞，形成「點—線—網—面」

一體的立體網路結構。然後，通過城鄉一體化出現具有均衡性、複雜性、開放性的穩定結構。配置空間立體網路結構，一方面，應根據生物群落要素與無機環境要素的地域空間的分佈來配置與之相適應的產業部門與社會群落。例如，應使林果業配置在山地丘陵地區，種植業配置在平原地區；而污染物質排放最大的行業、工廠不應建立在居民稠密區、水源保護區、城市上風區及風景遊覽區；農村、城鎮居民點應配置在地勢高、綠樹掩映、交通發達、水源便利的地點（區）。另一方面，根據社會群落的空間佈局來配置生物群落。譬如著名的「杜能圈」受「$P=V-(E+T)$」支配，其中 P 為利潤；E 為成本；V 為價格；T 為運費，它反應了這一規律：以城市為中心，由近及遠分別配置蔬菜、奶牛、薪炭林、集約型穀物業、休閒型穀物業、農業、畜牧業。

相輔相成配置法、同閾組合配置法、同步運行配置法以及立體網路配置法，分別從生態經濟要素屬性關係、數量規模、時間順序和空間位置四個側面做了規定，然而事實上，在對一個現實的生態經濟區域進行調控的過程中必須要同時運用這四種方法。

第四節　生態經濟系統的基本矛盾與協調統一

一、基本矛盾

（一）基本矛盾的內容

人類的經濟系統是以自然生態系統為基礎的，人類各項經濟活動必須在一定的空間進行，並且依賴生態資源的供給。凡是人類活動可以達到的生態系統，一般也不是純粹的自然生態系統，而是被納入了人類經濟活動範圍，並且打上人類勞動烙印的生態系統。總的來說，生態經濟系統的基本矛盾是：具有增長型的經濟系統對自然資源需求的無限性與具有穩定型機制的生態經濟系統對自然資源供給的有限性之間的矛盾。這一矛盾又叫經濟無限發展過程同生態系統頂極穩態之間的矛盾。這一矛盾是貫穿於人類社會各個發展階段的普遍矛盾。

生態經濟系統的基本矛盾具有決定性、普遍性、複雜性和可控性的特點。首先，在生態經濟矛盾體系中，生態經濟基本矛盾是最主要的矛盾。一旦這一矛盾得到妥善的解決，其他生態經濟及社會矛盾就會迎刃而解或者有瞭解決的基礎。不難設想，一個社會，如果經濟需求能有合理的約束，而生態供給又能源源不斷地湧現，那麼制約經濟發展的最大問題——資源的稀缺性就將不再困擾人類，其他生態、社會問題自然也就易於解決了。其次，生態經濟系統的基本矛盾是貫穿於人類社會各個歷史發展階段的普遍矛盾，是一個不分地域的世界性問題。這一矛盾是人類永恆的矛盾，在不同的歷史時期這一矛盾又具有不同的表現形式。再次，生態經濟基本矛盾比起系統的其他矛盾更具有複雜性，生態經濟基本矛盾是眾多問題集結而成的，因而更為複雜，它的解決要依賴於各種分門別類的生態經濟問題的解決，所以也更加困難。此外，生態經濟系統的矛盾還具

有可控性，人則處於這個控制系統的中心。生態經濟基本矛盾是一個對立統一體，雖然當人類經濟活動對生態系統的干預方式和程度不適當時，這一矛盾會尖銳激化，但人類可以重新調節自己的干預方式，使生態系統的資源既得到充分利用，又不超越系統維持穩定狀態所允許的限度，使矛盾得以緩解。

（二）基本矛盾的主要表現

（1）生態生產力更新的長週期與社會生產力更新的短週期之間的矛盾。這一矛盾通常要造成一種生態供給不能滿足經濟需求的生態滯後效應。

（2）單純適宜經濟增長的技術體系與恢復生態平衡技術滯後之間的矛盾。社會技術活動，首要目的是提高勞動生產率，取得最大的經濟效益，因此總是力圖強化生態系統的經濟功能，而簡化其生態結構，降低其生態功能；生態系統，只有維持其複雜的生態結構，保持其較高的生態效能，才能使系統趨於穩定，實現平衡發展。

（3）生態經濟系統的自然有序與經濟系統要素的社會有序之間的矛盾。

（4）生態系統負反饋機制與經濟系統正反饋機制之間的矛盾。

（三）經濟發展過程中應該確立的原則

發展經濟必須與保護生態相結合，生態可持續發展是經濟可持續發展的充分條件。經濟發展過程中應該確立以下原則：

1. 合理利用自然資源

經濟系統必須依賴生態系統提供生產所需的原料、食物、能源等，在開採、利用可更新資源時，開採率不能超出其再生能力，以確保自然界能維持資源存量，持續地提供經濟系統所需要的資源。

2. 合理確定區域人口承載力

從宏觀經濟角度來看，區域的經濟規模（總資源消耗量）不應超出該區域的承載能力，否則會加速自然資產的耗竭。換言之，在不危及區域環境品質的前提下，該區域所能承受的經濟成長是有限制的。區域的人口承載力主要受兩方面因素的影響：一是生活水準；二是外界能量、資源的供給量。

3. 生產過程廢棄物的循環利用

經濟生產或消費行為所產生的人類不需要或厭惡的副食品，一般稱之為廢棄物。這些廢棄物，有的經過處理後排放，有的未經處理，直接排放回自然界。當釋放到環境系統的廢棄物量超過了環境的同化時，就會導致環境系統衰退，進而影響其對經濟系統的承載能力。應用生態工程理論，通過生態系統使養分循環返回自然界，促進自然環境的生命支持功能，或者廢棄物通過回收而被經濟系統再利用。

總之，改變過去視生態經濟保護與經濟發展相對立的錯誤觀點，將保護生態與發展經濟有機統一起來進行研究，積極探討生態系統與經濟系統間的密切關係，才有可能實現可持續發展。

二、生態經濟協調發展

在生態經濟系統統一體中的各個子系統之間、子系統內各個成分之間，都具有內在

的、本質的聯繫，這個系統中的每一個要素都承擔著特殊的作用，都是系統不可缺少的組成部分。在這個系統中如果一個環節發生變化，就會引起一系列的連鎖反應，離開某一要素，系統的功能就要受到影響，原有的系統就會受到質的影響。就經濟與生態這兩個子系統來看，一個良好的經濟系統必然要求一個良好的生態系統與之相適應，二者相互促進，構成一個良性循環的整體。主要表現在以下三個方面。

(一) 生態與經濟協調是經濟社會發展的必然趨勢

人類的生產活動是人與自然關係的紐帶，社會再生產所需的一切物質和能量都來自自然生態經濟系統，因此生態系統是經濟系統賴以發展的物質源泉。當經濟系統的調節機制破壞了生態系統的生物資源和環境資源結構、佈局和自我更新能力時，經濟系統本身就會陷入惡性循環之中。因此，現代經濟的發展要受生態環境的制約，人類保護地球生態環境，促使生態與經濟協調發展就成了可觀必然趨勢。

(二) 生態與經濟的協調發展是經濟與生態矛盾運動的產物

生態環境的實質是自然生態系統，其組成要素是各種自然資源，這就決定了發展經濟必須要依託生態環境來進行。自然生態系統所蘊含的自然資源是十分豐富的，但同時他們又都是有限的。然而，人類發展的經濟需求是無限的，人類社會要不斷進步，人的物質和文化生活要不斷提高，因此人向生態環境取用自然資源的要求也是無限擴大的。由此在人類的經濟社會發展活動中，發展經濟對自然資源需求的無限性與生態系統自然資源供給的有限性之間，就必然會出現越來越尖銳的矛盾，從而就會出現生態與經濟日趨嚴重的不協調。這就必須依靠人發揮正確的主觀能動作用，使生態與經濟的關係從不協調走向協調。

(三) 生態與經濟協調理論是生態經濟學的核心

人類社會從過去的農業社會轉變為工業社會，又向今後的生態化轉變是一個客觀的過程，這也是生態與經濟不斷協調的過程。新的生態時代一個最突出的特點就是可持續發展，而它正是建立在生態與經濟協調的理論基礎之上。這就決定了生態經濟協調理論是指導當代人類社會發展的核心理論，並且體現了生態時代的基本特徵。

生態經濟學有一系列的生態經濟學基本理論範疇和基本原理，它們相互聯繫、相互依存；同時，它們也分別在各自的領域，對生態經濟實踐起著不盡相同的指導作用，但是它們對於實現生態與經濟協調的促進作用又是相同的。生態與經濟協調這一核心理論對整個生態經濟學理論體系的建立起著基礎作用，並且也賦予這個體系「生態與經濟相協調」的基本理論特色。

三、生態經濟發展的協調路徑

建立生態—經濟—社會—技術大系統發展戰略，是解決人類面臨的人口、環境、資源、糧食等嚴峻問題的基本方向，也是發展生態經濟生產力的物質基礎。

(一) 加強全民生態意識教育，正確處理人與自然的關係

在現代社會中，人與自然的關係，有三種態度：一是熱愛自然的保護者，二是凌駕

自然的徵服者，三是自然與社會共生的協調者。前兩項各自走向極端，難為現實社會所接受，後者才是自然社會持續發展的必由之路。因此，加強生態意識宣傳，變「徵服」為共生，化「掠奪」為互助，保護自然，利用自然，是人類生存與社會發展的根本。

(二) 保護自然資源，維持生態平衡，提高生態經濟效益

自然資源包括有機的和無機的資源與要素，既是生態系統、自然生產力的構成與基礎，更是人類社會、經濟發展的源泉。自然界中，水、土、氣、生物、礦物等都是人類賴以生活和不可缺少的生態物質資源。保護自然資源，就是保護人類自己。

保護自然，改善環境，與充分利用自然資源，增加社會經濟實力是密不可分的。充分有效地利用自然資源，意味著在生態平衡或不超過生態閾值條件下，使生態經濟的物質、能量的利用率高，或物質、能量的消耗小，同時，又使生態、經濟、社會、技術和諧發展，保持生態經濟系統動態平衡和持續運轉。按照系統科學的觀點，一個複雜的大系統，只要自覺運用控制反饋原理，合理控制，就可形成最佳的結構與功能，保持穩定有序的發展。當今的耗散結構理論和協同論，已揭示和證明了這一事實的客觀存在，並逐漸應用於實踐之中。為便於生態經濟系統高效和諧發展，利用生態與經濟學的一些基本規律或原則，如物質循環與重複原則，避害趨利原則，共生互利原則，以及開源節流原則等為獲取資源高效利用服務。同樣，利用相生相克原則、可靠性強風險小原則，使經濟、生態相互制約，相互作用，持久和諧發展。

(三) 依靠科學技術，改革傳統產業結構，發展新的產業

追求生態經濟高效和諧模式，需依靠科學技術。一方面，探索生態經濟協調發展的理論與方法，並施之於實踐；另一方面，要改革傳統產業，使之走向生態經濟協調發展的軌道。這種新型產業的功能，既能緩解消除污染、淨化和消化廢物、改善環境質量、又能提高資源利用率、勞動生產率，進而不斷提高生態經濟生產力；更重要的是為生態經濟協調發展提供了良好的自然、社會條件。改革和興建產業結構，不論農業、工業和第三產業，都要通過科學技術手段，使其朝著有利於發展高效和諧的生態經濟系統的方向邁進。

(四) 經濟高速發展的今天，更要注意生態環境問題

中國將保護環境作為一項國策是非常英明的。根據中國目前經濟、人口和環境的發展勢態來看，未來的環境前景可能有兩種狀況：一是正確處理發展與環境的關係，強化環境管理，增加環保投入，實行建設與環保同步發展方針，使生態環境問題不再加劇或有所改善；第二種情況，水資源危機越演越烈，大氣質量日益惡化，污染廢物（特別是固體）急遽加重，生態環境更加不穩或失調，不但給人民健康、生活帶來了威脅，也將制約經濟的進一步發展。環境的兩種情況都是可能出現的，我們只有選擇正確的道路，才能利於經濟和社會的協調發展。

知識連結：生態經濟平衡

生態經濟平衡是指構成生態經濟系統的各要素之間達到協調穩定的關係，特別是經

濟系統與生態系統達到協調統一的狀態。

這是在生態經濟學探索過程中出現的概念，反應了對經濟問題和生態問題進行綜合研究的發展趨勢。狹義的生態經濟平衡就是人工生態平衡。一般說來，人工生態系統的平衡基本上是生態平衡與經濟平衡的統一。廣義地說，生態經濟平衡包括生態平衡、經濟平衡以及經濟系統與生態系統之間的平衡。生態平衡是經濟平衡的前提和基礎之一，經濟平衡應該能夠維護和促進生態平衡。在當代條件下的社會發展，首先要爭取世界經濟增長的規模、結構、建設、速度與地球生物圈的承載能力保持平衡，即世界範圍的生態經濟平衡。其途徑在於以經濟增長的物質條件和技術條件促進地理環境的生態結構乃至地球生物圈定向發展，以增強社會經濟系統的自然基礎來達到經濟平衡。

（資料來源：https：//baike. baidu. com/item/%E7%94%9F%E6%80%81%E7%BB%8F%E6%B5%8E%E5%B9%B3%E8%A1%A1/5330113? fr=aladdin.）

復習思考題

1. 簡述遏制生態環境惡化的措施。
2. 簡述經濟發展和生態保護矛盾的解決措施。
3. 簡述生態經濟系統良性運作的條件。
4. 舉例說明區域生態系統的構成。
5. 試論生態環境惡化對我們的啟示。

第三章

生態經濟學的價值理論

　　價值理論是經濟學理論的一個重要方面，價值理論隨著社會的進步和發展而不斷完善。在建設生態文明的要求下，為了抑制或消除外部不經濟性對環境的消極影響，一個基本的思路是使人們在生產和消費產生的外部成本內部化，使損害環境者付出相應的代價，這就牽涉環境和資源的價值問題。生態經濟學作為一門新興學科，價值論問題是不可迴避的，這關係到理論體系的建立，也關係到生態經濟學向縱深領域的發展。本章將介紹生態經濟學的價值觀、產值觀、效益觀和財富觀。

第一節　生態經濟學的價值觀

一、有益價值與無益價值

價值是凝結在商品中的抽象的人類勞動或一般的無差別的人類勞動。抽象的人類勞動是價值的質的規定性，而其量的規定性是用社會必要勞動量來計量的。在商品交換中價值才能實現，但已實現的這部分價值，對社會、對消費者並非都是有益。生態經濟價值觀認為，在目前條件下（社會、政治、經濟、技術及人們的觀念等），價值有「益」和「害」之分。也就是說，並非所有的抽象勞動或社會必要勞動對社會、對消費者都是有益的。

由於社會、消費者得到的是商品的使用價值，當他們受害後，這些受害者及社會譴責的是某種使用價值的生產——具體勞動。然而，抽象勞動和具體勞動、價值和使用價值是融合在一起的。某些具體勞動和使用價值的有害性後果最終還是由社會抽象勞動創造的價值來承擔。所以，由具體勞動創造的，對社會和消費者產生危害的那部分使用價值中所凝結的人類抽象勞動，就是無益價值。相反，對社會文明及消費者的生理、生活（物質的、文化的和生態的）及生產的正常進行起促進作用的那部分使用價值中凝結的人類抽象勞動，就是有益價值。

二、生態價值概念的產生

有益價值的重要組成部分是生態價值。為使生態系統朝著有利於人類生存和經濟社會發展的方向進化與演替，人們使自然物質由潛在使用價值轉化為實在使用價值都付出了一定量的物化勞動和活勞動。這些勞動轉移和凝結於生態系統之中，就形成了生態價值。

傳統的經濟學認為經濟系統是與生態系統無關的封閉系統，僅就經濟系統內部物質資料的生產、交換、分配、消費等現象和過程來研究人類社會經濟活動，把人類勞動過程看成是單純的經濟作用過程，因而必然認為人類勞動只能是投入在經濟系統內部，經過人類勞動過濾的只有經濟產品，在商品經濟條件下表現為商品。所以，勞動價值論，就是商品價值論。

在這個原理的指導下，人們把自然生態的演替與進化看成是完全由生態系統的自然力本身所推動而與人類勞動無關，認為自然資源和自然環境沒有人類勞動的凝結，完全是大自然的產物，它只有使用價值而沒有價值，因而人們可以無償使用它。這樣，自然資源與自然環境即生態環境的無償性，就成為傳統經濟學的一條重要經濟原則。很明顯，傳統經濟學的價值理論和以它為基礎的經濟原則，既不完全符合現代生態經濟系統運動的實際情況，也不完全適應現代經濟社會發展的客觀要求。

現代生態經濟系統中的生態環境都是經過人類勞動改變過的生態環境，它已經不是「天然的自然」，而是「人化的自然」。這種「人化的自然」的進化與演替，並不完全取決於自然力本身的作用，還要受人類經濟活動的干預和影響。因而它直接或間接地、或多或少地都要投入人的勞動。同時，我們還要看到，人類社會發展到今天，現代人類在創造現代文明過程中，給予自然界以前所未有的巨大影響，地球上幾乎每個角落都成為人類相互競爭的激烈場所，以至整個生物圈都有人類「徵服」自然的蹤跡。人類沒有涉足過的自然資源環境、沒有經過人勞動的天然的自然，在當代的世界裡可以說已經是為數不多了。只要是經過人類涉足的生態環境，就不僅具有使用價值，而且具有價值。

在當代，人類社會經濟活動對生態系統需求的無限性與生態環境滿足生產力發展需求的有限性之間的矛盾，經濟系統中生產生活排污量迅速增長與生態系統調節能力、淨化能力的有限性之間的矛盾，已經成為現代人類與自然之間物質變換關係的兩個基本矛盾。現代生態經濟系統的基本矛盾的運動改變了生態經濟系統的價值運動和經濟系統價值運動的同向軌道，使得一般人類勞動凝結在經濟系統中形成的商品價值，從生態經濟系統的總體來看，並非一定是正值。這是因為，現代社會生產與再生產是人們大規模消費自然資源和環境質量的經濟活動過程，具有兩個顯著特點：一是經濟系統生產某些具有價值的商品時，由於大量消耗了某些稀缺自然資源，使某些再生產性資源不能補償，或使某些非再生產性資源日益減少，甚至走向枯竭，結果在生態系統同時產生負價值；二是經濟系統生產某些具有價值的商品時，由於人類的生產和生活活動所產生的各種污染物超過了環境容量的極限，使環境污染、生態惡化，結果在生態系統同時產生了負價值。這樣，一般人類勞動在經濟系統創造了商品的價值，而從生態經濟系統的總體來看，形成的商品的價值，可以是正值，也可能為零值，還可以是負值。不管是在哪種情況下，需要人類再付出勞動對經濟產品生產過程中在生態環境產生的負價值進行補償。而這種補償是不能僅僅依靠生態系統本身源源不斷地提供，這就是說，在現代社會條件下，良好的生態環境已經不能像過去那樣靠自然界的賜予而免費獲得了，必須通過人們的勞動活動來提高自然生產與再生產的能力，把它再生產出來，這就要花費大量社會必要勞動。

現代經濟社會是社會經濟和自然生態互相制約、互相作用的生態經濟有機體，這是使生態環境沒有價值而成為有價值的根本條件。現代經濟社會是生態經濟有機體，這就決定了它的生態經濟生產與再生產已由過去那種對自然界的單方面作用轉變為互相作用。一方面，在經濟再生產過程中人類勞動要有自然界提供具有實在使用價值的自然物質作對象，並受到自然界的協助，因此，現實的使用價值是勞動和自然物質相結合的產物；另一方面，在自然再生產過程中越來越多的自然物質和生態因子為了達到可供人類及其社會使用的形態，必須經過勞動過濾，才能由潛在使用價值變成具有滿足人類生存和經濟社會發展所需要的實在使用價值。在這種情況下，各種體力的和智力的、直接的和間接的勞動力都在與自然資源和自然環境發生日益擴充的聯繫，使它們不同程度地受

到這種或那種形式的勞動的滲入和作用。因此，在現代經濟社會條件下的自然資源和自然環境，雖然主要不是在人工勞動下產生與形成的，但在自然生態生產與再生產的某些環節上，是與社會經濟生產與再生產相互交織、相互作用的。因而人們為使生態系統朝著有利於人類生存和經濟社會發展的方向進化與演替，使自然物質由潛在使用價值轉化為實在使用價值，都要付出一定量的物化勞動和活勞動。這些勞動轉移和凝結於生態系統之中，就形成了生態價值。

三、生態價值的組成

從本質上來說，生態價值與商品價值一樣，都是人類抽象勞動的凝結。

（一）生態價值補償過程中物化在生態系統中的社會必要勞動

在自然資源和自然環境消耗的價值補償過程中物化在生態系統中的社會必要的人的勞動，應該形成生態價值。現代經濟社會的生產和生活消耗了大量的自然資源和環境質量，必須通過人的活動把它再生產出來，使生態系統得到必要的補償。從自然環境消耗的補償，使它恢復到原來具有的使用價值的狀態來說，世界各國在治理污染和公害方面花費了大量的投資。

案例連結：治理污染和公害方面的投資

從環境治理投資額來看，中國環境污染治理投資總額從2010年的6,654.2億元上升到2011年的7,114億元，增長了6.91%，投資額最高的是河北省，達到623.90億元，而貴州省的增幅幅度最大，為116.33%，共有23個省份的投資出現了增長。環境污染治理投資總額占地區生產總值比重最大的是西藏，達到4.65%，遠高於全國水準，而增幅最大的是貴州省，達到74.61%。

2012年，全國工業污染治理投資完成額比2010年增加了103.48億元，增長了26.07%，共有20個省份的投資出現了增長，增幅最大的是海南省，達到1,008.98%；人均工業污染治理投資額上升了7.36元達到36.96元，上升了24.84%，共有20個省份出現了增長，增長最快的也是海南省，增長了986.46%。

2014年，中國環境污染治理投資總額為9,575.5億元，占GDP的1.50%。其中，城市環境基礎設施建設投資5,463.9億元，老工業污染源治理投資997.7億元，建設項目「三同時」投資3,113.9億元，分別占環境污染治理投資總額的57.06%、10.42%、32.52%。

2016年，中國環境污染治理投資總額為9,220億元，比2001年增長6.9倍。其中，城鎮環境基礎設施建設投資5,412億元，占環境污染治理投資總額58.7%；工業污染源治理投資819億元，增長3.7倍，占環境污染治理投資總額8.88%。

（資料來源：林壽富.「十二五」中期中國生態環境保護的省域比較與趨勢展望[J]. 經濟研究參考，2014（58）：39-45.）

(二) 保護和建設生態環境過程中物化到生態系統中的社會必要勞動

人類在保護和建設具有一定使用價值的生態環境過程中物化到生態系統中的社會必要勞動，是形成生態價值的重要組成部分。現代經濟社會發展實踐表明，有效地保護和認真建設生態環境已成為現代人類及其社會經濟運行的重大問題。因此，現代經濟社會發展必須執行以有效保護為核心的生態環境資源開發戰略，使生態環境具有適合現代人的生態需要的質量標準，必須投入大量的勞動，才能保護和建設具有不同等級使用價值的生態環境。因此，在現代社會中，保護天然資源逐漸為人們所重視，不僅各國相繼頒布了各種資源法和建立了專門管理和保護機構，而且對天然資源進行了大量物化勞動和活勞動的投入。

(三) 開發生態環境過程中物化到生態系統中的社會必要勞動

人類將生態系統中具有潛在使用價值的自然物質變成符合人類生存和經濟社會發展所需要的實在使用價值時，必須付出一定量的勞動，這也應該是形成生態價值的一個方面。在生態系統中，無論是自然資源還是自然環境的生態因子，首先具有潛在使用價值的性質，一旦經過勞動過濾發展到可供人類及其社會使用的形態時，潛在使用價值的自然物質變成為實在使用價值的自然資源。例如，礦物是埋藏在地下的地質體，在沒有經過地質勘探之前，它只是一種潛在的使用價值，把它變成能夠滿足人類需要的使用價值即實在使用價值，就要投入地質勘查等勞動，對它的發現和探明礦體的質量、數量、形狀、產狀、技術加工性能和開採條件等方面的情況，都要付出大量的物化勞動和活勞動。

四、生態價值的計量

按照馬克思的勞動價值理論，商品的價值量是由生產該商品的社會必要勞動時間決定的。「社會必要勞動時間是在現有的社會正常的生產條件下，在社會平均的勞動熟練程度和勞動強度下製造某種使用價值所需要的勞動時間。」[1] 這個理論同樣適用於生態價值量。所以，生態價值量是由創造具有一定使用價值的生態環境的社會必要勞動時間所決定的，它與投入創造的勞動量成正比，與勞動生產率成反比。創造具有一定使用價值的生態環境的勞動生產率越高，它所需要的勞動時間越少，這種生態環境所形成的價值就越小；相反，勞動生產率越低，它所需要的勞動時間就越多，這種生態環境所形成的價值就越大。所以提高創造具有使用價值的生態環境的勞動生產率是實現社會經濟建設和生態環境建設同步協調發展的重要途徑。

生態價值的構成和商品價值的構成一樣，也是分為三部分：C，V，m。我們就以補償、保護和建設具有一定使用價值的生態環境來說，如果人們在補償、保護和建設具有使用價值的生態環境的過程中，所投入的全部勞動都物化在生態系統、生態環境之中，那麼，C 是補償、保護和建設生態環境所需要的生產資料的價值，如消耗的能源、物資

---

[1] 馬克思. 資本論 [M]. 1 卷. 北京：人民出版社，1972：52.

的價值及其機械設備和設施的折舊費等；V 是補償、保護和建設生態環境的勞動者的必要勞動所創造的價值，即維護勞動力生產與再生產所需要的生活資料的價值；m 是補償、保護和建設生態環境的勞動者的剩餘勞動所創造的價值。因此，創造具有一定使用價值的生態環境的總價值量 $W_{生} = C + V + m$。其中 C 是物化勞動轉移的價值，$V+m$ 是活勞動所創造的新價值。

但是，在生態經濟系統的實際運行中，人們投入一定量的勞動創造具有一定使用價值的生態環境，在創造生態價值的同時，還會生產具有一定使用價值的經濟產品，創造商品價值。在這種情況下。生態價值量 $W_{生} = C + V + m - W_{經}$。而生態經濟價值量則是投入補償、保護和建設具有一定使用價值的生態環境全部勞動所形成價值量 $W_{生經} = C + V + m = W_{生} + W_{經}$。

第二節　生態經濟學的產值觀

一、無效產值和有效產值

價值的有益性和無益性，直接關係到產值的有效和無效。所謂產值是企業或一個地區、一個國家在一定時期內所生產的全部物質資料的價值。這樣定義的產值至少有下列幾點缺陷：其一，那些毒化社會文明、污染生態環境、損害人民健康的使用價值中所凝結的社會抽象勞動──價值，在商品交換中得到實現，這是以損害社會文明和消費者利益為代價的，但卻得到社會承認。這種違背了社會生產目的的「價值」，被計入產值，將會形成產值增加而社會文明和生態環境破壞的結果。其二，該定義只把「物質資料」的價值叫作產值，由優美的自然景觀、良好的生態環境和豐富多彩的歷史文化而發展起來的旅遊業收入卻沒有被計算在內。其三，由衛生、環保部門的勞動帶來生態環境改善從而產生的經濟效益也被排斥在產值之外，沒有得到社會的承認。為了克服上述缺陷，必須從理論上確立有效產值和無效產值，確立完整的生產觀（以下簡稱廣義生產觀）。

所謂無效產值是指一定時期內，企業、一個地區或一個國家生產的造成環境污染、生態結構破壞、毒化社會文明、損害人民健康的商品的價值總和。反之，一定時期內，企業、一個地區或一個國家生產的有益於環境質量提高、生態平衡改善、社會文明和人民健康的商品的價值總和就是有效產值。

例如，生產假冒產品、黃色錄像帶和毒品的產值，無論如何不能叫作有效產值。再如，某些發達國家一年由於污染帶來的損失，占國民經濟總產值的 5%，這些損失不能算作有效產值。由於農業環境污染，許多農產品有毒物質含量超過食用標準而不能食用，這一部分農產品產值也是無效產值，這一部分產值的作用和原有的產值概念是難以確定的。

無效產值的危害有三：一是使國民經濟總產值失去產值的真實意義（包含一部分

無效產值），從而違背社會生產的目的，二是降低了某些行業的產值（如降低水產品量，減少以野生動植物為對象生產部門的產值等），三是嚴重危害了人口的再生產。第一種情況實際上是總產值裡的負數，在這個負數裡包含一切由於「環境毒化」所帶來的動植物損失、材料、原料、疾病等損失，第二種情況的直接後果是使以後的總產值增長速度減低，在實際總產值裡已經被減掉，第三種情況影響到人口的質量。所有這一切，用舊的產值觀是無法表達的。

明確無效產值概念的意義有三點：其一，無效產值在總產值中所占的比例，標誌著社會經濟系統健康、健全發展程度，也標誌著社會文明程度和人民生活質量。無效產值越大，說明有害使用價值及凝結其中的社會抽象勞動量越大，給社會文明及消費者帶來的危害越大，偏離社會生產目的越遠。其二，通過對無效產值的計量，可以發現和及時採用新技術，減少以至消除產生有害價值的隱患。其三，從價值觀念上改變狹隘生產觀、消費觀及生態觀，用人口—需求—資源—技術—經濟—生態環境協調發展的理論指導現代經濟社會，提高現代人的素質。此外，通過對有害價值的考查、計量可以促使社會實行「三廢」資源化的步伐，首先在生產領域中實現把污染物納入無限物質循環過程中，最終消除產生無效產值的根源。

如上所述，在社會抽象勞動量中，並非所有的部分都對社會有益，並非都能實現滿足人民日益增長的物質和文化需求這一目的。環境污染使總產值中帶有負數，而社會抽象勞動量中也有一部分是負數。如果種植鴉片是有害於人類再生產的「有害勞動」，生產黃色錄像帶勞動是毒化人民精神的鴉片，那麼引起「公害」的那些社會抽象勞動同樣也是有害的。同理，違背生態規律帶來的農業損失是能夠被人們接受的「經濟損失」，這些勞動是無效勞動，那麼上面指出的那些勞動也是無效勞動，就應當從社會耗費的抽象勞動量中減去這一部分。

與此相聯繫的是，在國民經濟總產值或在社會抽象勞動量中還應加上一部分。這一部分產值包括：由於植樹造林及城市園林化，綠色植被生產釋放出的氧氣，從而提高了環境質量，促進了人民健康水準的效益；由於清潔工人所創造的環境高質量而帶來的效益；由於按生態規律生產，從而使動植物資源興盛繁茂，增強了生態系統穩定性而帶來的效益（對土壤質量的改善，由於直接增加了農作物產量，其總產值已被計入）等。

二、生態經濟學的產值觀

可見，產值應該是企業產前、產中和產後經濟、社會效果的統一，是企業內部經濟性（創造物質資料的貨幣表現）與外部性經濟性（對環境的益害）的統一。這正是我們把環保部門合理協調自然的活動，作為生態經濟環境以及建立廣義生產觀的經濟學依據。

在這裡我們重溫一下馬克思、恩格斯的有關論述，可以更堅定地樹立廣義產值觀。馬克思說：「社會化的人，聯合起來的生產者，將合理地調節他們和自然之間的物質變換，把它置於他們的共同控制之下，而不讓它作為盲目的力量來統治自己，靠消耗最小

的力量，在最無愧於和最適合於他們的人類本性的條件下進行這種物質變換。」如果說在科學技術不發達的歷史時期內，改造自然能力低下，人們不得不屈從自然的統治是問題的一面的話，那麼在科學技術相當發達的今天，把自然當作奴僕而任意擺布則是問題的另一面，馬克思這段話正是教育人們既不能被自然統治也不能去統治自然，而是應當建立一種人和自然的協調關係去進行生產。

恩格斯說：「我們必須時時記住，我們統治自然界，決不像徵服者統治異民族一樣，決不像站在自然界以外的人一樣，相反地，我們連同我們的肉、血和頭腦都是屬於自然界，存在於自然界的，我們對自然界的整個統治，是在於我們比其他一切動物強，能夠認識和正確運用自然規律。」上面我們列舉的使產值失去真實意義的事實，都不是違背經濟規律本身，而是違背自然規律，特別是違背生態規律，也就是說違背自然規律同樣會造成經濟上的損失。換言之，經濟發展在企業內部（或社會內部）必須遵照經濟規律辦事，在企業外部（人與自然）必須遵照自然規律辦事，並把二者（即把社會的人與自然的人）協調起來，才能形成企業內外、社會與自然相協調的生產有機整體，才能把制約經濟發展的生態規律與經濟規律有機統一起來，而不是人為地把它們分離。正由於既是社會的人，又是自然的人，所以其本身便成為一個槓桿系統的支點，把社會經濟與自然過程緊密聯結在一起，成為一個把自然物質變換為社會財富的生態經濟系統。

綜上所述，完整的產值觀就是合理調節人與自然的物質變換關係，有計劃地開發、利用、保護資源，以便把生態系統改造好後傳給後代。按照這種生產產值觀，開發利用資源是生產，保護更新資源和保護生態系統是生產，治理環境污染也是生產。因為在此過程中不僅耗費了社會勞動量，而且也創造了新的價值。

三、綠色 GDP（綠色國內生產總值）及其核算

(一) 綠色 GDP 的定義和原則

隨著生態經濟學產值觀的產生發展，綠色 GDP 這一概念被提出。對綠色 GDP，很多學者都給出了具體定義，但還未有一個統一全面的概念。我們先介紹幾種具有代表意義的定義。

綠色 GDP 是扣除生態破壞和環境污染損失後的 GDP，可表述為：綠色 GDP＝GDP－（生產過程、污染治理的資源耗竭全部、恢復資源過程＋生產過程、污染治理過程的環境污染全部、恢復資源過程）＋新增環保生態服務價值。

聯合國綜合環境與經濟核算體系工作把綠色 GDP 定義為從國內生產總值中扣除自然資本消耗和生產資本消耗最終得到的國內生產淨值。

綠色 GDP 是扣除了傳統 GDP 中因環境和資源損耗所減少的價值（外部不經濟），加上環保部門新創造價值（外部經濟），從而得到生態惡化與環境污染造成的經濟損失的價值量化。

綠色 GDP 是扣除經濟增長導致的外部不經濟因素如資源濫用、環境污染等，加上

自給性服務、地下經濟活動及閒暇活動等外部經濟因素後的國民福利總值。

綠色GDP=固定資產損耗+國內生產淨值-生產中使用的非生產自然資產，是在原有GDP的基礎上修正了環境與資源因素，從而產生的一個新的總量指標。其中的非生產自然資產包括非生產自然資產退化和非生產經濟資產耗減兩項內容。

從上面的這些定義我們認知到，雖然各種定義不統一，但他們的根本原則是一致的，即都是在原有GDP的基礎上做適當的調整得到綠色GDP，加減各種其他要素的影響得到的數值。定義根本的區別在於調整的範圍不同，具體考慮哪些環境要素還不能達到統一認識。還有學者認為綠色GDP不僅要考慮環境要素，還應考慮經濟等其他影響要素。

綜上，關於綠色GDP的內涵我們應考慮以下兩點：①遵循原有GDP核算原則，在原有GDP的基礎上進行適當的調整；②明確調整的範圍，具體到各個環境變化要素。結合上述要求，我們總結出綠色GDP的內涵：綠色GDP，就是從傳統的GDP中扣除由於環境資源質量的退化、環境資源量的減少和因環境惡化而需要進行的補償等三種因素引起對社會和經濟的影響值，從而得出真實的國民財富總量，它是各國扣除自然資產損失後新創造的真實國民財富的總量核算指標。

（二）中國的綠色GDP核算

中國是一個發展中國家，面臨著嚴重而迫切的環境問題。各地的自然資源浪費、河流的污染觸目驚心，並且因用於環境保護的支出相對較少，環境惡化不斷加劇。鑒於這種情況，20世紀80年代以後，中國開始了有關環境核算方面的各種研究和探索。1980年，中國環境科學研究院開展了全國環境污染損失和生態破壞損失的評估，開始了中國第一次系統的環境污染經濟損失的估算研究。1990年，環境保護部金鑒明院士主持完成了「中國典型生態區生態破壞經濟損失及其計算方法」的研究，應用了生態定位站的長期觀測數據，結合了一些實地調查資料，推動了這一方面的研究。1991年，國家環境保護局政策研究中心出版了《資源核算論》，該工作由國內十多個部門和地方的百餘名專業人士共同完成，具體對國內外綠色國民經濟核算和資源核算的理論和方法進行了回顧，對礦產資源、地下水資源、地表水資源、森林資源、土地資源和草原資源進行了初步研究，並在此基礎上對1992年和1993年全國的環境污染損失進行了估算，於1998年出版了專著《中國環境污染損失的經濟計量與研究》。1998年初，國務院發展研究中心首次提出開展資源核算以及納入國民經濟核算體系的課題研究，該課題下設若干子項目，其中綜合性的子課題有資源定價資源折舊、資源核算及其指標體系、國民經濟核算及其指標體系、資源核算及其納入國民經濟核算體系實施方案、有關的數學模型、相應的政策和措施建議等專題性的子課題。1992年，聯合國環境與發展大會一致通過《21世紀議程》。1994年3月，國務院正式批准《中國21世紀議程》後，相關研究全方位展開。到目前為止，中國已經出版的與環境經濟綜合核算相關的著作有《綠色投入產出核算——理論與應用》《可持續發展下的綠色核算——資源、經濟、環境綜合核算》《環境統計與環境經濟核算》等。這些研究不僅在核算理論方面進行了探討，

而且還針對國內情況進行了應用和實證研究。1992年4月，中國政府批准成立中國環境與發展國際合作委員會，根據工作重點，組建了七個專家工作組對中國環境與發展領域的一些重大課題進行研究，分別是資源核算與價格政策核算組、污染控制工作組、生物多樣性工作組、監測信息工作組、能源戰略與技術工作組、科研、技術開發與培訓工作組和環境與貿易工作組。其中，資源核算與價格政策核算研究組和監測信息工作組從事的工作屬於環境統計範圍，資源核算與價格政策核算組以自然資源定價的理論和方法為基礎，對各類資源提出定價模式和價格改革的目標、措施和步驟，為環境成本進入資源核算體系從而進入整個國民經濟體系提供理論依據。2000年開始，環境保護部與世界銀行合作，開展中國環境污染損失評估方法研究。2001年，重慶市作為國家統計局核算司的唯一試點城市，開展了重慶市自然資源與環境核算方法的研究。在國家統計局核算司的指導下，經過三年的努力，課題組完成了重慶市水資源和工業污染的實物量、價值量及綠色GDP核算方法的研究。2003年，環境保護部與OECD合作，開展環境綜合指標體系研究以及環境績效評估工作；並開始與國家信息中心合作，開展建立國家中長期環境經濟模擬系統研究以及環境經濟投入產出核算表。2004年，環境保護部開展國家「十五」科技攻關課題「綠色國民經濟核算體系框架研究」的研究。同年國家統計局出版的《中國國民經濟核算體系》中新設置了附屬帳戶——自然資源實物量核算表，制訂了核算方案，試編了2000年全國土地、森林、礦產、水資源實物量表；並與挪威統計局合作編製了1987年、1995年、1997年中國能源生產與使用帳戶，測算了中國8種大氣污染物的排放量，並利用可計算的一般均衡模型分析並預測未來20年中國能源使用、大氣排放趨勢；在黑龍江省、重慶市、海南省分別進行了森林、水、工業污染、環境保護支出等項目的核算試點，並編寫了技術總結和工作總結報告；翻譯出版聯合國編寫的《綜合環境與經濟核算手冊——2003》（簡稱SEEA2003）。已商定國家林業局、國家林業科學研究院、北京林業大學合作，開展中國森林資源核算及納入綠色GDP核算的研究工作。2004年6月24日至25日環境保護部和國家統計局聯合在杭州召開「建立中國綠色國民經濟核算體系」國際研討會，就建立綠色GDP的必要性、中國建立綠色GDP的途徑和應採取的方式、中國建立綠色國民經濟核算體系的機遇和挑戰等內容進行了討論。

案例連結：《中國綠色GDP績效評估報告（2017年全國卷）》在京發布

2017年10月11日上午，由華中科技大學國家治理研究院院長歐陽康教授領銜的「綠色GDP績效評估課題組」與中國社會科學出版社、中國社會科學雜誌社在京聯合發布了《中國綠色GDP績效評估報告（2017年全國卷）》。來自國家統計局國民經濟核算司、國家發展和改革委員會社會發展研究所、國務院發展研究中心資源與環境政策研究所、中國社會科學院數量經濟與技術經濟研究所、環境保護部中國環境科學規劃研究院、瞭望周刊、北京航空航天大學等40餘名專家學者出席發布會。中國社會科學出版社社長趙劍英、中國社會科學雜誌社常務副總編輯王利民，華中科技大學黨委常委、

總會計師湛毅青出席發布會並發表講話，歐陽康教授與華中科技大學國家治理研究院研究員趙澤林對「中國綠色 GDP 績效評估研究」項目和《中國綠色 GDP 績效評估報告（2017 年全國卷）》的基本情況做了介紹，國務院參事、中國社會科學雜誌社哲學社會科學部主任柯錦華，國家發展和改革委員會社會發展研究所所長楊宜勇，國務院發展研究中心資源與環境政策研究所副所長李佐軍，瑞典皇家工程院院士、北京航空航天大學循環經濟研究所所長吳季松，國家環境保護部環境規劃院研究員於方，中國社會科學院數量經濟與技術經濟研究所研究員蔡躍洲先後進行了專家點評。華中科技大學人文社會科學處處長劉久明主持發布會。華中科技大學國家治理研究院綠色 GDP 績效評估課題組組長、首席專家歐陽康教授認為，開展綠色 GDP 績效評估是當前壓實生態文明建設、引領綠色發展的關鍵和重要政策抓手，已經時不我待，各級政府必須用數據說話，將綠色發展的目標、任務層層壓實，步步推進，才能引領國家治理現代化，使中國實現 21 世紀的彎道超越。據悉，此次發布的《中國綠色 GDP 績效評估報告（2017 年全國卷）》是由高校智庫公開發布的首個全國性綠色 GDP 績效評估報告。該報告以 GDP、人均 GDP、綠色 GDP、人均綠色 GDP、綠色發展指數五個指標，綜合呈現了全國內陸 31 個省市自治區的綠色發展情況，為全國各地實現綠色發展轉型與推進提供了科學支撐。綠色 GDP 績效評估課題組自 2016 年成功發布國內首個由高校智庫公開發布的地方性綠色 GDP 績效評估報告《中國綠色 GDP 績效評估報告（2016 年湖北卷）》之後，又與《中國社會科學》編輯部在京聯合發布了《中國綠色 GDP 績效評估報告（2017 年湖北卷）》，此次是該課題組第三次發布類似研究報告。《中國綠色 GDP 績效評估報告（2017 年全國卷）》的發布對當前中國加速發展轉型，快速構建綠色生產與生活方式，具有多重重要意義和重大應用價值，其採用的評估體系和方法，為開展更大範圍的綠色發展績效評估提供了可以借鑒的經驗和可供推廣的參考方案，是該領域的重要創新性理論探索之一。

（資料來源：http://news.cssn.cn/zx/bwyc/201710/t20171011_3663982.shtml.）

中國於 2004 年提出《中國資源環境經濟核算體系框架》，標誌中國綠色 GDP 核算體系框架初步建立。該框架對資源環境經濟核算體系的定義為，資源環境經濟核算體系又稱綠色國民經濟核算體系，所謂資源環境經濟核算，是在原有國民經濟核算體系基礎上，將資源環境因素納入其中，通過核算描述資源環境與經濟之間的關係，提供系統的核算數據，為分析、決策和評價提供依據。

進行國民經濟核算，會形成一組以國內生產總值為中心的綜合性指標。與此相對應地，在進行資源環境經濟核算時，客觀上特別需要開發出功能上類似 GDP 的指標體系，即以「經資源環境因素調整的國內產出——EDP」為中心的總量指標體系。從 GDP 到 EDP，其間的調整是把經濟活動對資源環境的利用消耗價值（所謂經濟活動的資源環境成本）予以扣除。

和 GDP 有三種計算方法一樣，「經資源環境調整的國內產出」也可以在三個方向上表示。

生產法：EDP＝總產出−中間消耗−資源環境成本

收入法：EDP＝勞動報酬＋生產稅淨額＋固定資本消耗＋（營業盈餘−資源環境成本）

支出法：EDP＝最終消費＋（資本形成−資源環境成本）＋淨出口

第三節　生態經濟學的效益觀

一、經濟效益與生態效益

（一）經濟效益

經濟效益有兩種含義：第一種含義是指人們通常所說的淨收益和純收益，主要是指企業在總收入中扣除物化勞動消耗和包括活勞動稍耗在內的全部消耗後剩下的餘額，前者叫淨收益，後者叫純收益。第二種含義是指生產和再生產過程中勞動占用和勞動消耗量同符合社會需要的勞動成果的比較。本節著重談第二種含義。第二種含義中提到的勞動占用是指，勞動過程中占用的勞動量，它包括廠房、機器及能使生產正常進行所必需的原材料儲備等。勞動消耗量是指生產產品過程中實際消耗的勞動量，包括活勞動消耗和物化勞動消耗。勞動成果則是指所生產的符合社會需要的產品。產品是否符合社會需要是衡量經濟活動有無經濟效益的前提，商品只有符合社會需要，才能賣出去，也才能實現商品的價值。可見，經濟效益是反應投入與產出、費用與效用的關係。生產符合社會需要的產品，所花費的勞動占用和勞動消耗量少，或花費同樣的勞動占用和勞動消耗量，生產出更多符合社會需要的產品，經濟效益就大；反之，經濟效益就小。不斷提高經濟效益的目的，就是要以盡量少的活勞動消耗和物質消耗，生產出更多的符合社會需要的產品，實現使用價值和價值的統一，使經濟活動真正符合和不斷滿足社會的需要。

（二）生態效益

在人類的經濟活動中所產生的污染物的多少和對生態環境的影響，從經濟效益的概念中是反應不出來的。正是由於經濟效益的這個弊端，人類常常為了追求最大的經濟效益，而對生態環境的破壞不聞不問。直到20世紀50年代以後，生態環境遭到嚴重破壞，人類對其賴以生存的環境產生危機感的時候，才醒悟過來，提出了生態效益。

生態效益是指生態系統對人類生活環境和生產條件產生某種影響的效應。它是對人與生物、人與環境和諧相處的融洽程度及生態系統穩定性的度量。自然生態系統所產生的生態效益是由眾多的自然因素共同作用的結果，而人工生態系統的生態效益則是各種自然因素和人類的生產活動共同作用的結果。人們在社會生產和再生產的過程中，要從生態系統中取走一些物質和能量，又向生態系統投入一些物質和能量。這些活動必定要對組成生態系統的生命系統和環境系統產生影響，進而對整個生態系統的生態平衡造成某種影響，從而對人的生活和生產環境產生不利或有利的作用。當今世界，人類的活動幾乎已涉及所有的生態系統，在某些生態系統中人的作用甚至遠遠超過了自然因素對生

態系統的影響。因此，有些學者將生態效益定義為人類經濟活動對生態系統功能產生某種影響，進而對人類的生活環境、生產條件產生某種影響的效應。根據這個定義，生態效益好是指投入和耗費的勞動能使生態系統保持和提高穩定性，使人們的生活和生產環境得到改善；相反，生態效益就差。通常所說的提高生態效益，就是要以盡量少的勞動占用和勞動耗費去保持和提高生態平衡水準。生態效益這個概念廣泛應用於工業、農業、交通、城鄉建設、環境保護各個領域。

(三) 經濟效益和生態效益的聯繫

從宏觀和長遠來看，生態效益和經濟效益二者是正相關，即生態效益好，經濟效益也好；反之亦然。但從局部和短期來看，則往往存在著不同程度的矛盾，加之人們在物質資料生產和再生產過程中，由於認識和合理運用生態經濟規律的程度不同，可能出現複雜的多種情況。

在同等的社會條件下，生態效益高，也就是自然條件優越，或者說自然生產力高，經濟效益必然高。因為在這種條件下，花費等量勞動，可以比生態效益低的情況下得到更多的產品。誰都不能否認，土地肥沃、雨量充沛、熱量豐富的農業區，要比土地資源貧瘠、干旱缺雨、無霜期短的地區，生產出更多的穀物；等量勞動用在富礦（品位高）上，要比用在貧礦上（品位低）能得到更多的有效成分；工人在良好的環境下工作，其效率就是要高於在惡劣的環境條件下工作的效率；等等。在同等生態效益和勞功消耗的條件下，技術手段合理，經濟資源與生態資源組合得當，也就是說所有經濟資源的投入符合生態系統反饋機制的需求，從質和量兩個方面有利於形成有序的生態經濟系統結構的良性循環，生態系統生產力可得到最大限度地發揮。生態效益的提高導致勞動所得的增加，因而能獲得高經濟效益。在這裡，技術手段合理是指有利於生態平衡與經濟發展，有利於生態環境穩定，為經濟效益的持續穩定提高創造經久不衰的物質基礎。生態效益能否充分發揮並最終影響經濟效益，還是取決於投入與產出的產品差價。如果投入物質的價格高，而產出物的價格低，那麼勞動消耗肯定增加，即使生態效益再高，也不會導致經濟效益增高。並且，為了抵償勞動消耗增加，生產者有可能採取掠奪式的經營方式，破壞生態效益的自然更新力，結果反而降低了生態效益。若社會的經濟、管理及技術條件優越，生態效益相似的系統，其經濟效益，則取決於生態經濟的總體結構的優越或優化。優化的結構系統，能充分利用生態資源從而相對提高生態生產力的利用效率，相對降低勞動消耗、提高經濟效益。

生態效益與經濟效益並不總是同步協調的，而是經常發生背離。其主要原因並不在於生態效益的本身，而在於社會的經濟、技術甚至某種經濟發展理論沒有遵循生態經濟規律。如在農業中，對農業生態系統物質、能量的高輸出、低輸入（即取得多補得少），或人工輸入的物質能量相互組合比例不恰當，從而出現農業生態經濟系統的高輸入、低產出現象，使勞動消耗增加、經濟效益降低。其原因首先是這種勞動輸入沒有激活生態效益的潛力。其次，在產出高的農業生態系統中，生態生產力接近或趨向極限，繼續追加經濟物質和能量，生態轉化率降低，從而出現經濟上的報酬遞減現象，雖然物

質能量的總產出量提高，但單位產品的投入勞動增加，成本提高，經濟效益必然降低。最後，農業的生態環境結構不合理。用單一種群代替互利共生、共棲，或相間無害的立體多層次結構，不能有效利用生態系統中的物質能量，且不利於種群間相互補償，不能增強環境變動的抵抗力，生態效益潛力被抑制，勞動消耗增加，經濟效益降低。在採礦、冶煉等業中，由於選用礦體複雜，等量勞動得到較少的礦產品或較少的金屬；在整個工業領域中，由於管理落後，技術工藝落後，或者由於勞動者素質低、經營管理思想狹隘，即不考慮經濟效益的自然物質基礎，儘管有良好的自然生產力作為生產的前提條件，仍然不能充分發揮自然生態效益的潛力，提高經濟效益。這些都是生態效益與經濟效益相背離的例子。

二、生態經濟效益

生態經濟效益通常是指在社會物質資料生產和再生產過程中，同時產生一定經濟效益和一定生態效益的綜合與統一，即經濟的「產出」和生態的「產出」的綜合與勞動占用和勞動消耗量的比較。如把經濟產出和生態產出的綜合叫作生態經濟實踐活動的成果，生態經濟效益可以表示為：

生態經濟效益＝生態經濟實踐成果/勞動占用和勞動消耗量

從以上概念可以得出，當取得同樣多的成果時，所消耗的勞動總量越少，生態經濟效益越大，或者說，當消耗同樣多的勞動總量時，所取得的成果越多，生態經濟效益越大。當取得成果與消耗的勞動總量都有變化時，需要計算比值，比值大的生態經濟效益大；相反，生態經濟效益小。人們在考察勞動的過程中，如果只看到產生經濟效益的一面，而看不到同時產生生態效益的另一面，或者相反，只看到產生生態效益的一面，而看不到同時產生經濟效益的另一面，那麼，這樣的考察就是片面的。只有全面地看到勞動對整個生態經濟系統所產生的整體影響，並考核在此過程中所產生的生態經濟綜合效益，才是符合社會實踐需要的。

生態經濟效益集中反應了生態經濟系統的整體性、協調性和有序性特徵及其程度。生態效益多是整體的、長遠的，而經濟效益常是局部的、眼前的。二者綜合統一後的生態經濟效益，把人類經濟活動的眼前利益和長遠利益、局部利益和整體利益結合起來。它引導人們更科學地分析勞動成果同投入勞動的對比關係，引導人們在投入勞動時自覺地遵守生態經濟規律，達到生態效益與經濟效益的統一。

案例連結：日照港——新舊動能轉換，生態經濟效益同發展

2017年，日照港集團公司在日照市委、市政府的堅強領導下，真抓實幹，整頓改革，扎紮實實發展生產經營，平穩度過了港口發展最艱難時期，保持了安全形勢穩定、員工隊伍穩定，並且實現了港口各項工作的全面提升，特別是港口生產持續快速增長。1—11月，日照港全港累計完成吞吐量3.32億噸，日均突破100萬噸，實現利潤9.3億元，提前3個月完成7億元年度計劃目標。2017年1—11月，日照港母公司淨利潤盈利

1.9億元，開啓了日照港轉型升級、提質增效的嶄新局面。一是港口生產快速增長。牢固樹立「客戶至上」理念，突出誠信服務，增強全港服務意識。狠抓生產效率，挖掘生產潛力，1—11月日照港生產系統效率提高8.6%，為港口生產增長提供保障。二是經濟效益大幅度提高。日照港把降低運行成本、提升盈利能力列為最緊迫、最核心的任務，多措並舉增收節支，打贏了效益翻身仗。1—11月，裝卸收入增長12.93%。通過深化改革降成本，1—11月，全集團實現利潤9.3億元，創建港以來歷史最好水準，實現歸母淨利潤1.9億元。三是港口建設紮實推進。按照掛圖作戰計劃，全面推進港口重點工程建設。石臼港區西區鐵路集裝箱專用線工程、焦炭裝車線建成投用。石臼港區疏港道路實現客貨車分離。石臼港區西區集裝箱化改造工程完成。全國首個港口工業岸線退港還海修復整治工程——日照港港口岸線退岸還海修復整治工程，其中「海龍灣」工程的堤壩拋填完成70%、「東煤南移」工程開工建設。四是對外開放進一步擴大。全力打造「開放活市」的重要活動，日照港負責營運管理的巴基斯坦卡西姆港煤碼頭成功實現對「一帶一路」國家的管理輸出。日照先後開通「照蓉歐」、日照—霍爾果斯—中亞、日照—憑祥—越南集裝箱國際班列，日照至澳大利亞、至中東件雜貨班輪航線和日照至東南亞集裝箱航線。日照至平澤航線保持盈利，至釜山航線運行平穩，至日本關東、關西航線前期工作積極推進。這些路線的開通加快推進了與華潤電力關於石臼港區煤炭運輸項目、生物質發電項目的合作。日照港集團與中遠海運物流公司達成合作意向。圍繞服務縣域經濟，日照港與區縣分別簽署了戰略合作協議，努力推動城港產融合發展。五是業務創新實現新突破。日照港加快推進港口業務創新和功能升級，大力發展港口實體物流。大力發展港口智慧物流，「無車承運人」資質正式通過交通運輸部核，成為全國首批試點、全省十家資格企業之一，並與交通運輸部、省交通運輸廳業務平臺實現數據對接。大力發展港口金融業務，有效盤活了集團內部閒置資金。積極拓展大宗商品交易中心功能，新開發的鐵礦石掉期交易品種了填補了市場空白。六是清潔生產水準全面提升。日照港以中央、省環保督查為契機，全面加強現場管理和港口環境綜合整治工作，著力實施四大「揚塵綜合整治工程」：通過實施港區周邊道路改造提升工程，實現客貨分流；通過實施石臼港區佈局調整，把港口對城市的影響降到最低限度；通過實施港口環境整治提升工程，有效降低了港口粉塵；通過實施港口綠化美化工程，美化了港口環境。中央環保督查一個月的時間內無投訴、無整改、無問責。七是人才隊伍建設成效顯著。大力實施人才建設培訓計劃，日照港與上海海事大學簽訂合作協議，達到了良好效果。分兩批對中層管理人員開展嚴格管理培訓，除領導授課、站段隊長介紹工作經驗外，還邀請了山大、上海理工教授進行專題授課。堅持尊重一線、向一線傾斜，實行夜班補貼、班組長補貼、站段隊長補貼和關鍵崗位人才補貼，激發了隊伍活力。積極推進人才市場化選聘，引進職業經理人，成效明顯；通過市人才專項計劃引進碩士研究生，充分發揮日照港院士工作站、博士後工作站等平臺作用。積極開展職工技術比賽，在全港各條戰線上掀起「比學趕幫超」的熱潮。八是發展戰略更加清晰。圍繞日照市「一、三、五」總體發展思路，放眼「一帶一路」和全球運輸格局，日照港

提出了「深化改革、從嚴治企、強化管理、提質增效」的總體發展思路。同時，日照港不斷總結經驗、自我加壓，明確了「建設國際一流大港強港」的發展方向和「實施新舊動能轉換工程，加快港口轉型升級，建設誠信、智慧、高效、綠色『四型港口』」的發展戰略。黨的十九大勝利召開後，日照港領導班子迅速行動，進一步明確了今後一個時期的工作總要求，即「迅速掀起學習貫徹黨的十九大精神熱潮，奮力開創港口發展的新局面」。2018年，日照港集團改革創新，開拓進取，加快建設「四型港口」，乘勢而上，推動港口全面發展，在生產、建設、經營、對外開放、生態修復等領域實現新突破、新提升，新一年全力開創港口發展的新氣象、新局面。

（資料來源：http://news.ifeng.com/a/20171228/54596639_0.shtml.）

三、生態經濟效益的評價

對人類活動的生態經濟效益評價，主要沿著兩個方向發展：一是對某項生產經營行為的經濟、社會、生態效益進行分指標評價分別評價某項活動所產生的經濟效益、社會效益和生態效益，然後，通過橫向或縱向的比較來判斷該項活動生態經濟效益的高低，或生態經濟效益的改善狀況。二是通過創造新的概念或建立新的評價模型，對宏觀或微觀生產經營行為進行無量綱的單一綜合指標評價。

對某項生產經營活動的生態經濟效益進行分指標單獨評價，主要採用的方法有三種：一是經驗打分法。即根據設計好的評價指標體系，通過問卷調查的方式，收集被調查者對某項經濟活動帶來的生態經濟效益的主觀評價，或某區域生態經濟效益的改善狀況的評價，然後，通過數據處理得出結論。這種方法類似於環境價值評價中的條件價值評估法（CVM），主要應用於對生態效益和社會效益的評價中。二是成本–收益分析法。這種方法也是根據預先設計的，能分別表達經濟、社會和生態效益的指標，通過計算和比較這些指標在一定時間內的產出–投入比，來判斷生態經濟效益的高低，這種方法對於社會和生態效益的評價結果，往往存在較大偏差。這種方法具體又可分為絕對方法和相對方法兩種。絕對方法是從企業收益減去成本（包括內部和外部成本）獲得的淨增加值來評價淨增加值，也被稱為「綠色增加值」。相對方法是以每增加一單位環境（或社會）影響所創造的價值，即企業價值增值與環境（或社會）影響增加的比率來評價。三是層次分析法。該方法是把經濟、社會和生態作為生態經濟系統的三個亞系統，根據要解決問題的性質和要達到的總目標，按照指標的隸屬關係分為不同的層次，形成一個多目標、多層次的分析結構模型。然後將不同量綱的指標轉換成統一的量綱來表達，並運用專家經驗法對各指標的權重進行定量打分。最後經過計算分別得出經濟、社會與生態效益結果。層次分析法即能反應某項活動總的生態環境經濟效益情況，也能分別反應經濟、社會與生態環境三個子系統的效益變動情況。其可以用無量綱的指數形式表達，也可以用貨幣形式表達，評價結果簡單、明了，因此，在實踐中應用較多。

對生態經濟效益的綜合評價與可持續發展的綜合評價是同步進行的。本質上，經濟社會的可持續發展要求人類各項活動要實現生態環境、經濟和社會效益的協調與同步增

長，或者說生態經濟效益的不斷提高也就代表著可持續發展能力的提高。因此，可持續發展評價指標和評價方法，都可用於對生態經濟效益的評價。這些評價方法主要有兩種：一是生態足跡。生態足跡在20世紀90年代初期提出。其基本原理是，因為任何人都要消費自然生態環境提供的產品和服務，同時向自然生態環境排放廢棄物，所以均會對地球生態、經濟和社會系統構成影響。這些資源和廢棄物能折算成生產和消化這些資源和廢棄物的生物生產面積或生態生產面積，這一生態生產面積，就是生態足跡。因此，通過計算某個城市、地區或國家的人口所平均消費的資源和消納廢棄物所需要的生態足跡的變化，就可以判斷其某一時期的人口活動和生產經營活動的生態經濟效益如何變動，確定其可持續發展能力的高低。二是能值理論。能值理論由美國生態學家在20世紀80年代末期提出。該理論認為自然環境系統與社會經濟系統之間的聯繫、發展和變化，均依靠能量流動來進行，自然環境系統為社會經濟系統提供的各種物質、服務，以及社會經濟系統對自然環境系統的反饋，都是以能量流動的形式來完成的。而地球生態系統的各種資源，以及由這些資源所生產的產品和服務所包含的能量，都毫無例外的來自太陽能。因此，任何物質和服務所包含的能量都可以用太陽能值——太陽能焦耳來表示。只要計算自然環境系統與社會經濟系統之間的能值流動和轉換比例變化，就可以估計生態環境承載力、生態環境系統服務價值，判斷可持續發展能力的變化即生態經濟效益的變化情況。但生態足跡和能值的計算需要以大量數據為基礎，並經過一系列複雜的數據轉換才能完成，而且計算結果也只能直觀地體現宏觀生態經濟效益結果，無法判別引起這一變化的過程和主要影響因素。正因為此，這兩種方法的具體應用受到了很大限制。

第四節　生態經濟學的財富觀

一、傳統經濟學財富觀及其缺陷

（一）傳統經濟學財富觀的基本觀點

在經濟學說思想史上，英國的重商主義認為，財富由貨幣或金銀構成。英國傑出的古典經濟學家亞當·斯密在他著名佳作《國民財富的性質和原因的研究》中指出，「貨幣總是國民資本的一部分」「它通常只是一小部分」。因此，他認為一國國民財富是由社會勞動每年所再生產的消費的貨物構成，而構成一國真實財富與收入的，是一國勞動和土地的年產物的價值。可見，亞當·斯密的財富觀不僅是指貨幣，也不專指商品，而是指人們生產和消費的物品。不僅如此，亞當·斯密的財富觀還頗有見解地提出了，一國幅員遼闊、土地肥沃、自然條件良好，也是一國富裕的重要標誌。

馬克思吸收了亞當·斯密理論的科學成分，在《資本論》巨著中研究資本主義的生產關係，揭示資本主義經濟運動的發展規律。他認為商品是資本主義社會的財富的元

素形式，所以，「資本主義生產方式占統治地位的社會財富，表現為龐大的商品堆積」。商品具有使用價值和價值，「使用價值總是構成財富的物質內容」，價值體現財富的社會關係。使用價值或財物具有的價值，是因為有抽象人類勞動體現或物化在裡面。因此，財富歸根到底是由勞動者所創造的。後來，馬克思主義經濟學者按照馬克思的財富觀形成了傳統經濟學財富觀的基本觀點，主要有以下幾點：

第一，所謂財富，就是「社會財富」或「國民財富」，通常是指一個社會或國家在特定時間內所擁有的物質資料的總和。

第二，構成財富的內容，包括一切累積的勞動產品（生產資料和消費資料）；用於生產過程的自然資源（如土地、礦藏、森林、水源等）；勞動者的生產經驗和科學技能，科學理論（包括哲學、自然科學和社會科學）、文藝作品、文化遺產等。前兩項是物質財富，後兩項是精神財富。

第三，無論物質財富或精神財富，歸根到底都是勞動人民創造的。

第四，自然界是物質條件的第一源泉，因此，自然界和勞動一起是一切物質財富的源泉。

第五，物質財富在不同社會中有不同的佔有形式，無論財富的社會形式如何，使用價值總是構成財富的物質內容。①

以上不難看出，傳統經濟學的財富觀是建立在人類生存和發展完全依賴於物質生產基礎之上的。現代人類的生存和發展仍然要以物質生產發展為基礎，因而物質生產本身發展仍然是現代社會進步的重要內容和主要標誌，所以我們說，傳統經濟學財富觀反應了客觀真理，具有科學性，為我們建立生態經濟學財富觀提供了理論基礎。

（二）傳統經濟學財富觀的缺陷

在現代經濟社會條件下，生態經濟系統的基本矛盾運動，使人類需要的滿足和社會進步的實現，不僅取決於社會物質生產本身的發展，而且取決於自然生態生產本身的發展。這樣，傳統經濟學的財富觀就暴露出它的缺陷。

第一，傳統經濟學財富觀把國民財富僅僅看成是由人的勞動創造的財富。人類在經濟系統中把自然界提供的材料通過勞動加工成符合人類生存和社會經濟發展需要的使用價值，傳統財富觀認為這些使用價值才構成物質財富；而生態系統中，符合人類生存和社會經濟發展需要的生態環境，不被傳統財富觀視為財富。

第二，傳統經濟學財富觀只是把現實用於生產過程的自然源泉看作財富，而把沒有進入生產過程但卻具有使用價值的自然源泉、不進入物質生產過程的自然環境生態諸因子排除在國民財富之外。

第三，傳統經濟學財富觀衡量財富的尺度只是勞動的耗費及其物化的經濟產品或商品，而忽視了符合人類本性的良好生態環境及其「合乎人本性的人」的全面發展的程度這個根本尺度。

---

① 許滌新. 政治經濟學辭典：上冊［M］. 北京：人民出版社，1980：128.

可見，傳統經濟學財富觀把經濟系統看成封閉循環的運動，是社會發展完全依賴於物質生產發展的理論表現。這是狹義的、不完全的財富觀，它不能完全反應作為生態經濟有機體的現代社會經濟運行的實際，也不能完全體現為生態經濟再生產的現代經濟社會再生產運動的特點。所以，我們必須在生態經濟價值理論的基礎上，把傳統經濟學財富觀擴充、延伸到生態系統中，建立起生態經濟學財富觀。

二、生態經濟學的廣義財富觀

（一）生態財富的概念

按照經濟學的觀點，凡是符合人類社會需要的具有使用價值和價值的東西，必然是社會財富，在生態經濟學領域裡也是這樣。生態經濟價值論認為，生態經濟系統的生態環境不僅具有使用價值，而且具有價值，因而生態經濟系統的生態環境是人類社會的寶貴財富，我們把它稱為生態財富。它的物質內容是具有符合人類生存和經濟社會發展所需要的使用價值，即存在於生態系統中的實在使用價值。生態經濟系統的經濟產品或商品是經濟財富，它的物質內容是具有符合人類生存和經濟社會發展所需要的使用價值，即存在於經濟系統中的現實使用價值。生態財富的載體是物質的，所以生態財富和經濟財富都是物質財富。但從生態財富的屬性來說，尤其是自然環境的各生態因子以及它們的有機整體的良好生態環境，並不是具體的物質實體，是物質客體之間相互聯繫、相互作用的一種表現形態，因此，我們不能把生態同具有生態的物質這個載體混為一談，必須把它獨立當作一類財富。我們稱之為生態財富。

（二）傳統經濟學財富觀和生態經濟學財富觀的根本區別

在生態經濟系統的總體上，一個國家或社會的國民財富應該由生態財富、物質財富和精神財富構成。由此看來，傳統經濟學財富觀和生態經濟學財富觀的根本區別在於：前者只把現實用於生產過程的自然資源當作財富，後者不僅如此，還把現實尚未用於生產過程而存在於生態系統中具有實在使用價值的自然資源也當作財富；更為重要的是，前者認為不進入物質生產過程的自然環境各生態因子不屬於財富，後者把它視為現代社會最寶貴的財富。

因此，人們長期以來已經習慣的陽光、水、空氣等構成人類生存的自然環境的生態因子不是財富的概念，從生態經濟學的廣義的財富觀看來，已經過時了。

首先，從人類社會發展的歷史來看，社會發展只是為保證十分匱乏的物質資料以滿足人自身的生存需要，人們對日常的吃、穿、住、用、行的物質產品的需求最為迫切，往往對自己生存的環境狀況沒有多高的要求，即使生活在比較惡劣的生態環境之中也能忍受，因而對生態需求，確切地說對第三種形態的生態需求並不迫切。隨著社會生產力的發展，人民生活水準的提高，尤其是現代生產力提供了現代生活的物質基礎，人們對物質生活的消費比較容易得到，在這一情況下對自己生存環境質量的好壞就十分關注，對第三種形態的生態需求就日益迫切，因而，在經濟發達的國家裡，人們對生態環境的關心程度超過了對經濟收入的關心程度，所以，在現代經濟社會條件下，滿足人們的物

質文化需求的物質產品和精神產品是財富；滿足人們生態需求的生態產品也是財富。不進入物質生產過程的陽光、水、空氣等生態產品，是人類生存所必需的生存資料。這類生存資料在人類很長的歷史階段完全是由大自然無償賜予的，用不著人們耗費勞動去進行生產。可是，在現代經濟社會條件下，情況發生了很大變化，人類對這種生存資料的獲得，已經不是完全由大自然無償賜予，人們要花費勞動參與生態生產，它已成為社會的生態產品了。因此，現代人對良好生態環境的需求的實現，完全同社會再生產過程沒有直接聯繫，完全不消費社會勞動的時代已經過去了。現在，人們對生態產品需要的滿足，已經由過去完全非經濟需要變成具有經濟需要的性質了，生態產品的生產，已經是現代經濟社會的生態經濟再生產的重要組成部分。

其次，從現代生態經濟系統的再生產來看，現代經濟社會再生產是生態經濟有機體再生產，產品都是生態經濟再生產的產品，是社會產品，屬於社會財富。因而，社會財富應當包括物質再生產的物質產品、精神再生產的精神產品、人口再生產的勞動者、生態再生產的生態產品。

最後，就自然環境中的陽光、空氣、水、熱量等生態因子來看，它們雖然不直接進入物質生產過程，但卻構成了人類生存和社會生產的自然環境，直接參與生態經濟生產與再生產過程。一是自然環境的生態因子直接參與生物的生命新陳代謝的過程，在農業生產過程中尤其明顯。農作物的生長發育缺乏這些生態因子，根本就不能生長，農業生產也就不能生產出供人們消費的農產品。農業環境嚴重污染、生態條件惡化，就會危害農業生產過程本身，即使能生產出農產品，也是含有污染物質而不符合人們需要的。二是自然環境的生態因子直接參與人口生產過程。人需要新鮮的空氣、清潔的淡水等來維持生命的新陳代謝過程。一個成年人每天平均吸入 15 千克空氣，如果斷絕空氣一分鐘就會死亡。所以如果人類自身再生產缺少這些生態因子，生命過程就要停止，也就沒有什麼勞動者的勞動過程可言了。如果人們生活在惡劣的生態環境之中，輕則降低勞動生產效率，重則危害人身健康，使人喪失勞動能力。三是工業生產過程中一切燃燒過程都離不開空氣中的氧氣，如果空氣污濁或氧氣不足，也會影響燃燒過程或燃燒效率。當然，更重要的還在於物質生產過程越是現代化，對環境質量要求越高。如果環境嚴重污染，空氣十分惡化，不僅現代設備會受到腐蝕，而且生產過程也難順利進行。因此，自然環境的諸生態因子是制約物質生產過程的重要因素。最後，在現代社會條件下，衡量社會財富的根本尺度和首要標誌，開始由過去人類勞動耗費所創造的經濟產品的使用價值和價值及其貨幣表現，轉變為社會每個人的合乎人類本性的全面發展的程度。這個重大變化，使得生態健全的環境及其優美環境欣賞價值對於合乎人類本性的人的全面發展具有越來越重要的意義，生態環境價值在生態價值中的作用將會越來越巨大。因此，現代經濟社會創造出一個最無愧於和最適合於人類本性的生態環境，保證滿足人民全面發展的生態需要非常重要。這對於中國社會主義現代建設尤其重要，它不僅是中國社會主義物質文明的重要標誌，而且是中國社會主義精神文明的重要標誌。

綜上所述，傳統經濟學的狹義財富觀，只是把經過勞動改變了自然形態而符合人類

生存和經濟社會發展需要的使用價值，或者說是由經濟系統直接供給社會生產和社會生活的物質看作財富，對那種具有符合人類生存和經濟社會發展需要的使用價值的自然物，或者說是由生態系統直接供給社會生產和人們生活的物質不視為財富。很明顯，這是不全面的。現代經濟社會是一個生態經濟有機體，使人類社會進入了社會經濟和自然生態互相融合、協同發展的新時代，自然生態既是經濟財富的源泉又是人類全面發展的源泉。這樣，就使得現代經濟社會發展無論在何種社會經濟形態中實現，其內容不僅是物質生產本身的發展，而且是自然生態本身的發展。因此，現代人的財富觀已由過去只著眼於社會經濟內部的經濟財富，變為經濟財富同生態財富同時並重，從而把愛惜、保護和擴大生態財富放在極其重要的地位上。生態經濟學廣義的財富觀，既把由經濟系統直接供給而進入社會生產和社會生活過程的物質看作財富，又把由生態系統直接供給而進入社會生產和人們生活過程的物質看作財富。總之，在生態經濟系統中一切能夠進入生態經濟生產過程的物質條件和精神條件，都是現代經濟社會的寶貴財富，我們稱之為生態經濟財富觀。生態經濟財富觀將會為我們有效地協調人、社會與自然的發展關係提供科學依據。

復習思考題

1. 生態價值由哪些部分構成？
2. 明確無效產值的概念有哪些意義？
3. 綠色 GDP 核算的原則是什麼？
4. 請回答傳統財富觀與生態財富觀的聯繫與區別。
5. 請回答經濟效益與生態效益的聯繫與區別。

第四章

生態產業

生態產業是在人類生存環境受到嚴重威脅的基礎上發展起來的一種新型產業。它的出現和發展，能夠有效地減少環境污染、保護自然環境和合理利用資源，實現社會資源配置的最優化，達到人與自然、社會、經濟和生態環境協調發展，極大地滿足人類生存和經濟社會發展的需要。生態產業的出現和發展是歷史的必然。

第一節　生態產業概述及原理

一、生態產業概述

（一）生態產業的概念

生態產業是一種新型的產業，其範圍非常廣泛，其分類方式也不唯一，所以對生態產業的定義也不統一。中國科學院生態環境研究中心研究員王如松，海南熱帶農業發展研究所教授傅國華認為：生態產業是按照生態經濟原理，以生態學理論為指導，基於生態系統承載能力，在社會生產消費活動中，應用生態工程的方法，模擬自然生態系統，具有完整的生命週期、高效的代謝過程及和諧的生態功能的網路型、進化型、複合型產業。國際東西方大學環境生態文化研究中心研究員董斌認為：生態產業是有關生態優化的產業，其目的是直接創造良好的生態環境，主要涉及生態化的環保產業、生態化的農業產業、生態化的綠色產業。浙江理工大學生態經濟研究中心教授沈滿洪認為：生態產業是按生態經濟原理和知識經濟規律組織起來的基於生態系統承載力、具有高效的經濟過程及和諧的生態功能的網路型進化型產業。它通過兩個或兩個以上的生產體系或環節之間的系統耦合，使物質、能量能多次利用、高效產出，資源環境能系統開發、持續利用。企業發展的多樣性與優勢度、開放度與自主度、力度與柔度、速度與穩定度達到有機結合，污染負效應變為正效益。

綜上所述，生態產業是指遵循生態學原理和經濟學的規律，以生態系統承載能力為基礎，因地制宜，將傳統產業優勢和現代科技成果進行有效結合，建立具有高效經濟過程及和諧生態功能的、在生態與經濟上均實現良性循環的新型產業，進而達到經濟、生態、社會三大效益有效統一。生態產業包括生態農業、生態工業、生態服務業，它橫跨初級生產部門、次級生產部門、服務部門，是包含農業、工業、居民區等的生態環境和生存狀況的有機系統。

（二）生態產業的基本類型

1. 傳統產業的基本類型

在傳統的經濟學理論中，產業主要指生產物質產品的部門，包括農業、工業和交通運輸業等部門，一般不含商業。不過，有時產業也泛指一切生產物質產品和提供勞務活動的集合體，包括農業、工業、交通運輸業、郵電通信業、商業飲食服務業、文教衛生業等部門。

傳統產業分類是把具有不同特點的產業按照一定的標準劃分為不同類型的產業，以便進行管理和研究。常見的傳統產業分類方法主要有：按生產活動的性質及其產品屬性將產業分為兩大領域、兩大部類的分類法又稱產業領域分類法；根據社會生產活動歷史發展的順序對產業結構進行劃分的三次產業分類法；按照各產業所投入的、占主要地位

的資源不同為標準來劃分的生產要素密集分類法；按照聯合國頒布的《國際標準產業分類》（ISIC4）（2008年第四版）進行分類的國際標準產業分類法（見表4-1）。

表4-1　　　　　　　　　　產業分類標準與產業分類法

序號	產業分類標準	產業分類方法與內容
1	按生產活動的性質及其產品屬性	產業領域分類法：物質資料生產和非物質資料生產
2	根據社會生產活動歷史發展的順序	三次產業分類法：第一產業、第二產業和第三產業
3	生產要素密集程度	生產要素密集分類法：勞動密集型、資本密集型和技術密集型產業
4	全部經濟活動的國際標準	《國際標準產業分類》（ISIC（4））：A～U共21個門類，88個大類，238個中類和419個小類

2. 生態產業的基本類型

生態產業是生態工程在各產業中的應用，通過縱向結合、橫向耦合、統一管理等方式，力求實現資源的高效利用和有害廢棄物向外的零排放。生態產業橫跨初級生產部門、次級生產部門、服務部門，形成生態農業、生態工業、生態服務業等生態產業體系。

生態產業的分類是在傳統產業分類的基礎上進行的，由於傳統產業分類標準不同，生態產業分類也存在差異，最常見的有：傅國華根據生態產業的設計原則，將生態產業分成了自然資源業、加工製造業、社會服務業、智能服務業和生態服務業五大類；澳大利亞經濟學家費歇爾、英國經濟學家克拉克、中國學者沈滿洪等則按產業發展的層次順序及其與自然界的關係作為分類標準，採用三次產業分類方法，將生態產業劃分為生態農業、生態工業和生態服務業。

二、生態產業原理

生態產業必然要遵循生態系統的基本原則，即以生態學的基本理論為依託，結合生態系統的基本原理和系統原則，尋求生態型的經濟產業發展。生態產業的原理主要有以下幾種。

（一）生態位原理

生態位是指一個種群在生態系統中，在時間、空間上所占據的位置及其與相關種群之間的功能關係與作用。其大致可分為三類：一是生境生態位，這是物種的最小分佈單元，其結構和條件僅能維持該物種的生存；二是功能生態位，又稱營養生態位，強調的是有機體在群落中的功能和地位，以及與其他物種的營養關係；三是超體積生態位，指在沒有任何競爭者和捕食者的情況下，該物種所占據的全部空間的最大值，為該物種的基礎生態位。生態位原理表明：任何一個企業、地區或部門的發展都有其特定的資源生態位，只有在充分瞭解生態系統中該資源生態位優勢和特點的前提下，才能做出符合比

較優勢的經濟、生態和社會發展規劃。

（二）競爭共生原理

系統的資源承載力、環境容納總量在一定時空範圍內是恒定的，但其分佈是不均勻的。差異導致了生態元之間的競爭，競爭促進資源的高效利用。持續競爭的結果形成生態位的分異，分異導致共生，共生促進系統的穩定發展。生態系統的這種相生相克作用是提高資源利用效率、增強系統自生活力、實現持續發展的必要條件，缺乏其中任何一種機制的系統都是沒有生命力的系統。

（三）反饋原理

反饋就是由控制系統把信息輸送出去，又把其作用結果返送回來，並對信息的再輸出發生影響，起到控制的作用，以達到預定的目的。反饋分正反饋和負反饋兩種，前者使系統的輸入對輸出的影響增大，後者則使其影響減少。複合生態系統的發展受正反饋和負反饋兩種機制的控制，正反饋導致系統發展或衰退，負反饋維持穩定，一般系統發展初期或崩潰期正反饋占優勢，晚期負反饋占優勢，持續發展的系統中正負反饋機制相互平衡。

（四）補償原理

補償原理是指在發展中對生態功能和質量所造成損害的一種補助，這些補償的目的是為了提高受損地區的環境質量或者用於創建新的具有相似生態功能和環境質量的區域。生態補償的內容主要包括以下四方面：一是對生態系統本身保護（恢復）或破壞的成本進行補償；二是通過經濟手段將經濟效益的外部性內部化；三是對個人或區域保護生態系統和環境的投入或放棄發展機會的損失的經濟補償；四是對具有重大生態價值的區域或對象進行保護性投入。生態補償機制的建立是以內化外部成本為原則，對保護行為的外部經濟性的補償依據是保護者為改善生態服務功能所付出的額外的保護與相關建設成本和為此而犧牲的發展機會成本；對破壞行為的外部不經濟性的補償依據是恢復生態服務功能的成本和因破壞行為造成的被補償者發展機會成本的損失。

（五）循環再生原理

世間一切產品最終都要變成其功能意義上的「廢物」，世間任一「廢物」必然是生物圈中某一組分或生態過程有用的「原料」或「緩衝劑」；人類一切行為最終都會以某種信息的形式反饋到作用者本身，或者有利，或者有害。物資的循環再生和信息的反饋調節是複合生態系統持續發展的根本動因。

（六）多樣性主導性原理

系統必須以優勢組分和拳頭產品為主導，才會有發展的實力和剛度；必須以多元化的結構和多樣化的產品為基礎，才能分散風險，增強系統的柔度和穩定性。結構、功能和過程的主導性和多樣性的合理匹配是實現生態系統持續發展的前提。

（七）生態發育原理

發展是一種漸進的、有序的系統發育和功能完善過程。系統演替的目標在於功能的完善，而非結構或組分的增長；系統生產的目的在於對社會的服務功效，而非產品的數

量或質量。系統發展初期需要開拓與適應環境，速度較慢；在找到最適應生態位後增長最快，呈指數式上升；接著受環境容量的限制，速度放慢，呈邏輯斯諦曲線的 S 形增長。但人能改造環境，擴展瓶頸，使系統出現新的 S 形增長，並出現新的限制因子或瓶頸。

第二節　生態農業

一、生態農業概述

農業不僅是人類的衣食之源，生存之本，而且還是工業產品的主要消費產業，也為工業提供大量的原料，在國民經濟中佔有極其重要的地位。然而，農業在經歷從原始農業到傳統農業，再向現代農業發展的過程中，除了帶給農業產量大幅增長外，同時還對生態環境造成極大的破壞，嚴重地影響著人類的生存和發展。為此，取而代之的生態農業開始發展起來。

（一）生態農業的產生

從農業發展的進程看，農業的發展經歷了原始農業、傳統農業、現代農業三個時期。原始農業時期勞動生產力極其低下，農業生產水準相當落後，人們幾乎都是依靠奪取自然產品來獲得生存的，談不上利用生產原理和生產技術，此時土地的利用率很低，生產的產品不能完全滿足需要，還需要靠採集和狩獵作為獲取食物的重要的補充方式。在原始農業時期，人們基本上沒有對自然生態造成影響，整個世界還處在自然生態系統物質循環之中。傳統農業是在原始農業的基礎上發展起來的。這個時期生產規模小、社會化程度非常低、經營的地域分散而且難以集中，處於自給自足的綜合性的自然經濟，屬於人工或半人工的生態系統，其系統的穩定性完全依靠農業內部的循環來維持的，其中的物質循環首尾相接，無廢無污，整個生態環境處於自然和諧之中。工業革命以後，傳統農業進入了現代農業時期，這一時期，隨著科技創新、工業化進程的推進以及現代管理方法廣泛應用，農業實現了機械化，土地使用率以及勞動生產率均得到了提高，化肥農藥取代了農家肥和牲畜糞肥，等等。現代農業的高速發展給人類社會的發展帶來前所未有的貢獻的同時，沒有遵循自然規律，沒有發揮農業生態系統的自我調節、自我緩衝、自我完善的重要功能，而是過多地進行人為的主觀控制，造成了人與自然的過分分離，釀成了一系列的生態災難。這些災難的蔓延對農業的可持續發展構成了阻礙和威脅，同時對人類生存的環境也造成了嚴重威脅，於是人們不斷的探索和研究，並提出生態農業的發展思路。

（二）生態農業的概念

生態農業概念最早是美國密蘇里大學土壤學家威廉姆·奧博特 1971 年提出的。他認為，通過增加土壤腐殖質，建立良好的土壤條件，就會有良好健康的植株，因此可以

不用農藥，但可用銅制劑「波爾多液」治病，用輕油殺死蔬菜裡的雜草。少量施用化肥對作物有好處，又不會對環境造成不良影響，但農藥是不能使用的，因為農藥只有達到一定濃度才能對目標生物生效，這時已對環境造成了污染。英國農學家凱利・瓦庭頓1981年將生態農業定義進一步系統化，他將生態上體現為自我維持和低輸入，在經濟上體現為有生命力，在環境、倫理、審美方面不產生大的和對長遠發展有較小負面作用的小型農業系統定義為生態農業。1984年，美國著名生態學農業專家韋恩・杰克遜則將生態農業定義為：在盡量減少人工管理的條件下進行農業生產，保護土壤肥力和生物種群的多樣化，控制土壤侵蝕，少用或不用化肥農藥，減少環境壓力，實現持久性發展。美國農業部將生態農業定義為：生態農業是一種完全不用或基本不用人工合成的化肥、農藥、動植物生長調節劑和飼料添加劑，而是依靠作物輪作、秸秆、牲畜糞肥、豆科作物、綠肥、場外有機廢料、含有礦物養分的礦石補充養分，利用生物和人工技術防治病蟲草害的生產體系。1991年，中國著名的生態、環境學家馬世俊教授提出，生態農業是農業生態工程的簡稱，它以社會、經濟、生態三效益為指標，應用生態系統的整體、協調、循環、再生原理，結合系統工程方法設計的綜合農業生態體系。

綜上所述，生態農業是指包含農、林、牧、副、漁在內的生態上和經濟上構成良性循環，經濟、生態、社會實現效益統一的大農業體系。它是在保護和改善農業生態環境的前提下，按照生態學原理和生態經濟規律，利用傳統農業精華和現代科技成果，將糧食生產與多種經濟作物生產，大田種植與林、牧、漁、副業發展，大農業與第二、第三產業的發展結合起來，運用系統工程方法和現代科學技術，因地制宜有效地組織、協調和管理農業生產和農村經濟的系統工程體系。

(三) 生態農業的特點

為防止生態環境污染，生態農業通過生態與經濟的良性循環，合理利用農業資源、最大限度地減少農業資源消耗。與傳統農業比較，生態農業具有高效性、持續性、多樣性和綜合性的特點：

1. 高效性

生態農業通過物質循環、能量綜合利用、產品深加工和廢棄物的再利用，既實現農業產業經濟價值的增加，又實現農業產業成本的降低，同時還為日益增加的農村剩餘勞動力實現農業內部就業創造了條件和提供了機會，進而有效地保護和提高了農民從事農業生產活動的積極性。

2. 持續性

發展生態農業能夠有效地防治污染，保護和改善生態環境。將維護生態平衡與經濟發展緊密結合起來，不僅能夠提高農產品的安全性，還可以提高生態系統的穩定性和持續性，最大限度地滿足人們對農產品需求的日益增長，增強農業發展後勁。

3. 多樣性

中國地域遼闊，雖然不同地區之間存在自然條件、資源基礎的差異，其社會與經濟發展水準也存在較大的差異，但是不同地區均有其特定的優勢，生態農業可運用多種生

態模式、生態工程和豐富多彩的技術類型裝備農業生產，將現代科學技術與傳統農業精華有效結合，發揮區域優勢，實現產業與區域經濟的協調發展。

4. 綜合性

生態農業以大農業為出發點，按「整體、協調、循環、再生」的原則，充分發揮農業生態系統的整體功能，促使大農業與農村三大產業綜合協調發展，以提高綜合生產能力。

(四) 生態農業產業鏈的構成

生態農業產業鏈，又稱生態農業體系。由於存在地理條件、環境條件以及區域經濟發展的差異，生態農業體系的構成也存在差異。由生態種植業、生態林業、生態漁業、生態牧業及其延伸的生態農產品加工業、農產品貿易與服務業、農產品消費領域之間通過廢物交換、循環利用、要素耦合或產業生態鏈延伸等方式形成的網狀分佈的相互依存、密切聯繫、協同作用的生態農業體系被認為是最完整的生態農業產業體系。

二、生態農業的模式

生態農業模式分類方式很多，按照自然地理條件和經濟社會狀況，可以劃分為平原型、山區型、丘陵型、水域型、草原型、庭院型、沿海型及城郊型生態農業。按照主產品或主要產業類型可以劃分為綜合型和專業型生態農業，其中，綜合型又分為農林牧漁綜合發展型、農林牧型、林農牧型、農漁型和農副型等；專業型分為糧食戶、蘑菇養殖戶、養豬（牛、羊、雞、鴨）戶和養魚戶等。按照生態農業建設的區域規模或行政級別，可以劃分為生態農業市、生態農業縣、生態農業鄉、生態農業村及生態農業戶等。

現就中國常見的生態農業模式進行簡要介紹：

(一) 立體農業生態模式

20世紀初，美國哥倫比亞大學的J. R. smith教授就將立體農業概括為：立體農業是「種植業、畜牧業與加工業有機聯繫的綜合經營方式」。該模式是應用生態位原理，利用自然生態系統中各種生物種群的特點，通過合理的組合，多種類、多層次配置農業生物的垂直空間利用模式。這種模式在中國普遍存在，數量較多。按照配置的不同，該模式又可分為立體種植模式、立體養殖模式和立體種養模式三種具體模式。

1. 立體種植模式

立體種植模式是指在同一處栽培兩種或兩種以上的植物，根據生態位原理，栽培植物應該採取高稈與矮稈、大個體與小個體、深根與淺根、直立生長與葡萄生長、喜陽與耐陰等搭配種植方式，這樣既可充分利用太陽輻射和土地資源，又能為農作物營造一個良好的生態系統。其主要形式有：農田立體間套種模式、農林（果、茶）複合模式、林藥複合模式等。

2. 立體養殖模式

立體養殖模式是指在同一土地或水面上，農業動物與魚類分層利用空間的一種飼養

方式。這種方式可有效地利用一些有機廢棄物，實現資源利用最大化和生態經濟效益的不斷提升。其主要形式有：分層養魚模式，上層養雞、中層養豬模式，水面上養雞或鴨、水體養魚模式，魚塘養魚、塘基養豬模式等。

3. 立體種養模式

立體種養模式是指在同一土地或水面上的植物、動物、微生物分層利用空間的種養結合方式。這種模式將植物和動物結合起來，既可取得較好的經濟效益，又可取得顯著的生態效益，其主要形式有：稻田養魚、蟹、鴨模式，果園養雞、鴨模式，茶園養鴨模式，林下養雞模式以及林蛙魚結合的模式等。

（二）以沼氣為紐帶的生態農業模式

以沼氣為紐帶的生態農業模式是指種養結合，以沼氣為紐帶，種養比例協調，養殖場清理出來的有機廢物進入沼氣池，沼氣作為能源，用於生活和其他生產，沼液則儲存起來，作為有機肥料對種植業進行灌溉。該模式既可節省大量的商品肥料的費用，又可減少燃料的使用成本，經濟效益較為可觀。同時，沼液作為肥料，可使土壤有機質含量提高，作物的抗病蟲能力增強，減少周邊水體的污染，生態效益也明顯提高。其常見形式有：北方的「四位一體」模式，西北的「五配套」模式，禽（畜）-沼-果（林、草）模式以及北京留民營模式等。

1. 北方的「四位一體」模式

「四位一體」模式是指利用太陽能建大棚飼養牲畜和種植蔬菜，利用沼氣池對人畜糞便發酵生產沼氣來滿足生活與照明，將生產沼氣產生的沼渣作為種植業所需的肥料，從而形成沼氣池、豬禽舍、廁所和日光溫室「四位一體」的生態農業模式。這種模式既解決了農村能源供應緊張問題，又使農民的衛生和生活環境得到有效的改善，同時還減少以過多投入農藥和化肥來促使農作物和蔬菜快速生長的做法，提高了食品的安全性。

2. 西北的「五配套」模式

「五配套」模式是指通過每戶建立「沼氣池+果園+暖圈+蓄水池+看營房」配套設施，形成以土地為基礎，以沼氣為紐帶，實現以農帶牧、以牧促沼、以沼促果、果牧結合的配套發展和良性循環體系。其具體做法：圈下建沼氣池，池上搞養殖，除養豬外，圈內上層還放籠養雞，形成雞糞喂豬、豬糞池產沼氣的立體養殖和多種經營系統。這種模式不但可以淨化環境、減少投資、減少病蟲害，還可以增收增效，是促進農業可持續發展，提高農民收入的重要模式。

3. 禽（畜）—沼—果（林、草）模式

禽（畜）—沼—果（林、草）模式是為解決畜禽養殖污染問題，探索出來的一種生態農業模式，其具體做法：戶戶建沼氣池，家家養殖一定數量的豬牛等牲畜，種植一定數量的果樹。通過沼氣的綜合利用，大大降低飼養成本，增加農民收入，同時帶來可觀的經濟效益和生態效益。

4. 北京留民營模式

留民營村作為中國生態農業第一村，位於北京郊縣大興區長子營鎮。北京留民營模式是典型的生態農業模式，該模式以生態學原理為準則，對產業結構進行了調整，將單一的種植業轉換為農、林、牧、副、漁全面發展的產業模式，開發利用新能源和大力植樹造林。經過多年的發展，形成了以沼氣站為能源轉換中心，促進各業良性循環，達到清潔生產，循環利用的生態農業模式。該模式將居住環境和生產環境有機結合起來，使有限的土地資源得到充分利用，同時，通過對太陽能、生物能和農業系統的有機廢料的綜合利用，不但使生產生活的廢棄物得到有效的處理和利用，而且還使土壤結構向良性轉換，在農業生產上實現了高產、優質、高效和低耗。

（三）種—養—加結合型生態農業模式

種—養—加結合型生態農業模式是把種植業、養殖業與農產品加工業結合起來，充分利用加工業的副產品，變廢為寶，最終達到增加系統產出，提高系統整體效益的目的。這種模式主要有三種基本形式：糧食—釀酒—酒糟餵豬—豬糞肥田模式；豆—豆製品下腳料餵豬—豬糞肥田模式；花生（或油菜籽）—榨油—餅粕餵豬—豬糞肥田模式。

（四）庭院生態農業模式

庭院生態農業模式是繼家庭聯產承包責任制實施以後迅速發展起來的一種生態農業模式，廣大農民利用庭院零星土地、陽臺、屋頂進行種植業、養殖業、農產品加工工業的綜合經營，合理安排生產和經營，做到宜種則種、宜養則養、宜加則加、宜貯則貯，以獲得經濟效益、生態效益和社會效益的統一。

（五）貿工農綜合經營模式

生態系統通過代謝過程使物質流在系統內循環不息，並通過一定的生物群落與無機環境的結構調節，使得各種成分相互協調，達到良性循環的穩定狀態。這種結構和功能統一的原理，用於農村工農業生產佈局和生態農業建設，並形成了貿工農綜合經營模式。該模式主要形式有：

1. 龍頭企業帶動型模式

評估企業的綜合實力，以實力較強的企業為龍頭，圍繞一種重點產品的生產、加工、銷售，聯繫有關部門和農戶，進行一體化經營。

2. 骨幹基地帶動型模式

按照「基地化生產，企業化經營」的原則，通過建立各種類型的生態農業基地，興辦專業農場，選擇生產技術素質高、經濟實力強的農戶進行規模生產，統一銷售。

3. 優勢產業帶動型模式

圍繞優勢產業的發展，成立相應的產品經銷服務公司，獲取市場信息，指導農民以市場為導向發展生產，並配套相應的社會服務體系，如加工業、運輸業等。

4. 專業市場帶動型模式

通過建立各種形式的農副產品市場，為農民產銷直接見面提供交易場所，達到「建一個市場，活一片經濟，富一方群眾」的目的。

5. 技術協會帶動型模式

圍繞某個項目的主要生產，建立民間技術協會，並通過協會向會員提供技術、良種、生產資料、產品銷售等服務，把生產、科技和市場緊密地結合起來。

通過各種形式體現的貿工農綜合經營模式，有利於延長食物鏈、生產鏈和資金鏈，農林經濟得到可持續發展。

三、生態農業發展趨勢

從農業生產的現狀、農業生產技術的狀況及其發展方向來看，生態農業發展呈現四大趨勢：

（一）從「平面式」向「立體式」發展

利用各種農作物在生長過程中的「時間差」和「空間差」進行各種綜合技術的組裝配套，充分利用土地、光照和動植物資源，形成多功能、多層次、多途徑的高產高效優質生產模式。

（二）從單一農業向綜合農業產業發展

以集約化、農業產業園化生產為基礎，以建設人與自然相協調的生態環境為長久目標，集農業種植、養殖、環境綠化、商業貿易、觀光旅遊為一體的綜合性農業產業，引致「都市生態農業」的興起。

（三）從手工操作簡單機械化向電腦自控化數字化方向發展

農業機械化的發展，在減輕體力勞動、提高生產效率方面起到了重大作用。電子計算機的應用使農業機械化裝備及其監控系統迅速趨向自動化和智能化。計算機智能化管理系統在農業上的應用，將使農業生產過程更科學、更精確。帶有電腦、全球定位系統（GPS）、地理信息系統（GIS）及各種檢測儀器和計量儀器的農業機械的使用，將指導人們根據各種變異情況即時地採取相應的農事操作，這些都賦予農業數字化的含義。

（四）從傳統土地利用方式向多元土地利用方式發展

生物技術、新材料、新能源技術、信息技術使農業脫離土地正在成為現實，實現了工廠化，出現了白色農業和藍色農業，甚至未來將出現太空農業。

案例連結：中國生態農業第一村——留民營村

一、村莊基本情況

留民營村位於北京市東南郊，大興區長子營鎮境內，村莊總面積 2,192 畝（1 畝 ≈ 666.67 平方米），人口不足千人，是中國最早實施生態農業建設和研究的試點單位，被聯合國環境規劃署正式承認為中國生態農業第一村，獲得「全球環境五百佳」稱號，被評為世界環境保護先進單位；被環境保護局評為有機農業示範基地，榮獲了「全國綠化美化千佳村」和「全國首批農業旅遊示範點」殊榮以及「北京最美的鄉村」「全國綠色村莊」、3A 級國家旅遊景區等稱號。

留民營於 1982 年開始實施生態農業建設，通過開發利用生物能、太陽能，美化環

境、調整生產結構，形成了以沼氣為中心串聯種植、養殖、加工、產供銷一條龍的生態系統。幾十年來堅持走生態農業發展之路，堅持科技興農，為建設資源節約型、環境友好型的社會主義新農村做出了貢獻。近幾年，優美的生態環境、整齊的現代化農業設施、系統的能源建設為觀光旅遊奠定了堅實的基礎，千人餃子宴、三八席及淳樸的鄉土文化為生態旅遊健康發展注入了活力，全村每年接待中外遊客10萬餘人，旅遊收入達到1,300萬元，實現社會總產值2.5億元。

二、生態農業產業特色

生態農業建設和沼氣清潔能源使用成為留民營生態農業第一大特色。留民營從20世紀80年代初期，在北京市環保所的指導下，開始進行生態農業建設，被譽為「中國生態農業第一村」，從而也為生態農業的發展創造了優越條件。生態農業以沼氣為中心，留民營的沼氣事業發展近40年。現在的大型沼氣站不僅為留民營及周邊村子近1,800餘戶家庭提供清潔能源，也成為市民參觀體驗節能減排、發展循環經濟的重要場所，從而使市民及遊人感受到低碳生活、循環經濟發展給留民營帶來的深刻變化。見圖4-1。

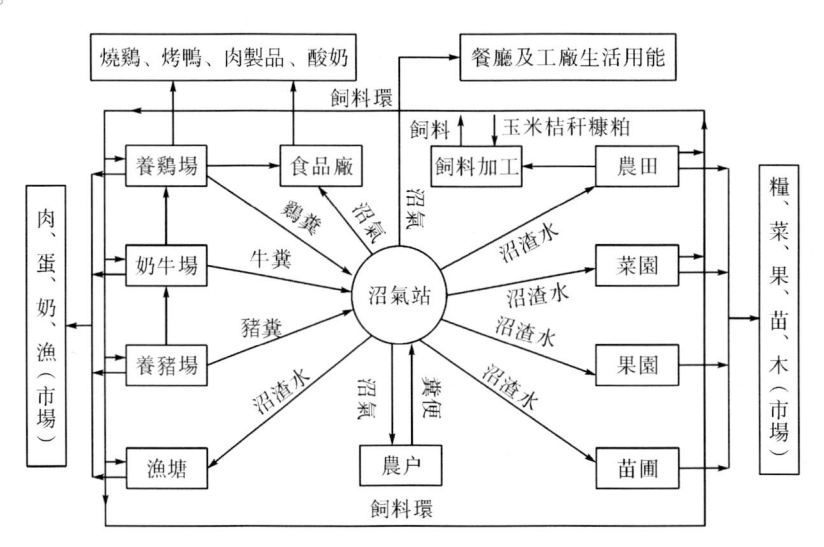

圖4-1　留民營農業生態系統綜合利用循環圖

科普公園是留民營休閒農業第二大特色。科普公園建有科普大道，主要向市民和遊人普及傳統農業、現代農業、生態農業以及都市型觀光農業基本知識；科普展館則更加形象地向市民和遊人展示了農耕文化及留民營生態農業發展歷史全貌及發展遠景。

「印象留民營文化牆」是留民營生態農業第三大特色。「印象留民營文化牆」以圖文並茂的形式向市民和遊人展現了自20世紀70年代以來，留民營的歷次「五年規劃」奮鬥口號和發展歷程，使人們深刻感受到從「多打戰備糧，回擊帝修反」那個年代直到建設社會主義新農村這40餘年，留民營所發生的翻天覆地變化。

有機食品採摘、撿拾綠色雞蛋和田園踏青是留民營生態農業第四大特色。留民營已有近20年發展有機食品的歷史，北京、天津及香港的大型超市都有留民營所提供的有機食品和綠色雞蛋。市民和遊人來到留民營更願參加的活動便是親手採摘有機種植園中的有機食品、撿拾散養雞柴雞蛋和田園踏青。一方面，使人親近自然，感受豐收喜悅；另一方面，掌握一定的勞動技巧，並且強身健體，使市民和遊人流連忘返。

品味「三八席」是留民營休閒農業第五大特色。「三八席」起源於京東南百年前的民間。每逢家中貴客登門，特別是女婿登門拜見，老丈人都要大擺「三八席」（八涼菜、八熱炒、八蒸碗）招待一番。而如今，市民和遊人更是聞香而來，熱情好客的村民們同樣以「三八席」招待遠來的賓客。客人們在品嘗到可口的民間美食的同時也領略到京南的飲食文化和民俗特色。

「千人餃子宴」是留民營休閒農業的第六大特色。「千人餃子宴」自1980年春節至今，已舉辦38年。近些年，部分市民也踴躍參與其中，元旦剛過就有市民通過電話、短信以及網上預訂等方式報名。通過參加「千人餃子宴」，與村民一樣同為座上賓，享受村幹部和黨團員的周到服務，欣賞藝術家和村內文藝骨幹的精彩演出，感受千人大家庭同慶新春佳節的和諧氛圍。

三、留民營生態農業發展思路

生態農業與生態旅遊是留民營重點發展的朝陽產業。要把發展生態農業作為建設社會主義新農村，實現村容整潔、村風文明、管理民主的重要舉措。將通過發展生態農業帶動村民致富，使村民的農業生產收入與經營收入相疊加，在傳統增收途徑外開拓新渠道；使村民的就業收入與創業收入相疊加，提高資產性收入和資本性收入在農民收入中的比重；使季節性收入和常年性收入相疊加，保障村民收入「四季不斷」。依託留民營自身獨特的資源條件和區位優勢，把發展生態農業作為發展農業、致富農民的突破點和著力點。通過發展生態農業，拉長村內的產業鏈條，帶動相關配套產業的發展，以此成為拓展村民就業增收空間、引村民發家致富的重要舉措。沒有文化的旅遊資源是沒有生命力的。在生態文化方面，正在籌建「留民營生態農業展覽館」，推動生態農業向更高層次發展。通過生態農業的發展，帶動村內基礎設施建設，改善生產條件；促進農業標準在生態農業生產基地的貫徹落實，提升農產品質量安全水準；加強農產品生產基地建設，達到規模經營；實現第一、第二、第三產業融合發展，產、加、銷一體化經營；明顯改善村內生態環境，實現農業生產的平衡發展、循環發展和可持續發展。把生態農業發展和生態旅遊納入留民營新農村建設的整體規劃。突出生態旅遊型、田園風光型、文化特色型等類型的生態旅遊特色建設。

四、留民營發展休閒農業的成效

留民營生態農業和生態旅遊的發展擴大了村域開放程度，更新了村民思想觀念，促進了城鄉資源和文明的有機交融；村內將發展生態農業與新農村建設相結合，先後實施「環境整治」「基礎設施建設」和「綠化美化工程」，實現了村內綠化、美化和亮化。2010年以「生產美」「生活美」「環境美」「人文美」四項總分第一，摘得「北京最美

的鄉村」桂冠，為發展生態農業創造了優越條件，為加快推進鄉村生態旅遊提供了環境資源、人力資源、基礎設施支撐。

（資料來源：留民營村［J］．休閒農業與美麗鄉村，2016（02）：46-55．）

第三節　生態工業

一、生態工業概述

生態工業是生態城市發展中的一個主要內容，也是生態經濟學的一個重要內容；是人類在生態環境與經濟矛盾激化、傳統的工業經濟發展模式導致嚴重環境問題和社會問題情況下應運而生。發展生態工業，即有利於充分有效地利用資源發展工業生產，又有利於減輕污染，實現生態與經濟的協調發展。

（一）生態工業的興起

人類社會的發展進入工業革命以後，勞動生產率得到極大的提高，工業的發展給人類帶來巨大物質財富和精神財富的同時，也給環境帶來了巨大的災難，企業生產過程中排放的廢水、廢氣和廢渣已經嚴重威脅著人類生存的環境，雖然人類已經意識到工業污染給自己生存所帶來的危機，並已著手進行對生產過程中排放出來的廢水、廢氣和廢渣進行治理，但污染物一經排放，再對其進行治理難度就會加大，而且也可能對環境造成永久性傷害。為此，學術界和企業界開始著手探討各種減少環境污染的途徑，如通過建立生態工業園區、發展循環經濟等手段以實現對污染有效治理，生態工業也就應運而生了。

（二）生態工業的概念

生態工業是指根據工業生態學與生態經濟學原理，應用現代科學技術所建立和發展起來的一種多層次、多結構、多功能、變工業排泄物為原料、實現循環生產、集約經營管理的綜合工業生產體系。生態工業作為一種新型的工業模式，追求的是生產系統內部的生產原料—中間產物—廢棄物—產成品的物質循環，最終實現「資源+能源+投資」的最優組合及利用。其具體做法：在生態工藝系統內各生產過程中，利用物料流、能量流和信息流互相關聯，將一個生產過程產生的廢物作為另一生產過程的原料，最終實現各工藝流程環節的有效結合。

（三）生態工業與傳統工業的比較

生態工業區別於傳統工業的一個重要方面在於：傳統工業一般將來源於自然界的原材料經過一次生產過程後，就被當成廢棄物排放到環境中，既造成資源枯竭，同時也造成生態過程的阻滯；生態工業則要求在產品的設計時就必須考慮產品使用期結束後的再循環問題，產品的廢棄物處置問題同產品設計和加工製造過程一樣重要（表4-2列出了生態工業和傳統工業的比較）。

表 4-2　　　　　　　　生態工業與傳統工業的比較

類別	傳統工業	生態工業
目標	單一利用、產品導向	綜合效益、功能導向
結構	鏈式、剛性	網狀、自適應性
規模化趨勢	產業單一化、大型化	產業多樣化、網路化
系統耦合關係	縱向、部門經濟	橫向、複合型生態經濟
功能	產品關係，對產品銷售市場負責	產品+社會服務+生態服務+能力建設，對產品生命週期的全過程負責
經濟效益	局部效益高、整體效益低	綜合效益好、整體效益好
廢棄物	向環境排放、負效益	系統內資源化、正效益
調節機制	外部控制、正反饋為主	內部調節、正負反饋平衡
環境保護	末端治理、高投入、無回報	過程控制、低投入、正回報
社會效益	減少就業機會	增加就業機會
行為生態	被動、分工專門化、行為機械化	主動、一專多能、行為人性化
自然生態	廠內生產與廠外環境分離	與廠外相關環境構成複合生態體
穩定性	對外部依賴性高	抗外部干擾能力強
進化策略	更新換代難、代價大	協同進化快、代價小
可持續能力	低	高
決策管理機制	人治，自我調節能力弱	生態控制，自我調節能力強
研發能力	低、封閉性	高、開放性
工業景觀	灰色、破碎、反差大	綠化、和諧、生機勃勃

（四）生態工業的特點

生態工業與傳統工業相比具有四個特點：

第一，生態工業是工業生產及其資源開發利用由單純追求利潤目標向追求經濟與生態相統一的生態經濟目標轉變，工業生產經營由外部不經濟的生產經營方式向內部經濟性與外部經濟性相統一的生產經營方式轉變。

第二，生態工業在工藝設計上十分重視廢物資源化、廢物產品化、廢熱廢氣能源化，形成多層次閉路循環、無廢物無污染的工業體系。

第三，生態工業要求把生態環境保護納入工業的生產經營決策要素之中，重視研究工業的環境對策，並將現代工業的生產和管理轉到嚴格按照生態經濟規律辦事的軌道上來，根據生態經濟學原理來規劃、組織、管理工業區的生產和生活。

第四，生態工業是一種低投入、低消耗、高質量和高效益的生態經濟協調發展的工業模式。

二、生態工業的模式

(一) 工業生產模式

工業生產可歸結為三種模式：傳統工業模式、現代工業模式和生態工業模式。

1. 傳統工業模式

傳統工業模式是指不顧環境的一種生產模式，即「資源—生產—消費—廢棄物排放」。在該模式下，除劇毒廢料外，其他廢棄物均不經過處理直接排放進入環境，由環境充當「無償清潔工」的功能。這種發展模式最終會導致自然資源的短缺和枯竭，引發嚴重的環境污染問題，影響人類的可持續發展。

2. 現代工業模式

現代工業模式是「先污染後治理」的生產模式，是指工業生產排放物已超過了環境的承受力，這種排放造成嚴重的工業污染、破壞生態平衡、危及人類健康。為此，各國制定了一系列的政策和措施，規定凡工業有害廢棄物未經淨化治理，或者處理後沒有達到容許排放標準的，不允許排放或必須承擔相應的經濟責任。但是幾十年的運作結果表明，該運作模式是把精力集中在對生產過程中已經產生的污染物進行處理上，所以是一種被動的、消極的處理方式，即使採取了諸多措施來減少和降低環境污染，但溫室效應、酸雨現象、臭氧層破壞、土壤退化、水污染以及噪聲污染等現象日趨嚴重。

3. 生態工業模式

生態工業模式是以減量化、再利用、再循環為原則，在企業層面推行清潔生產，在區域層面，建立生態工業園區，在社會層面，提倡生態消費。生態工業模式打破了傳統經濟發展理論把經濟系統與生態系統人為割裂的弊端，要求經濟發展以生態規律為基礎，同時結合工業生態系統的理論，建立生態共生系統，以求實現資源利用效率最大化和生態化的最高目標。目前，國內生態工業主要是通過生態工業園區的建設來實現的。

(二) 生態工業園區

生態工業園區是以工業生態學和循環經濟理論為指導，著力於園區內生態鏈和生態網的建設，最大限度地提高資源利用率，從工業源頭上將污物排放量減至最低，實現區域清潔生產。與傳統的「設計—生產—使用—廢棄」生產方式不同，生態工業園區遵循的是「回收—再利用—設計—生產」的循環經濟模式。它仿照自然生態系統物質循環方式，使上游生產過程中產生的廢物成為下游生產的原料，不同企業之間形成資源共享和副產品互換的產業組合，達到相互間資源的最優化配置。

生態工業園區模式風格迥異，按照建設基礎不同，可分為現有改造型與原始規劃型生態工業園區；根據區域位置不同，可分為實體型與虛擬型生態工業園區；依據產業結構不同，可分為聯合企業型與綜合園區型生態工業園區。

生態工業園區的建設內容豐富，一般包括園區選址、土地使用、景觀設計、基礎設施建設和共享支持服務等。生態工業園區系統建設框架內容包括企業選擇、系統集成和管理集成三個部分。企業選擇標準應該是那些對環境友好的企業，或者那些即使有少量

污染但是能通過園中的生態工業鏈進行「自我消化」的企業。避免污染大且不能通過生態工業鏈消除污染的企業進入生態工業園區，以造成對工業園區的損害。系統集成主要是在區域和企業層次上進行，物質、能量和循環與信息的共享是通過具體的集成方式得以實現的。系統集成包括物質集成、能量集成和信息集成三個部分。物質集成是按照園區總體產業規劃，確定成員間的上下游關係，同時根據物質供需方的要求，運用各種策略和工具，對物質流動的線路、流量和組成進行調整，完成工業生態鏈的構建，它包括企業內部的物質轉化和交換、企業間的廢棄物交換、再生循環等。能量集成就是要實現生態工業園區內能量的有效利用。通過採用節能技術、節能工藝以及再生能源的使用來減少能量的消耗；通過實行按質梯級用能、集中供熱和熱電聯產、優化工程用能結構，達到合理使用能源，避免能源數量上和質量上的損耗；通過建立完善的信息數據庫、計算機網路和電子商務系統，並進行有效的集成，充分發揮信息在園區運行、與外界信息交流、管理和長遠發展規劃中的多種重要作用，以促進園區內物質循環、能量有效利用、環境與生態協調，向更高級的工業生態系統發展。管理集成包括戰略管理、政策導向和法律建設等內容，主要是針對各級政府和有關管理機構而言。生態工業建設是一項綜合性、整體性的系統工程，它涉及極為廣泛的不同層次和多個對象，而且各方面的關係錯綜複雜地相互交織在一起，因此需要不同層次的管理部門有效地協調組織，從政府、園區、企業三個層次進行生態化管理。政府主要著眼於戰略管理、政策導向、法規建設和激勵機制；園區管理則側重於協調生產企業和技術、產品、環境、經濟等多個部門的關係，保證物質、能量和信息在區域範圍內的最優流動，並對其進行指標考核；企業管理主要推行清潔生產、節能降耗，按照工業鏈的關係優化原料-產品-廢棄物的關係，保證高效、穩定的正常生產經濟活動。

三、生態工業的發展趨勢

現代工業發展呈現出高科技化、規模化、集群化、生態化的特點。可見，生態工業本身就是現代工業的發展趨勢。現代工業在生態化過程中具有以下兩大發展趨勢。

（一）企業層面實行清潔生產

不斷採取改進設計、使用清潔的能源和原料、採用先進的工業技藝與設備、改善管理、綜合利用等措施，從源頭削減污染，提高資源利用效率，減少或者避免生產、服務和產品使用過程中污染物的產生和排放，以減輕或者消除對人類健康和環境的危害。

（二）區域層面上實行生態工業園區建設

按照生態系統的「食物鏈」原則組織生產，實現物料的閉合循環和能量的梯級使用。針對當地資源條件，聯合類型不一、性質各異的企業組成生態工業園區，上游企業的「三廢」可以直接作為下游企業的原料，這樣能大大減少污染的產生，提高整個系統對原料和能量的利用效率。

案例連結：國家生態工業示範園區——蘇州工業園區

蘇州工業園區是中國和新加坡兩國政府間的重要合作項目，1994年2月經國務院

批准設立，同年 5 月實施啓動，行政區劃面積 278 平方千米，其中，中新合作區 80 平方千米，下轄四個街道，常住人口約 80.78 萬。

近年來，園區堅持以習近平總書記系列重要講話特別是視察江蘇重要講話精神為指引，統籌推進「五位一體」總體佈局，協調推進「四個全面」戰略佈局，堅持穩中求進總基調，把握發展新常態，踐行發展新理念，經濟社會保持健康持續較好地發展。園區重點抓了以下工作：

一是構築特色產業體系。堅持引進和培育並舉，大力發展高端高新產業，形成了「2+3」特色產業體系（「2」：電子信息、機械製造等兩大主導產業；「3」：生物醫藥、人工智能、納米技術應用等三大特色新興產業）。主動對接「中國製造 2025」，大力發展智能製造，促進「工業化+信息化」深度融合，積極推動製造業向「製造+研發+行銷+服務」轉型。百度、華為、滴滴、科大訊飛、蘋果、微軟、西門子等都在園區設立了人工智能相關領域研發或創新中心，園區正在加速成為國內領先、國際知名的人工智能產業發展高地。

二是實施聚力創新戰略。制定出抬《加快建設國內一流、國際知名的高科技產業園區的實施意見》，啓動實施創新產業引領、原創成果轉化、標誌品牌創建、創新生態建設等四大工程，加快形成以創新為主要引領和支撐的經濟體系和發展模式。積極開展招校引研，重點瞄準大院、大所、名校，引進中科院蘇州納米所、中科院電子所蘇州研究院、中國醫學科學院系統醫學研究所等「國家隊」科研院所，牛津大學蘇州先進研究中心、哈佛大學韋茨創新中心、微軟蘇州研發中心等新型研發機構，中國科技大學、西交利物浦大學、加州大學洛杉磯分校、新加坡國立大學等中外高等院校，獲批全國首個「高等教育國際化示範區」。深入實施「金雞湖雙百人才計劃」，集聚高端人才，大專以上人才總量居全國開發區第一，園區被評為國家級「海外高層次人才創新創業基地」、中國科協「海外人才離岸創新創業基地」，被確定為中組部人才工作聯繫點。突出企業創新主體地位，深入實施「企業扎根」和自主品牌企業培育計劃，大力培育壯大創新創業企業集群。蘇州金融資產交易中心、股權交易中心等資本要素市場先後設立，東沙湖基金小鎮入選首批「江蘇特色小鎮」，覆蓋創新型企業全生命週期的科技金融服務體系日趨完善。集聚硅谷 PNP、百度創業中心、騰訊雲基地、蘇大天宮等眾創空間。

三是深入推進開放創新。認真落實國務院批復精神，統籌推進開放創新綜合試驗。堅持問題導向，找準改革「靶點」，破解發展瓶頸，積極開展先行先試探索，主動對接複製上海等自貿區改革創新經驗，構建開放型經濟新體制綜合試點試驗、綜保區企業一般納稅人資格、貿易多元化等試點有效開展。深入推進「放管服」改革，構建了「一枚印章管審批、一支隊伍管執法、一個部門管市場、一個平臺管信用、一張網路管服務」的治理架構，形成了「大部制保障、信息化支撐、不見面審批、專業化服務、平臺型監管」的園區特色。積極探索「2333」改革，即企業 2 個工作日內註冊開業，3 個工作日內獲得不動產權，33 個工作日內取得工業生產建設項目施工許可證。主動融入

「一帶一路」建設和長江經濟帶等國家戰略，推進國家級境外投資服務示範平臺建設，蘇州宿遷工業園區、蘇通科技產業園、蘇滁現代產業園、霍爾果斯開發區、蘇相合作區等「走出去」項目進展良好，園區發展經驗和模式得到較好複製推廣。

四是持續優化宜居環境。牢固確立並堅持「無規劃、不開發」的理念，堅持「先規劃後建設、先地下後地上」「一張藍圖繪到底」，制定完善了300多項專業規劃，並配套制定了一系列嚴格的規劃管理制度，確保規劃得到嚴格執行。堅持產城融合發展，金融商貿區、科教創新區、國際商務區、旅遊度假區等重點板塊加快建設，服務經濟加速繁榮，集聚金融類機構894家，服務業增加值占地區生產總值比重達44%，獲批成為全國首個「國家商務旅遊示範區」，陽澄湖半島成為首批國家級旅遊度假區。率先把信息化列入區域總體發展戰略，入選全國首批智慧城市試點，成為全國首個數字城市建設示範區。堅持生態優先，紮實開展「兩減六治三提升」環保專項行動，深入實施生態優化行動計劃，部署開展「基層大走訪、問題大普查、環境大整治、管理大提升」四大行動，城市環境綜合治理取得明顯成效，整體通過ISO14000認證，成為全國首批「國家生態工業示範園區」。

五是不斷增進民生福祉。著力構建富民增收長效機制，重點加強對園區居民再就業和新生代動遷居民的幫扶。實施區域一體化八項工程（規劃建設、產業佈局、基礎設施、公共服務、社會保障、社會管理、生態環境、文明素質）。堅持現代化、均衡化、特色化方向，推動教育、衛生、文化、體育等公共服務優質均衡發展，城鄉社保全面並軌，基本養老保險、醫療保險、失業保險三大保險保持100%全覆蓋。高度重視文化建設，先後成立蘇州芭蕾舞團、交響樂團，打造了環金雞湖馬拉松賽、龍舟賽、雙年展等一系列國際性文體品牌活動。推進社會治理創新，構建了「一口受理、一門辦結、全科社工、全天服務」的社區為民服務模式，入選全國首批「社區服務信息惠民工程智慧社區建設」試點。常態化開展「社情民意聯繫日」等活動，每年實施一批民生實事項目，增進了居民群眾的獲得感和幸福感。安全生產三年提升計劃深入實施，平安、法治園區建設不斷深化，社會保持和諧穩定。

六是全面加強黨的建設。落實全面從嚴治黨要求，牢固樹立「四個意識」，紮實開展群眾路線教育實踐活動和「三嚴三實」專題教育、「兩學一做」學習教育，始終在思想上政治上行動上自覺同以習近平同志為核心的黨中央保持高度一致。深入推進基層黨建創新工程，制定關於加強和改進新形勢下黨的基層組織建設等實施意見。從嚴加強幹部隊伍建設，制定實施履職保護、績效考核、創新激勵、責任追究「四項機制」「六個辦法」，推行《園區工作人員行為導則》，積極開展處級幹部掛勾服務重點企業、機關幹部基層蹲點調研、「六個一」基層走訪調研等活動，為企業、群眾解決了一批熱點難點問題。壓緊壓實管黨治黨「兩個責任」，嚴格執行中央「八項規定」和省委、市委的有關規定，堅持不懈開展「清風行動」，注重把握運用監督執紀「四種形態」，紮實開展巡察工作，營造了風清氣正的良好政治生態。

（資料來源：http://www.scichi.cn/content.php?id=3646.）

第四節 生態服務業

生態服務業是指在充分利用當地生態環境資源的基礎上，開發的以提供社會服務、研究開發教育管理以及生態城市建設等為目標的除生態農業、生態工業以外的產業。它是生態循環經濟的有機組成部分，主要包括生態旅遊、生態物流、生態教育、生態管理等。本章主要介紹生態物流、生態教育以及生態管理。生態旅遊將在後面章節進行闡述。

一、生態物流

1. 生態物流概述

（1）生態物流的產生與發展

物流產業是隨著世界經濟的發展而迅速發展起來的一個新興產業。全球經濟高速發展促使物流總量不斷增加，加速物流產業的迅速發展。但是現代物流活動給人類帶來便利的同時，也給人類生存的環境帶來了危害，如車輛尾氣排放對空氣的污染，貨物包裝帶來的廢棄物污染，運輸和流通加工帶來的噪聲污染、資源浪費、交通堵塞等。人類在認識其生存環境不斷惡化的同時，環境保護意識逐步增強，開始關注和重視環境問題，於是，綠色消費運動在世界各國興起，消費者也從單純地關心自身的安全和健康上升到關心地球環境的改善，從單純的滿足消費提高到拒絕接受不利於環境保護的產品、服務及相應的消費方式，進而促進綠色物流的發展。

生態物流又稱綠色物流。在國際上，綠色物流作為繼綠色製造、綠色消費之後的又一個新的綠色熱點，備受關注。在國內，隨著加入 WTO 以來國際貿易的日益增多，國內企業不僅面臨同類國際企業的產品質量競爭，還將面臨有關的環境貿易壁壘。國內少數企業及學者已經在綠色生產、綠色包裝、綠色流通、綠色物流方面進行了有意義的探索，認為綠色物流是指在運輸、儲存、包裝、裝卸、流通加工等物流活動中，採用先進的物流技術、物流設施，最大限度地降低對環境的污染，提高資源的利用率。

2009 年，國家發改委發布《物流業調整和振興規劃》，該規劃從發展規模、發展水準、基礎設施和發展環境四個方面評價了中國物流產業的發展現狀，從國際金融危機的影響、經濟全球化的加劇、國民經濟的快速發展、貫徹落實科學發展觀構建和諧社會的要求四個方面分析了物流發展面臨的形勢，提出了物流發展的目標和任務。2011 年，國家又將物流業確定為「十大產業振興規劃」之一。《中華人民共和國國民經濟和社會發展第十二個五年規劃綱要》也明確提出，要大力發展現代物流業：加快建立社會化、專業化、信息化的現代物流服務體系；大力發展第三方物流，優先整合和利用現有物流資源，加強物流基礎設施的建設和銜接，提高物流效率，降低物流成本。2014 年，國務院頒布的物流業發展中長期規劃（2014—2020 年）中提出，到 2020 年，基本建立佈

局合理、技術先進、便捷高效、綠色環保、安全有序的現代物流服務體系。2016年國家發改委頒布《物流業降本增效專項行動方案（2016—2018年）》，提出到2018年，物流業降本增效取得明顯成效，建立支撐國民經濟高效運行的現代物流服務體系。實現物流基礎設施銜接更加順暢、物流企業綜合競爭力顯著提升、現代物流運作方式廣泛應用、行業發展環境進一步優化、物流整體運行效率顯著提高。

（2）生態物流的概念

生態物流的概念目前沒有統一的定義。吳（H. J. Wu）和盾（S. Dunn）認為綠色物流就是對環境負責的物流系統，既包括從原料的獲取、產品生產、包裝、運輸、倉儲，直至送達最終用戶手中的前向物流過程的綠色化，還包括廢棄物回收與處置逆向物流。羅德格等認為，綠色物流是與環境相協調的物流系統，是一種環境友好而有效的物流系統。美國逆流物流執行委員會（Reverse Logistics Executive Council，RLEC）在研究報告中對綠色物流的定義是：綠色物流也稱「生態物流」，是一種對物流過程產生的生態環境影響進行認識並使其最小化的過程。中國2001年出版的《物流術語》中對生態物流的定義：綠色物流就是對環境造成危害的同時，實現對物流環境的淨化，使物流資源得到充分的利用。從以上不同定義可以總結：凡是以降低物流過程的生態環境影響為目的的一切手段、方法和過程都屬於綠色物流的範疇。

綜上所述，生態物流是指以減少環境污染、資源消耗為目標，利用先進物流技術和手段去規劃和實施運輸、倉儲、裝卸、流通加工、配送、包裝等物流活動。它倡導物流操作和管理全程的綠色化。

2. 生態物流的構成

包裝、運輸、裝卸、倉儲和流通加工是一般物流的五個最基本的環節，這些也構成了生態物流系統的基本內容。但在這五個環節中，包裝、運輸、倉儲和流通加工對生態環境的影響較大。因此，生態物流系統的功能要素主要由生態包裝、生態運輸、生態流通加工以及生態倉儲四個功能環節組成。

（1）生態包裝功能要素

物流包裝在消耗大量資源的同時，也產生了大量的廢棄物，是影響環境的主要因素之一。生態包裝，是指以節約資源、降低廢棄物排放為目的的所有包裝方式。它包括生態包裝設計、包裝生產過程的生態化、包裝作業過程的生態化、包裝廢棄物的回收再循環等。

（2）生態運輸功能要素

運輸是物流系統最基本、最重要的活動，運輸成本占了物流總成本的40%～50%，也是影響環境的最主要因素之一。生態運輸，則是以節約能源、減少廢氣排放為特徵的運輸，生態運輸是生態物流的一項重要內容。根據運輸環節對生態環境影響的特點，運輸生態化的關鍵原則是降低卡車在道路上的行駛總里程。圍繞這一原則的生態運輸途徑主要有四種：第一，生態運輸方式，因為公路運輸的能量消耗最高、廢氣排放最多、運輸利用率最低，所以運輸方式要結合其他幾種相對生態化的運輸方式，降低公路運輸的

比例。第二，環保型運輸工具，主要是針對貨運汽車，應採用節能型的或以清潔燃料為動力的汽車。第三，生態物流網路，即路程最短的、最合理的物流運輸網路，以便減少無效運輸。第四，生態貨運組織形式，即在城市貨運體系中，通過組織模式的創新，減少貨車出動次數、行駛里程、過轉量等。

（3）生態流通加工功能要素

生態流通加工是生產過程的延續，它對生態環境的影響主要表現在：分散進行的流通加工過程能源利用率低，產生的邊角料、排放的「三廢」污染周邊的生態環境等。解決的途徑可採用：第一，專業化集中式流通加工，以規模效應提高資源利用率；第二，對流通加工廢料進行集中處理，與廢棄物物流順暢對接，降低廢棄物污染及廢棄物物流過程的污染。

（4）生態倉儲功能要素

生態倉儲本身會對周圍生態環境產生影響，如，保管、操作不當引起貨品損壞、變質，甚至危險品泄漏等；倉庫選址不合理導致運輸次數的增加或者運輸的迂迴等。生態倉儲就是要求倉庫佈局合理，以減少運輸里程、節約運輸成本。同時，倉庫的選址還應進行相應的生態環境評價，充分考慮倉庫建設和營運對所在地的生態環境影響。

3. 生態物流的運行模式

產品從原材料採購開始，經過原材料加工、產品製造、包裝、運輸和銷售，經消費者使用、回收直至最終廢棄處理，這一整個過程稱為產品的全生命週期。在產品的生命週期內，既有企業之間的物流，也有企業內部的物流。企業之間的物流包括：原料供應商與產品製造商之間的供應物流、製造商與使用者之間的分銷物流；在產品生產階段，物料是按工藝流程的要求在不同車間、不同工位之間流轉的，這屬於企業內部的生產物流；另外，還有回收物流和廢棄物物流。

（1）供應物流主要包括物流需求計劃、包裝、運輸、流通加工、裝卸搬運、儲存等功能，它是產品生產得以正常進行的前提。

（2）分銷物流指產品從企業到消費者之間的物流工程，包括包裝、運輸、流通加工、裝卸搬運等環節，同時還包括因產品不合格或積壓庫存而發生的退貨物流。

（3）生產物流擔負著物料輸送、儲存、產品生產、組裝、產品包裝等活動，是產品在其整個生命週期的主體部分。

（4）回收物流可以發生在產品生命週期的全階段，生產階段的餘料、殘次品等在企業內部進行回收、處理和再利用；在產品使用階段的廢舊包裝材料、維修更換件、淘汰件等的回收處理，則發生在用戶、銷售商、產品生產商和原料生產商之間。

（5）廢棄物物流貫穿於整個產品生命週期的各階段，一般包括收集、搬運、中間淨化處理、最終處置等方式。淨化處理是為了實現廢棄物對環境損害最小，最終處置主要有掩埋、焚燒、堆放、淨化後排放等方式。

4. 企業生態物流系統運行模式

基於產品生命週期的企業生態物流系統運行模式實際上是一個物料循環系統，其中

產品製造企業是該系統的主體。其運作過程：首先，製造商通過對供應商的評估，選擇出生態供應商，供應商將由資源、能源和人力資源轉化而來的原料或零部件送達生產廠商。接著，廠商經過對產品的生態設計、生態製造、生態包裝後，形成最終生態產品；生產過程中的邊角餘料、副產品、殘次品等，直接進入內部回收系統，盡量做到維修後再利用，避免廢棄物的產生；產品被製造出來後，經過企業的生態分銷渠道，交給第三方物流企業進行專業化運輸和配送；企業的分銷系統規劃必須考慮產品退貨、產品召回以及報廢後的回收和處理要求，並制定相應的運行策略。

二、生態教育

1. 生態教育的產生

自 20 世紀中葉以來，隨著第三次工業技術革命以及經濟全球化發展的加快，全球變暖、臭氧層破壞、酸雨、水資源危機、能源短缺、土地荒漠、物種加速滅絕、溫室效應、生態失衡、森林資源銳減、垃圾成災等接踵而至，造成了從局部到整體、從區域到全球的生態危機。它是應大工業生產和市場經濟發展的要求，人類採用不合理的生產生活方式，對自然資源與環境進行破壞性開發和利用產生的人類與身外自然關係惡化的結果。生態學研究認為，地球生物圈是人類賴以生存和繁衍的最基本、最重要的生態系統。人類在地球生態系統中扮演著雙重角色，既受自然的制約，又對自然生態系統產生巨大的影響。人類無時不在改造和影響著地球的生態系統，但又必須依賴於地球的生態系統。一旦地球的生態系統遭到嚴重的破壞，並且不能通過自我調節而修復時，人類就會像其他物種一樣從地球消失。生態學家呼籲，地球的生態系統正在遭到空前的破壞，生態危機已經危及全人類的生存和發展。

1968 年，國際教育規劃研究所首任所長庫姆斯在其代表作《世界教育危機》中提出，現在面臨著有史以來第一次「世界性危機」，教育體制與周圍環境之間的各種形式的不平衡正是這場世界性教育危機的實質所在。他認為教育存在的不平衡主要表現為：一是日益過時的陳舊課程內容與知識增長及學生現實學習需求之間的不平衡，二是教育與社會發展需要之間的不相適應。因此，對於生態危機和教育危機的關注迫使人類重新審視自身與自然之間的關係，重新審視人類自身原有的思維方式、發展模式、道德觀及發展觀。當生態問題逐漸成為一個敏感而重要的，並與教育密切相關的生態倫理道德問題時，生態教育隨之產生。

2. 生態教育的概念

關於生態教育，學術界存在不同的觀點。俄羅斯學者 Г. Н. Карона 把生態教育定義為：教育、培養和發展人的連續過程，為教學指明了方向，給教學目標和課外活動提供了標準，保證人對周圍環境的責任意識。有學者認為，生態教育，即順應人的自然發展規律，遵從教育教學規律以及將生態學思想、理念、方法等融入教育教學過程中，培養人的思維及綜合能力發展。也有學者認為，生態教育是按照生態學的觀點思考教育問題，旨在充分發揮教育在應對生態危機中的作用，為人類的生存與合理發展尋找道路。

生態教育有著極為豐富的內涵，涵蓋各個教育層面，包括學校教育、社會教育、職業教育。其教育對象包括全社會的決策者、管理者、企業家、科技工作者、工人、農民、軍人、普通公民、大專院校和中小學校學生。教育方式包括課堂教育、實驗證明、媒介宣傳、野外體驗、典型示範、公眾參與等。教育內容包括生態理論、生態知識、生態技術、生態文化、生態健康、生態安全、生態價值、生態哲學、生態倫理、生態工藝、生態標示、生態美學、生態文明等。生態教育的行動主體包括政府、企事業、學校、家庭、宣傳出版部門、群眾團體等。通過生態教育使全社會形成一種新的生態自然觀、生態世界觀、生態倫理觀、生態價值觀、可持續發展觀和生態文明觀，實現人類、社會、自然的和諧發展，構建一個和諧的社會。

3. 生態教育的意義

（1）生態教育是增強生態意識，塑造生態文明的根本途徑

生態意識的增強和生態文明的塑造，依賴於生態教育。生態教育是以生態學為依據，傳播生態知識和生態文化、增強人們的生態意識及生態素養、塑造生態文明的教育。開展生態教育、增強生態意識和塑造生態文明三者之間構成了一個相互輻射、互利共生、協同發展的「金字塔」範式，而處於金字塔底部的是生態教育，它為我們的生態保護和生態文明建設夯實了基礎。我們要保護和建設好生態環境，走可持續發展的道路，固然離不開科學技術手段的支持和法規制度的保障，但更離不開人們生態意識的強化和生態文明的完善；而要全面地強化生態意識和提升生態文明，使每個公民自覺維護與其自身生存和發展休戚與共的生態環境，最行之有效的途徑就是實現從「物的開發」向「心的開發」轉換，建立多維的生態教育體系，進行全民生態教育。

（2）生態教育狀況和質量是衡量一個國家文明程度的重要標誌

生態教育的目標是解決人與環境之間的矛盾，調整人的行為，建立生態倫理規範和生態道德觀念，教育人正確認識自然環境的規律及其價值，提高人對自然環境的情感、審美情趣和鑒賞能力，為每個人提供機會獲得保護和促進生態環境的知識、態度、價值觀、責任感和技能，創造個人、群體和整個社會環境行為的新模式。為解決日漸嚴重的生態問題，世界絕大多數國家都先後設立專門機構、採取經濟和立法及技術手段保護自然生態環境。其中，英、德、美、俄及南非等國較早地開展了卓有成效的生態教育，生態保護和環境治理成績顯著，從「寂靜的春天」已變成鳥語花香的人類家園；而另一些國家由於忽視或放鬆公民的生態教育，人們生態知識貧乏、生態意識淡薄，缺乏參與生態建設的意願。人們的觀念偏差和行為不當，逐漸引發了一系列具體問題，最終綜合體現於生態環境惡化。我們不能不認識到：一個沒有生態教育的民族是可悲的，也是可怕的。

（3）生態教育可以為解決當代生態危機、實現可持續發展提供精神資源

西方產業革命以來，隨著科學技術水準的迅速發展，人口的急遽增長，人類的社會活動的規模、程度不斷擴大，人類向自然索取的能力和對自然生態干預的能力也日益增強，致使生態危機越來越嚴重，生態破壞正在逐步以公開或隱蔽的方式威脅著人類自身

的生存。

(三) 生態管理

1. 生態管理的提出

已有的管理學理論幾乎都是從管理的各種因素、技術、手段等層面上去思考生存、競爭以及生態發展的問題，要從根本上解決上述問題，必須根據外部環境條件的變遷對組織的影響，運用生態學的思維範例來刷新、指導組織管理理念的變革。生態管理的建立是基於對人的兩個基本價值的假設。

第一，人性的基本假設。人既是管理的主體，也是管理的客體。以人性的善惡為價值觀形成管理思想的基本理論出發點，諸多管理學家提出了經濟人、社會人、文化人、全面人等多種人性假設。管理思想家之所以關心人性問題，是因為管理活動的主要對象是人，而對人作怎樣的人性判斷便決定了管理設計。在人類進入生態時代的今天，「生態人」概念的提出基於以下假設：

（1）人類與生物圈中的其他物種一樣，其生存依賴於同生物圈其他物種血肉相關的聯繫，也必須服從生物界共同的不可抗拒的自然法則。

（2）人不是生物圈的主宰，科學技術不是用來徵服自然而是用來使人類與自然協調。

（3）人類善惡行為的標準就是視其是否有利於自然的完整、穩定、和諧和美麗，而不是像以前對人的善惡行為只限於針對人類本身。隨著自然環境的有序進化，作為活動主體的人的生態意識應不斷增強。

第二，人的基本價值觀。各種管理思想都是建立在對人性假設基礎上的價值取向。生態管理建立在「生態人」的基本假設上，是人在自然最有序進化和發展過程中理性思考和個性感悟的基本上將生態意識應用到管理工作中並按生態規律來進行管理。因此，生態管理的終極目標（價值觀）是提升人的生活品質，促進人類與社會自然界的共同進步和可持續的發展。

2. 生態管理的概念

不同的機構和學者從不同的視角給出了關於生態管理的定義。

美國土地管理局把生態管理定義為：通過生態學、經濟學和社會學原理的相互作用來以一種能保護長期的生態持續性、自然多樣性和景觀生產率的方式對生態和物理系統進行的管理。

美國森林服務局從森林管理的角度定義生態管理為：自然資源管理的一種整體性方法，它超越了森林的各單個部分的分割性方法，融合了自然資源管理的人類學、生態學和物理維度，目的是獲得所有資源的可持續性。

Robert C. Szaro 等人認為：生態系統管理是這樣一種方法，它試圖讓所有的利益相關者都為人們與其生活環境的互動來參與制定可持續的方案，目的是修復和維持健康、生產率、生物多樣性和全面的生活。

Peter F. Brussard 等把生態管理定義為：以這樣一種方式來管理不同規模的地區，

目標是在生態系統的服務和生態資源得到保護的同時，維持適度的人類使用和謀生選擇。

環境保護機構（Environment Protection Agency）對其的定義：生態管理就是在修復和維護生態系統的健康、可持續性和生態多樣性的同時支持可持續的經濟和社會發展。

Overbay 把生態管理定義為：仔細和熟練地將生態學、經濟學、社會學和管理學原理應用到生態系統的管理中去，目的是在長期內生產，修復或維持生態系統完整性。

Robert T. Lackey 認為生態管理就是運用生態學和社會的信息，選擇和限制在一個得到定義的地理區域及一個特定時期裡獲取想要的社會利益。

綜上所述，「生態管理」是指運用生態學、經濟學和社會學等跨學科的原理和現代科學技術來管理人類行動對生態環境的影響，力圖平衡發展和生態環境保護之間的衝突，最終實現經濟、社會和生態環境的協調可持續發展。

3. 生態管理的內容

生態管理以人為本，「生態人」所具有的就是生態世界觀，而作為企業管理來說，其生態管理的內容應有：管理主體的生態化、管理效益的生態化、產品設計生態化、產品生產的生態化、行銷的生態化。

（1）管理主體的生態化。

生態管理要求應對企業全體員工進行環保知識的普及和培訓，各級管理者具備的知識結構中應當具備基本的生態意識和生態觀念；同時企業在發展過程中不應以個體利潤最大化為目標，應把環境保護納入長遠的發展戰略和決策中，注意企業和自然環境的和諧發展，實施可持續發展戰略，維護經濟增長所依賴的生態環境的有序性，保障經濟增長有一個穩定的生態環境基礎，而不是僅從利己角度出發對資源無限索取。

（2）管理效益的生態化。

傳統管理理論認為，企業管理者的主要責任是按股東利益經營業務，企業的管理效益是使股東利潤最大化，為此企業可以置自然、生態環境於不顧去追求效率、利益以博取股東的歡心和信心。但隨著生態時代的到來，我們認為企業除對股東負責外，還必須建立和維護他們的社會責任，不僅讓員工，更重要的是要使顧客、社會感到滿意。因此，有學者提出，利潤最大化是企業第二位目標，而不是第一位目標，企業的第一位目標是保證自身的生存。企業自身所賴以生存的自然生態環境是保證企業生存的第一要義。因而我們認為效益不僅是指生產的直接成果，同時也指這些成果對整個社會利益、對社會發展的長遠影響。脫離基本價值觀，其成果越顯著，對社會、自然界的破壞就越大，效益就越差。忽視生態化，對個別企業而言雖然會產生極豐碩的成果，甚至獲得超額利潤，但對整個社會、自然界就會產生更大的「負效益」。

（3）產品設計生態化。

與傳統產品設計思路不同，生態設計不僅只考慮如何進入消費領域——如果僅是這樣，這將是對顧客、社會、自然極不負責的一種做法——而還應延伸到產品壽命終期。生態化設計首先應考慮如何以低耗、低污染的材料為亮點去滿足客戶的「綠色需要」，

其次還應考慮殘餘產品的分解、拆卸和重新使用，使產品廢棄後對生態的影響和破壞降至最低。例如，針對傳統鹼性電池中的有害物鋁和汞，人們設計新型、高性能、無污染的綠色電池取而代之，並使廢棄物能及時回收以減少對生態的影響。自2006年始，凡在歐盟城區內銷售出賣的家電產品、電子產品等報廢後，由這些產品的生產企業負責回收，否則不予在歐盟銷售。

（4）產品生產的生態化。

產品生產生態化的基本內容至少應有：生產環境的綠色化；最有效地利用資源；生產中盡量使用無毒無害、低毒低害的原材料；採用無污染、少污染的高新技術設備，採取一系列對廢棄物流合理的處置。

（5）行銷的生態化。

目前，在市場行銷中，我們衡量一個企業產品的競爭力除價格競爭力和非價格競爭力（產品的品牌、包裝、服務等）外，還應考慮生態競爭力。隨著環保意識的加強，人們對生活質量要求的提高，人們對綠色產品的需求不斷增長。英國威爾斯大學的畢泰（Ven. Peatlie）教授在其所著《綠色市場行銷——化危機為商機的經營趨勢》一書中指出，綠色行銷是一種能辨識、預期及符合消費者與社會需求，並且可能帶來利潤及永續經營的管理過程。行銷的生態化就是要求企業在產品包裝、裝潢時應局部降低產品包裝物或產品使用剩餘物的污染；積極引導消費者在產品消費、使用、廢棄物處置等方面盡量減少環境污染。如，在20世紀90年代，時代——華納雜誌印刷的用紙、邦迪創可貼包裝盒都採用利於環保的紙張。

今天，不僅是管理者，還是被管理者都普遍疑惑一個問題：人類的生活質量究竟在多大程度上得到提高和改善？我們今天的管理到底是符合人類自身發展的管理，還是產生了管理的異化？如何解釋科技進步，生產效率提高、物質財富的豐富與現代人類社會的生存危機？生態管理這一概念的提出，是因為生態管理已經成為一種趨勢，儘管生態管理理論還未系統、成熟，但這不能妨礙各層管理者在組織和實施決策時應以生態世界觀為指導，將生態意識貫徹於管理工作中，按照生態規律進行管理，使管理工作走向生態文明的嶄新境界。

三、生態服務業的發展趨勢

服務業占國民經濟的比重越來越大、就業人數也越來越多，呈現高科技化、信息化、生態化的特點。現代服務業在生態化過程中具有以下兩大發展趨勢。

（一）生態服務業的就業結構呈現出高端人力資本化

服務業內部結構升級趨勢體現為服務業從勞動密集型轉向知識密集型，知識、技術含量高的現代服務業逐漸占據服務業的主導地位。從產業的投入要素來看，農業主要受自然資源要素的約束，製造業主要受物質資本要素的約束，傳統服務業主要受勞動力要素的約束，而現代服務業從業人員整體上所具有的高學歷、高職稱、高薪水特徵，說明現代服務業主要受人力資本要素的約束。而生態服務業不僅要求從業者懂得經濟規律，

而且要求瞭解生態規律，因而對人才提出了比現代服務業更高的要求，使生態服務業的就業結構呈現高端人力資本的特徵。

（二）生態服務業與製造業逐步走向融合

現代服務業中，生產性服務業發展迅速，並且服務投入增長速度快於實物投入增長速度。製造業的增長無論採取何種方式，都會遇到能源、原材料及環境供給的限制，而製造業發展所遇到的能源和原材料「瓶頸」可能被包含金融、物流在內的服務業所打破。因此，現代經濟已經出現了現代服務業與製造業走向融合的趨勢，製造業服務化趨勢與服務業生產性趨勢都非常明顯。遵循經濟規律和生態規律，按照系統的觀點，是生態服務業和生態工業的共同要求，兩者在共同生態化的過程中逐步走向融合。

案例連結：走進養老服務業發展新時代——養老服務業發展典型案例

一、基本情況

康寧津園是天津旅遊集團開發建設國家級養老服務綜合改革試點的養老項目，位於天津市靜海區天津健康產業園區，由老年公寓、醫院、養老院、中央廚房、溫泉理療中心組成的，建築面積25萬平方米，可為4,500名老人提供全方位養老綜合體。康寧津園結合了中國傳統孝道文化、韓日標準化管理模式、歐美年輕態陽光態養老生活理念，為老人創造全新的養老生活方式：健康養老、人文養老、智慧養老、愉悅養老。

二、主要做法

1. 創建五大養老新模式

（1）「五位一體」開發模式。探索建立企業投資、政府支持政策量化、土地資源平衡、資本資金運作、外腦支撐的「五位一體」開發模式，構建投入產出平衡機制，推動企業投資養老產業的積極性。

（2）「三全園區」規劃模式。突破性提出全齡化、全模式、全程持續照護的「三全」養老新概念，將機構養老、社區集中養老、園區居家養老三種模式融於一體。

（3）「醫養結合」服務模式。園區泊泰醫院與社會醫療機構合作，搭建雙向就醫通道，配合日常健康管理的干預措施，建立獨具特色的小病不出戶、常見病不離園、大病直通車的三級醫療管理體系。以「未病先防、既病防變、慢病管理」為原則，實施老年人健康持續改善計劃以及心靈關懷、精神慰藉服務。

（4）「信息化」營運管理模式。構建園區網路、綜合信息、綜合服務、監護與救助、生命體徵監測五大系統，實現居住智能化、園區智能化、配套設施操作和管理智能化、為老年人提供的終端設備智能化四大功能。搭建信息採集、分析數據平臺，建立老年人生活狀況跟蹤檢測系統，研發智能化養老服務體系。

（5）「品牌化」發展模式。以項目模塊標準化、建築形式/戶型分類/功能佈局標準化、服務項目和服務內容標準化、作業流程和品質標準化、智能化管理標準化為主導，實現規劃設計、營運模式、服務體系、管理方式、管理標準、形象推廣、軟件建設等品牌化，實現管理輸出、品牌輸出、標準輸出。

2. 構建九大支撐體系

（1）服務體系。

「三層呵護」服務，即管家+秘書+服務員，日常照護有管家，委託代辦有秘書，家政服務有服務員；「4×24」服務，即24小時管家值班、24小時呼叫中心、24小時安全保衛、24小時緊急救助；建有中央廚房，能滿足近5,000名老人不同用餐需求；由廚師、醫師、營養師組成的營養膳食團隊進行營養配餐，健康指導。

（2）醫療健康護養體系。

獨創「三級醫療服務體系」：小病不出戶、常見病不離園、大病直通車；園區建有醫院，與天津市三甲醫院建立綠色通道，為老人提供疾病診療、心理疏導、精神慰藉、臨終關懷；與院校合作老年病課題研究，為老人定制康復理療計劃，一對一健康指導。

（3）緊急救助體系。

實現「一鍵求助，三級聯動」緊急救助，建立緊急救助流程、預案，進行緊急救助培訓。

（4）文化娛樂體系。

創建自有品牌康寧老年大學，成立興趣小組，組織各種創意和出遊活動，與社會文藝團體合作，舉辦演出專場，特聘專家組織講座，形成「天天有活動、周周有聚會、月月有精彩」的康寧文化特色。

（5）評估及風險防範體系。

自主研發評估體系、風險防範法務體系和退出機制，規範評估流程和機制，引入第三方介入機制，強化風險管理監督與改進。

（6）品牌推廣體系。

包括市場調研、項目定位、價格制定、產品包裝、宣傳推廣、渠道拓展等內容。

（7）智能化體系。

自主研發的智能化信息管理系統，由18個模塊集成的智能化管理平臺，覆蓋服務、管理、經營全過程，可為構建大數據平臺及產業開發提供數據支持。

（8）管理體系。

立足可複製、可推廣，開發了以《康寧津園營運手冊》為代表的管理體系，持續提升管理水準。目前達到150萬字左右，包括94項崗位職責、221項管理制度、85項服務標準、159項服務流程、56項應急預案。同時，立足建設養老服務管理團隊，建立養老專業人才培訓基地。

（9）研發體系。

設立老年項目研究中心，通過信息獲取、課題制定、內外結合，進行養老產品創新。

3. 形成12個特色

（1）健康管理八大干預措施。

通過定制式體檢、針對性綜合評估，實施定期巡診、健康教育、指標監測、心理疏

導、飲食指導、運動指導、中醫調理、康復理療八大健康管理干預措施，使老人延緩衰老。

（2）三級醫療服務。

即小病不出戶：健康秘書、保健醫生入戶巡診，設立家庭病床，使老人足不出戶就可接受醫療和護理服務；常見病不離園：園區內設醫院，全天候開診，以老年病診治為主，以專業醫護人員服務和社會醫療機構專家技術為支撐，不出園區就可診治老人常見病；大病直通車：園區醫院與社會醫療機構建立就醫住院綠色通道，並提供陪同就醫專項服務。

（3）醫療專家支撐的雙向通道。

園區醫院與社會醫療機構建立合作關係，定期邀請名醫來園坐診、會診；另外，園區可為老人提供園外醫院的預約、陪診服務。

（4）三層呵護服務。

園區由樓棟管家、專業秘書與生活服務員提供24小時服務，讓老人尊享三層呵護。

（5）「一卡通」。

園區為每位入住老人配送一張智能一卡通，包括身分識別及個人信息查詢、樓棟和園區出入管理、園區內消費、移動定位監測、緊急呼叫等功能，卡上有報警按鈕，老人在園區內任意地點按動報警按鈕，服務管家、安保人員、醫護人員會實現三級聯動，第一時間到達老人身邊提供幫助。

（6）中央廚房。

園區配備3,500平方米中央廚房，為園區內公寓、醫院、護養院的供餐平臺，通過營養膳食研發，從飲食調節上滿足老齡人群的身體營養需求和老人不同的用餐需求。

（7）志願者積分銀行。

面向社會志願者，建立志願者積分銀行，建立康寧津園社會志願者服務示範體系。

（8）工分換服務。

面向園區老人，本著量力而行、自願加入的原則建立工分換服務機制，設置適合老人的義工崗位，為義工老人計算工分，用以換取園區內的相應服務，旨在搭建老人體現自我價值的平臺，實現「老有所為」。

（9）康寧大學。

園區開辦自有品牌的康寧大學，設置七大類、32門課程，為娛樂式、興趣式、居家式的學習方式。

（10）專業團隊。

園區提供旅遊集團的專業服務團隊、餐飲團隊、醫療保健團隊和護理社工團隊。

（11）設立老年項目研究中心。

對老年生活形態、老年醫療與健康、老年飲食與營養、老年心理與行為、老年用品、老年消費、老年法律風險防範等領域開展研究。研究創新成果將直接應用於園區為老服務的改善和提升，更好地滿足老年人衣、食、住、娛、行、醫等不同需求。

(12) 具有康寧津園特色的適老化硬件系統。

康寧津園在建築形式、戶型分類、功能佈局等方面針對老年人體能特徵反覆研究、精心設計論證，形成了具有自主知識產權的模塊式組合。固化建築佈局、功能配備、標示等設計理念及元素，構建了具有康寧津園特色的適老化硬件系統，包括圍合式建築、5園6島、風雨連廊、5度交往空間、3度景觀、3+1交通體系、3氧步道、3履設計理念以及140餘項適老化設計應用，並已申請獲得知識產權44項。

三、經驗效果

康寧津園養老新模式符合養老產業供給側結構性改革的要求，在全國養老行業具有示範作用，受到社會各界廣泛關注。

(1) 開創養老新模式，滿足養老多元化需求。園區設施完善、環境宜人，是集生活照料、文化娛樂、精神慰藉、醫療護理、緊急救助等功能於一體的新型養老綜合體。自2015年8月開園營運以來已有800多名老人入住，市場認可度高，滿足了當今養老市場的多元化需求，填補了社會力量興辦大型養老園區的空白，是供給側結構性改革在養老行業的成功實踐。

(2) 以服務特色為核心競爭力，不斷豐富康寧品牌內涵。康寧津園開園營運以來，服務特色逐步顯現，形成以提升老人幸福指數為目標的管家服務、滿意指數為目標的餐飲服務、快樂感指數為目標的娛樂服務、放心指數為目標的醫療服務，通過打造服務核心競爭力，入住老人滿意度接近100%，極大豐富了康寧品牌內涵。

(3) 社會效益凸顯，對全國養老行業起到示範作用。康寧津園探索通過企業開發建設、投資營運新型養老綜合體，以此為孵化器，制定標準、構建流程、培育品牌、培訓員工，形成可複製、可推廣的發展模式，走出一條既能解決養老問題，又能持續發展的養老產業新途徑。其典型特徵和示範意義日益凸顯，得到了社會的廣泛認可和讚譽，起到了示範帶動作用，並推動了區域經濟發展。

(資料來源：http://info.bjxwx.com/a/OlderWorld/OlderIndustry/IndustryNews/2018/0809/79406.html.)

復習思考題

1. 何謂生態農業？生態農業的主要模式有哪些？
2. 如何防範生態農業發展中的自然災害風險和市場風險？
3. 清潔生產的主要內容是什麼？怎樣實行清潔生產？舉例說明。
4. 生態服務業主要包括哪些？為什麼要提倡生態服務業？
5. 生態物流系統的主要內容是什麼？
6. 生態教育的主要內容包括哪些？

第五章

生態旅遊

　　生態旅遊是生態經濟引入旅遊業的具體應用，把生態資源與環境保護納入旅遊業。生態旅遊具有生態性、保護性、高品位性、專業性、限制性等特點，既強調環境保護，又滿足了消費者的旅遊觀光需求，是現階段旅遊業發展的一個新業態。本章從生態旅遊的基本概念開始，對生態旅遊的基本特點、要求及發展進行詳細闡述。

第一節　生態旅遊概念及內涵

一、生態旅遊的概念

（一）生態旅遊概念的提出

生態旅遊思想起源於20世紀60年代，當時正值傳統大眾旅遊發展高峰期，傳統的大眾觀光活動對旅遊目的地的負面影響逐漸顯現，對目的地的資源與環境損害嚴重，為此一些學者提出自然旅遊、綠色旅遊、替代性旅遊、自然取向的旅遊、友善的環境旅遊、可持續旅遊、低影響旅遊、負責任的旅遊等新型旅遊形式，這些旅遊形式在調整傳統觀光旅遊的同時，增加了自然取向的內容，並把生態資源與環境的保護納入旅遊業中。其中，最具代表性的是美國學者賀特茲（Hetzer）於1965年提出的「負責任的旅遊」，包括對環境最小的影響，對當地文化最大的尊重，讓當地居民得到最大的實惠，讓旅遊活動參與者得到最大限度的滿意。他提倡在對當地文化與環境衝擊最小的前提下，追求最大經濟效益與遊客最大滿足，這即生態旅遊的雛形。

「生態旅遊」這一概念是1983年由墨西哥建築學家、環境學家、生態旅遊學者和國際自然保護聯盟（IUCN）特別顧問謝貝洛斯·拉斯喀瑞（Hector Ceballos-Lascurain）以西班牙語「ecoturismo」提出，當時致力於環保型建築設計研究和環境保護活動的拉斯喀瑞擔任墨西哥環保組織Pronature的首任主席。因墨西哥尤卡坦半島一個項目的建設，他認識到保護作為美國紅鸛棲息地濕地——尤卡塔半島北部的必要性。由於眾多遊客到訪當地，拉斯喀瑞注意到外來旅遊者對生態環境和當地社會經濟發展所起的重要作用，並開始用「生態旅遊」形容這一現象。英文「ecotourism」一詞最先首先出現在羅瑪麗（Romeril）的一篇文章中，在該文中，生態旅遊一詞以連字符的形式出現，即「eco-tourism」。1990年伊麗莎白·布（Elizabeth Boo）出版了《生態旅遊：潛力與陷阱》，使這一術語被廣泛傳播。

（二）生態旅遊概念的主要類別

「生態旅遊」定義的提出至今30多年，但其內涵界定依然模糊，據不完全統計，國際上與生態旅遊相關的概念有160多種，國內學者提出的概念也有近110種。正如奧朗姆斯認為，生態旅遊的概念就像是畫在沙灘上的一條線，其邊界是模糊的，而且被不斷地衝刷、修改。生態旅遊概念的不斷發展和變化，說明人們對生態旅遊的理解也在不斷演進和深化。目前，關於生態旅遊的概念，大致有保護中心說、居民利益中心說、迴歸自然說、負責任說和原始荒野說。

1. 保護中心說

這類概念認為「生態旅遊＝觀光旅遊＋保護」，其核心內容是強調對旅遊資源的保護。保護中心說認為生態旅遊應強調保護，要求旅遊者在旅遊過程中保護自然、保護資

源、保護文化，其代表性定義有美國生態旅遊協會1992年提出的，「生態旅遊是保護環境和維護當地居民良好生活的負責任的旅遊」。

2. 居民利益中心說

這類概念認為「生態旅遊＝觀光旅遊＋保護＋居民收益」，其核心內容是增加當地居民收入。居民利益中心說認為生態旅遊應在保護的基礎上開展，而且旅遊組織者和旅遊者有義務為增加當地居民的收入而做出應有的貢獻。其代表定義有生態旅遊協會1992年提出的，「生態旅遊是為了解當地環境、文化與自然歷史知識，有目的地自然區域所做的旅遊，這種旅遊活動的開展在盡量不改變生態系統完整的同時，創造經濟發展機會，讓自然資源的保護在財政上使當地居民受益」。

3. 迴歸自然說

這類概念認為「生態旅遊＝大自然旅遊」，其核心內容是迴歸大自然。迴歸自然說認為生態旅遊就是迴歸大自然，只要旅遊者走進大自然的懷抱就屬於生態旅遊的範疇，其代表性定義如世界旅遊組織1993年提出的「生態旅遊是以生態為基礎的旅遊，是專項自然旅遊的一種形式。強調組織小規模旅遊團（者）參觀自然保護區，或者具有傳統文化吸引力的地方」。

4. 負責任說

這類概念認為「生態旅遊＝負責任旅遊」，其核心內容是旅遊者應對環境承擔維護責任。其代表性定義為Brouse1992年提出的「生態旅遊是一種『負責任的旅遊，旅遊者認識並考慮自身行為對當地文化和環境的影響』。」國際生態旅遊學會在其後對生態旅遊定義簡化時也強調了負責任，認為「生態旅遊就是在自然區域裡進行的，保護環境的同時維護當地人福利的負責的旅遊」。

5. 原始荒野說

這類概念認為「生態旅遊＝原始荒野旅遊」，其核心內容是生態旅遊開展的區域是在人跡罕至的原始荒野區域。其代表定義是世界自然基金會的研究人員Elizabeth Boo於1990年提出的，「生態旅遊必須以『自然為基礎』，它必須涉及學習、研究、欣賞、享受風景和那裡的野生動植物等特定目的而在受到干擾比較少或沒有受到污染的自然區域所進行的旅遊活動」。

二、生態旅遊的內涵

(一) 生態旅遊的三大要點

1. 生態旅遊強調保護當地資源

生態保護一直是生態旅遊的一大特點，也是生態旅遊發展的前提，還是生態旅遊區別傳統旅遊最本質的特點。生態保護的內涵可分為三個方面：一是確定保護的對象，一般包括保護自然即保護自然景觀、自然的生態系統和保護傳統的文化；二是確定由誰來保護，理論上一切受益於生態旅遊的人都有責任來保護，包括遊客、旅遊開發者、開發決策者、當地受益的社區居民及政府人員等；三是需要明確保護的動力，動力源於利

益,各類人的受益方式和程度不同,決定了保護動力大小程度的差異,如旅遊者主要受旅遊利益驅使,他們保護動力更多的是源於環境意識;外地投資開發者主要追求短期經濟利益,保護動力形成較難;當地社區,尤其是旅遊作為重要產業的社區,其生路在旅遊,追求的是一種持續的綜合效益,對能使旅遊業可持續發展的資源與環境的保護有著強勁的動力。

2. 生態旅遊強調迴歸「生態系統」

這裡的「生態系統」包括自然生態和文化生態。原始自然以及人與自然和諧共生的生態系統是生態旅遊對象,人們帶著特定的目的到大自然從事旅遊活動,並通過活動加強對當地自然和文化的認識。

3. 生態旅遊強調社區利益

生態旅遊有繁榮地方經濟、提高當地居民生活質量、尊重與維繫當地傳統文化完整性的重要目的。通過旅遊收入為社區謀福利,如一些地區將一定比例的旅遊經濟收入投入到改善當地人生活質量的醫院、學校等公益事業上;一些地區鼓勵當地社區居民參與旅遊業的發展,使其直接受益於旅遊業等。

(二) 生態旅遊的四大功能

1. 旅遊功能

生態旅遊作為一種旅遊活動,其實質還是旅遊。它是用原始的自然和人與自然和諧的相處來吸引遊客,以滿足遊客,尤其是城市及工業區遊客的身體和精神上迴歸大自然的需求,只不過生態旅遊不主張一味滿足遊客的需求,而是要以保護當地生態環境為前提。

2. 保護功能

生態旅遊的保護功能是生態旅遊的特徵功能,是其區別傳統旅遊的最大特點。生態旅遊的保護功能體現在生態旅遊的開發過程,也體現在利用過程中,體現在人的意識和行為等方方面面。

3. 扶貧功能

社區參與的生態旅遊能為社區帶來經濟利益。從生態上來講,自然及社會文化相對原始的地區是生態旅遊資源富集但社會經濟多貧困的地區,這些地區生態系統多較脆弱,生態旅遊業往往是這些區域經濟發展的首選產業,世界不少地區的實踐也證明生態旅遊的扶貧功能是顯著的。

4. 環境教育功能

生態旅遊環境教育功能表現在兩個方面:一是教育對象的擴大,從僅是教育遊客,發展為教育所有旅遊受益者,包括開發者、決策者、管理者;二是教育手段的提高,從單純地用心去感應的教育方式,發展為充分利用現代科學、技術、藝術等知識的教育。

(三) 生態旅遊的五種角色

生態旅遊功能的發揮需要五大主體的共同參與,五大主體分別扮演各自的角色。

1. 有準備的旅遊者

旅遊者在參與旅遊活動前，應充分考慮到在環境文化敏感地區旅遊時，應如何把對環境的負面影響降到最低，旅遊者自身與當地的文化應如何相互影響，是否進行物品交換等問題。

2. 接受訓練的當地居民

當地居民是生態旅遊業的核心成員，與當地自然歷史和文化資源的關係最為密切，生態旅遊業不僅應從各層面為當地居民提供就業機會，還應對其提供訓練，這將有助於提高其互動溝通和對處於敏感的自然和文化環境下游客的管理能力。

3. 生態旅遊經營者

生態旅遊業經營者的作用在於管理旅遊，應通過發布旅遊信息，開展有關當地自然和文化教育；通過範例引導遊客，並採取正確的行動來防止環境遭受破壞或當地文物降級；通過採取小規模的旅遊人數，解決好敏感地帶的遊客膳宿問題等，使累積的影響降到最低。

4. 研究者

研究者的作用在於調查、管理和保護旅遊資源，並對開發旅遊項目提出建議，提供科學信息以評估旅遊資源的價值。

5. 政府

政府在生態旅遊業中應支持對當地資源開展調查，資助保護計劃，從法律角度保障資源與環境不受破壞。

第二節　生態旅遊的產生和發展

一、生態旅遊產生的背景

生態旅遊是旅遊市場需求結構變化和旅遊業發展到一定階段的產物，是一種特殊的旅遊形式，其產生具有深刻的時代背景。

（一）日益惡化的生態環境激發各國環境保護的意識

20世紀發達國家快速發展的工業，使生態環境遭到破壞，尤其是生物多樣性和原始森林狀況令人擔憂。在此背景下，世界各國都開始尋求能合理利用自然界的方法，掀起了一場世界範圍的環境運動。1986年發表的《我們共同的未來》喚起了人們對環境和發展之間關係的關注，該報告強調了可持續發展的觀念；1990年，世界銀行出版的《環境與發展》深入分析了世界經濟發展中的生態矛盾問題；1992年，聯合國環境與發展大會簽署的《里約宣言》中，各國政府做出了保護環境的承諾，包括中國在內的世界上許多政府又制定了本國的「21世紀議程」；1995年，世界觀光理事會、世界旅遊組織和地球委員會制定了《關於世界的21世紀議程》，代表世界旅遊業對保護人類賴

以生存的環境所做出的莊嚴承諾。生態旅遊由於具有保護環境的作用，一經提出便在全球引起巨大反響。生態旅遊實踐最早出現在發展中國家，因為這些國家和地區的環境受到十分嚴重的破壞，到了非治理不可的地步，最具代表性的就是有著「生態旅遊鼻祖」之稱的肯尼亞和哥斯達黎加，它們通過發展生態旅遊來保護當地脆弱的生態環境。

（二）伴隨城市化進程而出現的負面影響日益顯現

隨著全球城市化進程的加快，世界城市化率已達到54.9%，世界上發達國家70%以上的人口居住在城市，發展中國家的城市人口比重也不斷上升。以中國為例，1978—2017年，中國城市化率從不足18%發展到58.52%，達到世界城市化的平均水準，2017年中國城鎮人口已達81,347萬人。隨著生態科學和環境科學的發展，環境生態學家提出「城市水泥沙漠」的概念，指出城市會危害人們的身心健康，主要表現在熱輻射、光輻射、天然放射性輻射、有害的裝飾和建築材料、城市的環境污染等眾多方面。

（三）傳統大眾旅遊形式的弊端促使新的旅遊形式形成

20世紀60年代，大眾旅遊作為旅遊產業的主要形式，因其巨大的市場潛力被譽為朝陽產業，成為世界各地積極發展的方向。當時人們只看到旅遊業發產生的巨大經濟效益，認為旅遊業是「無菸工業」「低投入高產出的產業」「非耗竭性資源消費產業」，是一種對環境影響極低的理想產業而受到各國政府的鼓勵，紛紛列為重要產業或支柱產業來發展，到20世紀90年代，旅遊業已經一躍成為超過鋼鐵、汽車和石油產業的世界第一大產業。但傳統的旅遊業過分注重旅遊的經濟效益，追求利潤的最大化，開發者採用了產業革命的管理思想和方法，對旅遊資源採用的是「掠奪式」的開發利用模式、粗放式的經營管理模式，再加上生態意識的淡薄，一定程度上重蹈了「以犧牲環境為代價」的工業化發展的錯誤模式，導致旅遊的自然景觀和人文景觀被迅速地破壞，旅遊資源價值降低，旅遊環境危機日益顯現，嚴重阻礙了旅遊業的可持續發展。事實證明，旅遊業並非無污染產業，其對生態環境和旅遊地文化同樣具有巨大的破壞力。為此，人們開始尋求一條使旅遊業發展和環境改善相協調的旅遊發展道路，旨在為人類提供滿足新需要的同時，保護旅遊區自然資源和文化，實現其可持續發展。

二、生態旅遊的產生

從生態旅遊產生的具體情況來看，主要可概括為兩種不同的形式：被動式和主動式。

（一）被動式生態旅遊產生形式

這是在經濟欠發達國家中常見的形式。一般認為，生態旅遊最初的實踐是從欠發達國家開始的，這些國家擁有豐富而獨特的資源，發展生態旅遊市場主要是由於經濟的壓力。被動式生態旅遊主要集中在作為世界生態旅遊主要發源地的非洲和美洲的加勒比海地區和亞馬孫河流域，其代表是非洲的肯尼亞和拉丁美洲的哥斯達黎加。

肯尼亞被稱作「自然旅遊的老前輩」，是目前生態旅遊開展最具代表性的國家之一，肯尼亞最初走上生態旅遊之路就屬於典型的被迫式。肯尼亞地處非洲，野生動物資

源豐富、數量大、品種多。20世紀初，在殖民主義的統治下，掀起了野蠻的大型動物狩獵活動，而狩獵者和受益者主要都是白人。1977年，在人們的強烈要求下，政府宣布完全禁獵，1978年，肯尼亞宣布野生動物的獵獲物和產品交易為非法。於是那些因此為生的人為了維持生計，開闢新的謀生途徑，提出了「請用照相機來獵取肯尼亞」的口號，以其豐富的自然資源——生物的多樣性、野生動物、獨特的生態系統、迷人的風光及陽光充足的海灘等來招徠遊客，生態旅遊由此而生。從1988年開始，旅遊業成為肯尼亞外匯的第一大來源，首次超過了茶葉和咖啡的出口。1991年，該國生態旅遊收入高達3.5億美元，其中國家公園的一頭大象每年可掙14,375美元，它一生可以掙90萬美元。到2010年，肯尼亞入境的生態旅遊者近200萬人次，旅遊收入超過10億美元。

哥斯達黎加是拉丁美洲開展生態旅遊頗有成效的國家之一，它開展生態旅遊是為了保護森林資源。哥斯達黎加的熱帶雨林擁有地球上1/5的動植物物種，亞馬孫熱帶雨林被譽為世界上最佳的生態旅遊目的地。但20世紀四五十年代以來，該國為更迅速地發展農業，砍伐了大量森林，造成了嚴重的水土流失、土壤貧瘠。1940—1987年，該國的森林覆蓋率從75%下降到了21%，按照當時的發展趨勢，預計到2000年，全國的森林會消失殆盡。為了改變這一狀況，保護有限的森林資源，1970年哥斯達黎加成立了國家公園體系，先後建立了34個國家公園和保護區，開始發展以保護森林為特點的生態旅遊活動。為確保這一旅遊活動的正常進行，該國制定了嚴格的法規，成立了專門的機構監督這些法規的執行。到20世紀80年代中期，旅遊業的外匯收入取代了傳統的咖啡和香蕉的地位，成為這個國家外匯的主要來源。據當時的調查，約有36%的人到該國旅遊是因為看中了生態旅遊這一形式。

（二）主動式生態旅遊產生形式

這是在一些經濟發達國家比較常見的模式，是因市場需求促使生態旅遊主動產生，典型代表是美國。早在19世紀，為了解決城市化進程中人們對自然環境的強烈需求，為了讓人們瞭解自然、欣賞自然並受到環境教育，美國在1872年就建立了世界上第一個國家公園——黃石國家公園，並開始以遊覽國家公園為主題的自然旅遊，且陸續形成了包括國家公園、國家保護區、國家紀念地、國家遊憩區等22種類型、600多個自然保護區、300多個公園在內的國家公園旅遊對象體系，占整個國土面積的10%，從而產生了最初意義上的生態旅遊。

到20世紀中後期，由於自然旅遊與環境保護的矛盾加劇，為改變這一情況，美國提出了要發展生態旅遊，營造「除了腳印什麼也不留下，除了照片什麼也別帶走」的生態旅遊氛圍，同時制定了相應的法規、條例和規範，並注意培育從事生態旅遊產品開發和經營的企業。其他歐美國家及日本、澳大利亞、新西蘭等國也辦起了生態旅遊，取得較好的效果。

三、生態旅遊的發展階段

生態旅遊作為一種特殊的旅遊形式，是旅遊市場需求結構發生變化和以大眾旅遊為

特色的旅遊業發展到一定階段的產物，具有深刻的環境背景和旅遊者心理基礎。從生態旅遊的產生至今，生態旅遊大致經歷了萌芽起步階段、蓬勃發展階段和穩定成熟階段。

（一）生態旅遊的萌芽起步階段（20世紀60年代—80年代）

從20世紀60年代開始，伴隨著歐美各國經濟快速的恢復，現代旅遊業也大規模發展起來，傳統大眾旅遊形式所帶來的生態環境危機也被日益關注。一些學者開始思考和調整傳統旅遊方法，提出了一系列與生態旅遊近似的以自然取向為特點的調整性旅遊活動，體現「負責任的旅遊」。這種新型旅遊形式的參與者通常具有良好的教育背景或較高的收入，需要尋找新的刺激和滿足。20世紀70年代後，一些經濟發展國家如美國的黃石公園和發展中國家，如肯尼亞和哥斯達黎加的早期生態旅遊實踐陸續出現。中國生態旅遊業也在此時興起。1982年，國務院批准建立了第一批風景名勝區，建立了第一個國家森林公園。總的來看，這一時期生態旅遊的發展特徵主要為：

（1）正式出現了「生態旅遊及其產品」的說法。

（2）生態旅遊基本處於傳統大眾旅遊向生態旅遊轉變的調整性旅遊時期，旅遊活動的特點是傳統大眾旅遊與調整性觀光旅遊並存，其間即有生態旅遊發展較好的國家，也有在發展過程中走了彎路的國家。這是生態旅遊發展過程中相當重要的一個階段。

（3）生態旅遊只是在部分地區和國家展開，還沒形成規模。

（4）各國對生態旅遊這樣一個新興的旅遊形式還不夠瞭解，人們對生態旅遊也存在誤解，把生態旅遊等同於自然旅遊。

（二）生態旅遊的蓬勃發展階段（20世紀80年代初—90年代末）

20世紀80年代初，「生態旅遊」的概念被正式提出，並得到旅遊界和自然保護界的認同。20世紀80年代中期到20世紀90年代是生態旅遊的真正發展階段。這一時期，旅遊學者們在對生態旅遊的實踐活動進行了大量考察的基礎上逐漸認識到生態旅遊對資源和環境的重要意義，提出生態旅遊不僅僅局限於滿足旅遊者身心享受，而是把它與旅遊目的地的發展和保護聯繫到一起。作為一種新興的、負責任的旅遊方式，生態旅遊活動有了全面發展，生態旅遊實踐在中國、哥斯達黎加、厄瓜多爾等一些發展中國家，以及美國、日本、澳大利亞、新西蘭和歐洲等經濟發達國家和地區取得成功，獲得了明顯的社會、經濟、環境效益。與此同時，越來越多的組織、政府部門、研究人員、企業、當地居民、非政府組織等介入生態旅遊的實踐與探索，使生態旅遊的概念不斷清晰、完善，建立起了各種原則和框架，各種生態旅遊產品不斷出現。這一時期，還成立了生態旅遊協會（TES），後改名為國際生態旅遊協會（TIES），到2000年已有110多個國家、35個專業領域和1,600多名會員。這一時期生態旅遊的總體特徵是：

（1）政府開始注重生態旅遊發展，各國成立了生態旅遊相關組織，旨在保護環境和生物多樣性。

（2）這一時期已經開始注重生態旅遊發展所帶來的社會、經濟和環境的綜合效應。

（3）生態旅遊範圍越來越廣，生態旅遊活動規模越來越大，生態旅遊產品類型越來越豐富。

（4）已有學者關注到生態旅遊對規模的限制和世界範圍內的「生態旅遊熱」之間的矛盾，關於生態旅遊的研究開展較快。

（5）在生態旅遊較發達的國家，已經出現官方的或非官方的組織，目的就是促進生態旅遊發展，建立生態旅遊基金，保護脆弱的生態系統。

（6）某些生態旅遊發展較快的國家已經注意到生態旅遊與當地社區千絲萬縷的聯繫，並努力改善生態旅遊發展和社區發展的關係，為社區謀福利。

（三）生態旅遊的穩定成熟階段（20世紀90年代末至今）

進入21世紀，隨著生態旅遊在世界範圍內的進一步發展，生態旅遊進入穩定成熟發展階段。生態旅遊得到了更廣泛的關注，具有代表性的一個事件是，2000年由聯合國環境署、世界自然基金會、國際標準化組織、綠色環球21組織、國際生態旅遊學會共同討論制定了國際生態旅遊認證的原則性指導文件——《莫霍克協定》，提出了鑑別生態旅遊產品的標準，標誌著生態旅遊進入一個全面發展的新階段；另一個是，2002年被定為「國際生態旅遊年」，聯合國環境規劃署和世界旅遊組織發起了世界生態旅遊峰會並發表《魁北克生態旅遊宣言》，就此後生態旅遊的發展提出了針對政府、私有部門、非政府組織、學術機構、國際組織、社區和地方組織的一系列建議，為各國生態旅遊的進一步發展實踐提供了可供依據的標準和綱領，標誌著生態旅遊進入一個全新而穩定成熟的發展階段。這一階段特點主要表現為：

（1）生態旅遊發展遍及整個世界，生態旅遊規劃更加規範，生態旅遊市場針對性越來越強。

（2）政府的重視程度提高，扶持政策多樣化，為生態旅遊進一步發展起了推波助瀾的作用。

（3）生態旅遊發展促進新興學科的產生和發展，如生態倫理學、社會生態學、文化生態學、自然生態學、農業生態學、生態美學等。生態旅遊的理論研究在世界範圍內展開。

（4）生態旅遊市場和生態旅遊產品的細分也日趨合理。

第三節　生態旅遊的特點與原則

一、生態旅遊的特點

（一）生態性

生態旅遊的產生是伴隨著生態學的產生而發展起來的。生態旅遊是利用生態學原理，協調和平衡旅遊開發與資源、環境之間的矛盾，生態學原理指導生態旅遊的規劃原則、開發方式、活動內容、項目建設和產品設計等各個環節，生態旅遊的整個過程都貫穿著生態學原理的指導，以實現生態旅遊的可持續發展。例如，根據資源生態敏感度和

閾值的大小對旅遊目的地進行合理的功能分區；根據生態學原則、環境影響評價及感官評價等確定各功能區合理的生態容量，把旅遊接待量限制在生態容量允許的範圍之內，保持生態資源的生態潛力；利用生態、環保的材料設計建設生態旅遊項目，保證設施與環境的協調，提供良好的審美環境；為旅遊者提供生態住宿、綠色交通、綠色食品、健康益智的娛樂項目以及誠信友善的服務等。

(二) 保護性

與傳統的旅遊相比，生態旅遊的最大特點就是其保護性。生態旅遊的低環境影響並不意味著沒有影響。與傳統旅遊業一樣，生態旅遊也會對旅遊資源與旅遊環境產生負面影響。但傳統旅遊以追求經濟效益最大化為目標，而生態旅遊是在保護環境的前提下進行開發，生態旅遊就是針對傳統大眾旅遊形式對生態系統產生嚴重衝擊而提出的。

生態旅遊的保護性體現在旅遊業的方方面面。對於旅遊開發規劃者而言，保護性體現在遵循自然生態規律，以及人與自然的和諧統一的生態旅遊產品開發設計上。對於旅遊開發商而言，保護性體現在充分認識旅遊資源的經濟價值，將資源價值納入成本核算，在科學開發規劃的基礎上謀求持續的投資效益。對於管理者而言，保護性體現在資源環境容量內的旅遊利用，杜絕短期行為，謀求可持續的經濟、社會、環境三大效益的協調發展。對於遊客而言，保護性則體現在環境意識和自身素質的提高，約束自己的行為，珍視自然賦予人類的物質及精神價值，把保護旅遊資源及環境作為一種自覺行為。

(三) 高品位性

生態旅遊的高品位性體現在以下幾個方面：

一是生態旅遊者旅遊動機和旅遊追求的高品位。在面對自然景觀時，傳統大眾旅遊者追求的是娛悅感官的自然美，而生態旅遊者追求的則是理解自然及生命價值基礎上的生態美；在面對文化景觀時，傳統大眾旅遊者讚美的是人類「創造力」，而生態旅遊者讚美的是人與自然的和諧共生。

二是生態旅遊者的高素質。生態旅遊者多具有高素質和高消費的特點。高素質即指生態旅遊者具有較高的文化、環保及精神需求素質。和傳統大眾旅遊者相比，生態旅遊的參與者多為特定族群，具有較高的文化素養和知識層次，受綠色環境保護思想的影響較深，已有一定的環保意識和迴歸大自然的願望。他們多是為大自然美景和奧秘所吸引，力圖通過旅遊從大自然中尋求自己人生的價值和人類的前途。他們知識廣博，文化和生活品位較高，具有獨立人格，喜歡尋找新的刺激和滿足，是一批相當成熟的旅遊者。同時，生態旅遊體現在旅遊者的消費上較傳統大眾旅遊而言要高，即生態旅遊者在享受旅遊目的地的生態旅遊的同時，還應支付保護這些生態旅遊資源應承擔的費用。

三是生態旅遊產品的高品位。生態旅遊者追求的高品位決定了生態旅遊產品的高品位。與傳統大眾旅遊產品相比，生態旅遊產品應定位為「真」和「精」兩個方面。生態旅遊產品不應是粗放式開發的旅遊產品，而是通過精心設計的高質量、高品位的「真品」和「精品」。「真品」體現在它的「原真性」，即遊客追求的是原汁原味的旅遊真品和旅遊環境。這種產品除了具有極高的美學特徵外，還傳遞著大自然奧秘及人與自

然和諧的信息，從而增強遊客對環境保護的意識，而移置的、仿製的旅遊景觀將被視為旅遊市場上的「偽品」。「精品」主要體現在旅遊產品的質量上，生態旅遊者追求的是貨真價實的高品位旅遊產品，粗放式開發的旅遊產品將被視為旅遊市場上的「劣品」。

四是生態旅遊管理的高質量。傳統大眾旅遊重開發輕管理，由於管理投資不足，管理質量不高，不注重保護旅遊資源及環境，旅遊目的地的特色及質量存在退化、降低，從而逐漸喪失對旅遊者的吸引力，旅遊者得不到應有的旅遊享受而逐漸失去興趣，造成不少旅遊地的衰敗。生態旅遊則相反，由於強調環境的原生態，在發展過程中重管理輕開發，把資金重點放在管理上，放在保護管理和服務管理水準的提高上，使旅遊地能夠可持續發展。

(四) 專業性

生態旅遊是一種高層次的精神享受，生態旅遊者對旅遊的環境質量具有更高的要求，旅遊產品具有更高的科學和文化信息儲量，這就要求旅遊項目、旅遊線路、旅遊設施、旅遊服務的設計和管理均要體現出很強的專業性，對規劃設計者、開發經營者、管理者和服務者的專業水準提出更高的要求。專業性也是生態旅遊資源和環境得以保護和持續利用，以及三大效益協調發展的前提條件之一。例如一個生態旅遊區包含了大量地質、地貌、氣象、水文、植物、動物、醫學、建築、環境和健身等科學信息和知識體系，這些豐富的知識能夠激發旅遊者的求知慾望，使旅遊者廣泛地參與到活動中來，使審美活動變為旅遊者的主動品味、體驗和求索。旅遊者通過觀察、體驗和研究，可獲得豐富的科學知識。而要實現這些目標，培養一批具有較高科學文化水準的、高素質的導遊或具有較高環境素養的環境解說員就是十分必要的。

生態旅遊的高層次性也體現在旅遊項目的專業性上。生態旅遊以生物生態系統為中心，旅遊的專業層次比較高，旅遊者的旅遊取向多集中在具有不同生態學特性的自然景觀資源，如陸地生態系統、淡水生態系統、海洋生態系統、城市生態系統等，旅遊者可根據自己的專業興趣愛好，選擇不同的專業旅遊項目。對一些有特殊價值的自然景觀，如火山、地震遺址、溶洞、冰川、古生物化石等，還可組織特殊的科學考察活動，如珠穆朗瑪峰生態考察、雲南騰衝火山地熱生態考察、秘魯 Manu 生物圈保護區觀鳥旅遊、巴西亞馬孫熱帶雨林考察、中美熱帶雨林考察、東非森林動物考察活動等。

此外，生態旅遊對科學技術的要求也體現了專業性的特點。生態旅遊是科學技術含量很高的旅遊，生態旅遊資源的調查、資源信息系統的建立、生態環境的動態監測和影響評估、旅遊環境容量的確定以及生態旅遊產品的開發設計等，都是在科學技術的密切參與下運作的。某種程度上可以說，生態旅遊是知識密集型或技術密集型的產業，科學技術是生態旅遊發展的基礎。離開了科學技術，生態旅遊就會偏離方向而無法肩負起使生態資源的保護和利用充分協調發展的重任。

最後，對生態旅遊活動的管理也需要有專業性，包括對旅遊者的生態管理，對生態環境和生態因子的生態管理，對旅遊設施、設備、場所的生態管理等都必須依靠專業性的理論和方法。

（五）限制性

生態旅遊是一種特殊設計的旅遊活動，為了保證生態旅遊各種目標的實現，包括旅遊者的高質量旅遊體驗、對環境影響的最小化等，限制性就成為生態旅遊的一個基本特點。一是對遊客數量的限制，即要科學計算旅遊區的生態環境承載力和環境容量，這就決定了生態旅遊在特定的時空範圍內是少數人的活動，生態旅遊主要吸引那些具有高度環保意識的人參加。這一點在《旅遊業可持續發展——地方旅遊規劃指南》中明確指出，生態旅遊代表了迅速擴展之中旅遊者細分市場，並特別吸引那些具有高度環保意識的旅遊者；吸引那些關心環境，並希望瞭解地方生態狀況和風俗文化的遊客。生態旅遊市場最重要的吸引目標是具有環保意識、關心生態環境的旅遊者，這說明生態旅遊是一種高素質、高層次的旅遊，只有這種市場層次的遊客才能關注生態旅遊，並能為保護生態環境盡一份責任和義務。二是對旅遊設施或建築的限制，建築設施應講究規模小、體量小以及與環境相和諧。生態旅遊應盡量保持自然屬性，不要過度搞人工建築，更不能使生態旅遊區商業化。只有控制好旅遊區的遊客數量和建築設施規模，才能保證生態旅遊者可以獲得一般大眾旅遊者無法比擬的康體空間和特殊旅遊體驗，獲得更多、更高的精神享受。

二、生態旅遊的原則

（一）國際生態旅遊協會的原則

雖然目前對生態旅遊的解釋多種多樣，但是其原則還是基本一致的。1991年以來，國際生態旅遊協會通過對生態旅遊的結果進行追蹤考察，逐步發展起來的一套原則，這些原則被正在崛起的非政府組織、私有企業部門、政府、學術界和一些旅遊目的地社區所接受，具體有以下原則：

（1）把對旅遊目的地自然和文化的消極影響降到最低。

（2）對旅遊者進行環境教育。

（3）強調旅遊企業責任的重要性，旅遊企業應與當地的政府部門和居民合作以符合當地居民的需求，並分享開發帶來的利益。

（4）把部分旅遊收益用於自然環境的保護和管理。

（5）需綜合考慮整個地區的旅遊需求，以便於整個地區的遊客管理計劃的設計，並使此地區成為生態目的地；注重對環境和社會基礎資料的研究利用，以便於進行環境評估，同時應具備對環境進行長期監測的計劃，從而把對環境的消極影響降到最低。

（6）力爭使該鄉村、當地企業和社區的利益最大化，特別是居住在該區域及其鄰近地區的居民。

（7）力求保證旅遊的發展不超過社會和環境可接受的限度，並在研究者與當地居民的合作中予以限定。

（8）充分利用已經存在的與環境相協調的基礎設施，盡量減少石化燃料的使用，保護當地植物和野生動物，使基礎設施與當地的自然和文化環境相協調。

(二)《國際生態旅遊標準》的原則

全球最具權威性的可持續旅遊認證組織「綠色全球 21」聯合澳大利亞生態旅遊協會共同制定了《國際生態旅遊標準》，根據該組織的建議，生態旅遊需要滿足以下八大原則：

（1）生態旅遊的核心是讓遊客親身體驗大自然。

（2）生態旅遊應該通過多種形式體驗大自然，增進人們對大自然的瞭解、讚美和享受。

（3）生態旅遊應該代表環境可持續旅遊的最佳實踐。

（4）生態旅遊應該對自然區域的保護做出直接的貢獻。

（5）生態旅遊應該對當地社區的發展做出持續的貢獻。

（6）生態旅遊應該尊重當地現存文化並予以恰當的解釋和參與。

（7）生態旅遊應該始終如一地滿足旅遊者的願望。

（8）生態旅遊應該堅持誠信為本、實事求是的市場行銷策略，以使旅遊者形成符合實際的期望。

第四節　生態旅遊系統

生態旅遊系統是生態旅遊的研究對象，根據系統論的觀點，生態旅遊系統是指生態旅遊要素按一定的旅遊規律組合而成的有機整體，也就是在滿足生態旅遊基本要求的地域內，由與生態旅遊密切關聯的各要素按一定的旅遊市場運行機制構成的動態有機整體。目前中國最具代表性的生態旅遊系統理論模型是楊桂華等在 2000 年提出的「四體」生態旅遊系統模式，即生態旅遊系統由主體（生態旅遊者）、客體（生態旅遊資源）、媒體（生態旅遊業）和載體（生態旅遊環境）四要素構成（見圖 5-1）。「四體」生態旅遊系統與傳統的旅遊系統相比，最大的特點就是突出了生態旅遊系統的核心——保護，保護的對象是生態旅遊資源、生態旅遊環境和旅遊目的地當地社區的利益。而為了實現保護的目的，對生態旅遊的一切受益者而言，都應具有保護的意識，無論開發者、決策者、旅遊者、管理者還是社區居民、均應將保護放到重要的位置，這也是區別於其他旅遊系統的顯著特徵。

載體（生態旅遊環境）
主體（生態旅遊者）　媒體（生態旅遊業）　客體（生態旅遊資源）
載體（生態旅遊環境）

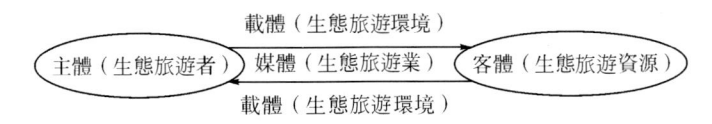

圖 5-1　生態旅遊系統四體模式

資料來源：陳玲玲，等. 生態旅遊——理論與實踐［M］. 上海：復旦大學出版社，2012.

一、生態旅遊主體——生態旅遊者

生態旅遊者是生態旅遊活動的主體，是生態旅遊形成和發展的關鍵性因素。關於生態旅遊者的研究文獻較多，有從社會人口統計學入手研究的、有從心理學方向研究的、有從不同環境中旅遊者的行為特徵角度去研究的。從生態旅遊的範疇來看，生態旅遊者還可分廣義和狹義之分。廣義的生態旅遊者是指到生態旅遊區的所有遊客。這類界定具有很好的統計學意義，具有統計上的可操作性，是一種「地域界定說」。但生態旅遊區的旅遊者並不都具有生態旅遊定義所要求的品質和內涵，該定義只是對旅遊者行為現象的部分概括，並沒有真正體現生態旅遊的內涵，而是將生態旅遊與自然旅遊相等同起來，忽視了生態旅遊的興起與發展是人們環境意識增強的結果，沒有體現「生態」的含義，不能確保旅遊者具有生態意識和環保知識，其進入生態景區後的活動是生態活動，是有保護環境的行為。狹義的生態旅遊者是指到生態旅遊區的那些對環境保護和當地社會經濟發展負有一定責任的遊客。狹義的生態旅遊者不便於統計，但反應了生態旅遊的真實內涵，同時也涉及生態旅遊者的本質特徵，把生態旅遊者與傳統旅遊者區別開來，有利於旅遊者自覺地要求自己，成為一名真正的生態旅遊者。

國際著名生態旅遊研究學者大衛·韋弗（David Weaver）對生態旅遊者的定義是：完全符合兩個標準的遊客可稱之為生態旅遊者，這兩個標準是：旅遊者基於自然環境的學識、經驗，並且他們的行為舉止促進環境、社會和文化的可持續發展。因此，生態旅遊者可定義為：以相對沒有受到干擾的自然或人文生態旅遊區為目的地，以學習和體驗自然為動機，具有一定的生態意識，其旅遊行為能促進目的地經濟、環境、文化、社會等多方面可持續發展的旅遊者。

與傳統大眾旅遊者相比，生態旅遊者表現出以下特徵：

（1）目的地指向：生態旅遊區。生態旅遊的目的地是在一定的自然地域中進行的，該區域自然或人文社會生態系統保持完好。

（2）動機指向：生態意識。生態旅遊者的動機往往是帶有專門的目的，如學習、教育、研究、保護等

（3）行為指向：生態行為。生態旅遊者行為受到一定程度地約束，而且很多生態旅遊者都具備較強的自我行為約束意識

（4）責任指向：生態責任。生態旅遊者對當地自然和人文環境、目的地居民生活的維護具有一定的責任。

生態旅遊者與傳統大眾旅遊者的特徵比較如表 5-1 所示。

表 5-1　　　　　　　　　傳統大眾旅遊者與生態旅遊者的特徵比較

	傳統大眾旅遊者	生態旅遊者
旅遊對象	無限制	有限制，一般為生態旅遊區，如自然景觀和人與自然相和諧的生態文化景觀，如地質地貌、水體、生物、民俗風情等
旅遊動機	純粹出於個人享受、遊玩等目的，重在對旅遊資源的享用和消費	主要是帶有專門目的，如學習、教育、研究、保護等，享受自然風光往往是附帶或次要的
旅遊規模	規模大，旺季時往往擁擠不堪	規模小、低密度
旅遊形式	形式較為單一，大多只是觀光遊玩	以大自然為舞臺，形式多樣、內容豐富、寓教於樂
旅遊參與	被動式，一般不參加旅遊環境管理活動	主動式，主體與客體密不可分，自身是整個綜合生態系統的一部分，自覺參與有組織的環保活動
旅遊體驗	走馬觀光，傳統美學意義上的享受	積極親近大自然，心靈與自然共鳴，人的情感得到昇華，生態美的體驗
旅遊者素質	基本無要求，只要旅遊者自身具備旅遊條件，一般都可成行	要求有較高的文化素質
環保意識	較弱，往往對環境造成一定的衝擊	較強，旅遊者往往主動保護環境
行為責任	體現旅遊消費合法	體現自然與文化關懷

資料來源：張建萍. 生態旅遊［M］. 修訂版. 北京：中國旅遊出版社，2017：85.

二、生態旅遊客體——生態旅遊資源

在生態旅遊發展不夠成熟的今天，由於生態旅遊概念本身存在爭議，致使作為生態旅遊對象的生態旅遊資源還沒有一個被普遍認同的概念。生態旅遊學界通過對生態旅遊資源的爭議，使學者對於生態旅遊資源概念的內涵和外延的認識不斷深入。人們對生態旅遊資源概念的界定也呈階段性，出現了自然型、自然+人文型和綜合型三種生態旅遊資源概念。

自然型概念認為只有自然的生態系統才是生態旅遊資源，包括自然保護區、森林公園、風景名勝區、自然動植物園、複合生態區及人工模擬生態區等。自然+人文型概念認為生態旅遊資源不僅包括具有「自然美」的大自然，還應該包括與自然和諧、充滿生態美的文化景觀，從而出現了自然+人文型生態旅遊資源概念。綜合型概念認為生態旅遊資源不能僅重視自然和人文景觀而忽視生態旅遊作為一項產業和旅遊業和生態旅遊效益的關係，因此提出生態旅遊資源是以生態美吸引遊客前來進行生態旅遊的活動，為旅遊業所利用，在保護的前提下，能夠產生可持續的生態旅遊綜合效益的客體。

就中國國情而言，生態旅遊資源應該具有以下內涵：

第一，生態旅遊資源包括多個方面，既包括自然形成的，也包括人與自然共同作用

的和人工恢復的生態旅遊資源；即包括生態現象，也包括生態環境。

第二，具有地方特色、能烘托吸引遊客的生態旅遊氣氛的旅遊接待設施和旅遊服務均可視為旅遊資源。

第三，生態旅遊資源包括物質——「有形的生態旅遊資源」，也包括精神——「無形的生態旅遊資源」。只要對遊客有吸引力、旅遊業開發和利用後能產生效益的生態系統均可視為生態旅遊資源。

第四，生態旅遊資源的開發除了滿足生態旅遊者迴歸自然、認知自然、體驗自然的需求，促進旅遊地的生態環境保護外，還應促進旅遊地的社會和經濟的發展，使生態效益、經濟效益和社會效益能夠得到有機的統一和協調。

第五，被生態旅遊資源吸引的旅遊者是具有環保意識、生態文明和較強的社會責任感的特指群體，因此生態旅遊資源的概念也不宜過分泛化，應該突出生態旅遊資源與其他旅遊資源相區別的環境教育功能。

根據上述對生態旅遊資源內涵的歸納，生態旅遊資源可定義為：具有生態美的吸引功能與生態功能，能夠吸引遊客前來進行生態旅遊活動，能夠對遊客起到環境教育作用，能夠被生態旅遊業利用，並促進旅遊地生態、經濟、社會三大效益良性循環。

生態旅遊資源與傳統大眾旅遊資源在吸引對象、效益功能、環境需要、美學需要等方面均有顯著的差異。見表 5-2。

表 5-2　　　　　傳統大眾旅遊資源與生態旅遊資源的比較

類型內容	傳統大眾旅遊資源	生態旅遊資源
吸引對象	吸引對象為大眾旅遊者，目的單一，很少注意自然界中生物之間的關係及所產生的自然現象，只是放鬆而已	希望獲得有深度的「真正」經歷；追求身體和精神的挑戰；希望與當地居民交流學習文化；適應環境；探索未知現象，避免常規路線旅遊；從個人和社會兩個方面認為此經歷是有益的；要求參與，而非被動；追求經歷，而非舒適，此為真正的生態遊者
效益功能	大多注重經濟、社會效益，環境效益相對考慮較少	同時考慮經濟、社會、文化和生態旅遊4個效益，尤其更注重生態環境的保護和對遊客的教育
環境需要	不提或提得少	環保思想貫穿於生態旅遊地的規劃、開發、利用、管理等各個方面
美學需要	大眾資源，沒有深層次的體會，僅僅是悅耳悅目的初淺感受	生態旅遊資源能觸動人類的內心深處，達到悅心悅意和悅志悅神的最高審美境界

資料來源：楊佳華. 論生態旅遊資源［J］. 思想戰線，1999（6）.

三、生態旅遊媒體——生態旅遊業

澳大利亞著名生態旅遊學者大衛·韋弗（David Weaver, 2004）提出生態旅遊業是指那些直接與生態旅遊者相互作用的機構，即從計劃階段到結束幫助生態旅遊者進行生態旅遊體驗的產業。

生態旅遊業是在傳統大眾旅遊業發展過程中出現環境問題的基礎上興起的，它與人類正在經歷的生態時代相適應，代表了旅遊發展的新潮流，是旅遊發展的一個新階段。其與傳統大眾旅遊業相比，在追求目標、管理方式、受益者和影響方式等方面具有不同的特徵。

　　對於傳統旅遊業，利潤最大化是開發商追求的目標，而追求享樂是旅遊者主要目標，其最大受益者是開發商和旅遊者，由旅遊活動所帶來的環境代價則主要由社區居民承擔。它以犧牲環境資源的持續價值來獲取短期經濟效益，這種旅遊是不可能持續發展的。生態旅遊業在實現經濟、社會和美學價值的同時，尋求適宜的利潤和環境資源價值的維持，開發商、旅遊者、社區及其居民都是直接受益者，環境得到有效措施的保護，是可持續發展的旅遊業。

　　生態旅遊業的產業結構在基本組成上與常規旅遊業大致相同，但生態旅遊業在利益目標和運作模式等方面與常規旅遊業有較大差異，這些差異也在生態旅遊業各組成部門之中體現出來。因此，生態旅遊業主要有生態旅遊景區、生態旅行社、生態旅遊飯店、生態旅遊交通、生態旅遊商品等不同的門類和企業。

四、生態旅遊載體——生態旅遊環境

　　生態旅遊環境是生態旅遊活動、生態旅遊資源所依附的基礎，生態旅遊能得以蓬勃發展都根植於生態旅遊環境。生態旅遊環境可謂是生態旅遊發展的生命之源。生態旅遊環境是以生態旅遊活動為中心的環境，是指生態旅遊活動得以生存、進行和發展的外部條件的總和。生態旅遊環境既是旅遊環境的一部分，同時又與旅遊環境有所區別，其內涵有以下幾個方面：

　　（1）生態旅遊環境是在符合生態學和環境學基本原理、方法和手段下運行的旅遊環境，以維護和建立良好的景觀生態、旅遊生態為目的，從而促進景觀生態學和旅遊生態學的發展。

　　（2）生態旅遊環境是以系統良性運行為目的、統籌規劃和運行，使旅遊環境與旅遊發展相適應、相協調，使其自然資源和自然環境能繼續繁衍生息，使人文環境能延續和得到保護，創造一種文明的、對後代負責的旅遊環境。

　　（3）生態旅遊環境是以某一旅遊地域的旅遊容量為限度而建立的旅遊環境。在該旅遊容量的閾值範圍內，就可使生態旅遊活動不破壞當地的生態系統，從而達到旅遊發展、經濟發展、資源保護利用、環境改良協調發展的目的。

　　（4）生態旅遊環境不僅包括自然生態環境和人文生態環境，而且還特別重視「天人合一」的旅遊環境。既注重於生態環境本身，還注重於一些環境要素和環境所包含的生態文化。

　　（5）生態旅遊環境還是運用生態美學原理與方法建立起來的旅遊環境。旅遊是集自然生態學、人文生態學的一項綜合性審美活動，生態旅遊更是人類追求美的高級文化生活以及廣度和深度都較高的審美活動。生態旅遊環境既是培養生態美的場所，也是提供人們欣賞、享受生態美的場所。

（6）生態旅遊環境還是一種考慮旅遊者心理感知的旅遊環境。生態旅遊者的旅遊動機主要是向往大自然，尤其是向往那些野生的、受人類干擾較小的原生自然區域，兼有學習、研究自然和文化的動機。因而，生態旅遊環境的建立要考慮到生態旅遊者迴歸大自然、享受大自然、瞭解大自然的旅遊動機，著意建設起能讓旅遊者感知自然的旅遊環境。

生態旅遊環境與旅遊環境既有共同之處，又有不同之處。旅遊環境的內涵和外延較之生態旅遊環境要深、要廣。一般而言，生態旅遊環境是由自然生態旅遊環境、社會文化生態旅遊環境、生態經濟旅遊環境、生態旅遊氣氛環境四個子系統所構成（如表 5-3 所示）。

表 5-3　　　　　　　　　　生態旅遊環境構成表

生態旅遊環境	自然生態旅遊環境	天然生態旅遊環境
		生態旅遊空間環境
		自然資源環境
	社會文化生態旅遊環境	生態旅遊政治環境
		「天人合一」文化旅遊環境
	生態經濟旅遊環境	外部生態經濟旅遊環境
		內部生態經濟旅遊環境
	生態旅遊氣氛環境	區域生態旅遊氣氛環境
		社會生態旅遊氣氛環境
		旅遊者生態旅遊氣氛環境

（一）自然生態旅遊環境

自然生態旅遊環境是指自然界的一切自然元素，諸如生態旅遊區的地質、地貌、氣候、土壤、動植物等所組成的自然環境綜合體。

1. 天然生態旅遊環境

這種旅遊環境是指由自然界的力量所形成的，受人類活動干擾少的生態旅遊環境。主要包括自然保護區、森林公園、風景名勝區、植物園、動物園、林場及古樹名木等，其中又以自然保護區為主體。根據天然生態旅遊環境的主體不同，可分為森林生態旅遊環境、草原生態旅遊環境、荒漠生態旅遊環境、內陸濕地水域生態旅遊環境、海洋生態旅遊環境、農業生態旅遊環境、自然遺跡生態旅遊環境等。

2. 生態旅遊空間環境

這種旅遊環境主要指能開展生態旅遊的旅遊地景區、景點的自然空間；還指生態旅遊資源儲存地，生態旅遊者的活動範圍，包括生態旅遊者對旅遊資源欣賞、享受以及對空間和時間的佔有。

3. 自然資源環境

這種旅遊環境主要指水資源、土地資源、自然資源、生物資源等自然資源對生態

旅遊業生存和發展的影響與作用，也包括自然資源對生態旅遊活動的敏感程度，其作用主要體現在這些自然資源對生態旅遊業生存和發展的有利或限製作用，也包括影響旅遊地環境容易的問題。

(二) 社會文化生態旅遊環境

1. 生態旅遊政治環境

生態旅遊政治環境指政府在區域旅遊政策、旅遊管理等方面影響生態旅遊發展的軟環境，這對生態旅遊發展起到一種促進或阻礙作用。區域旅遊政治環境不僅影響到生態旅遊業產業結構的資源配置，而且對生態旅遊業快速健康穩定發展起著宏觀調控作用。政策支持與否對生態旅遊業發展起到至關重要的作用，若國家和地區積極支持生態旅遊業的發展，使得生態旅遊業快速發展，旅遊收入就會明顯增長。生態旅遊管理技能水準直接關係到旅遊地域接納生態旅遊者的數量和生態旅遊活動的強度。

2. 文化生態旅遊環境

文化生態旅遊環境指在人類與自然界互利、共生關係的思想指導下，在進行旅遊開發，特別是生態旅遊開發過程中，樹立人與自然和諧發展的觀念。中國自古以來就有「天人合一」的生態思想，這樣的思想使中國的自然風景無處不體現著人與自然的和諧共處。生態旅遊之所以蓬勃發展，就是因其旅遊活動對生態和文化有著特別強的責任感，能促進人類與自然界協調與共同發展。

(三) 生態經濟旅遊環境

1. 外部生態經濟旅遊環境

外部生態經濟旅遊環境指滿足生態旅遊者開展生態旅遊活動的一切生態經濟條件。經濟環境是旅遊活動的物質基礎條件，包括基礎設施條件、旅遊服務設施條件以及旅遊投資能力的大小和接納旅遊投資能力的大小等。在基礎設施、旅遊服務設施等建設過程中，甚至在整個旅遊區經濟發展中，是否遵循生態學和生態經濟學基本原則，是否考慮經濟、資源、環境等協調發展，直接會影響到生態旅遊業的可持續發展。

2. 內部生態經濟旅遊環境

內部生態經濟旅遊環境指旅遊行業內部的政策傾向、管理制度、從業人員等生態旅遊的認識和責任程度。生態旅遊同其他旅遊形式一樣，若有公平的市場環境、良好的市場秩序、規範的市場運行機制、有效的旅遊市場主體等，就會有利於旅遊企業在市場經濟中競爭，有利於克服市場混亂、管理混亂等弊端，有利於建立良好的行業競爭環境，促進旅遊產業各部門良性運行。同時，生態旅遊發展也需要其他部門、其他旅遊經濟成分按生態經濟原則運行，以利於協調統一發展。生態旅遊還需要旅遊行業內部對生態旅遊有較高的認識、較好的理解、較高的責任感，以使生態旅遊正常運作。

(四) 生態旅遊氣氛環境

1. 區域生態旅遊氣氛環境

這主要指在潔淨、優美的生態環境基礎上，由歷史和現代開發所形成的反應該區域歷史生態、地方生態或民族生態氣息的環境。區域生態旅遊氣氛環境具有獨特性，它是

在各種生態系統漫長的演替、社會發展以及社會與自然共生條件下所形成的，對旅遊者有很強的吸引力，它們往往也是一個生態旅遊區域的歷史、文化、民族特色在某些方面的體現，是旅遊者所能感知的一種氣氛環境。它具有典型性、獨特性和民族性，往往也是一個地區的旅遊生命力和靈魂之一。

2. 社區生態旅遊氣氛環境

這指生態旅遊社區居民對生態旅遊的觀點、看法與行為等所形成的一種軟環境。生態旅遊社區居民積極支持發展生態旅遊，往往也是該地生態旅遊發展至關重要的條件之一。

3. 旅遊者生態旅遊氣氛環境

這是指旅遊者生態旅遊素質和旅遊者在進行旅遊活動時反應出來的旅遊氣氛。生態旅遊者應該是具有較高素質的文明旅遊者。廣泛宣傳生態旅遊，提高旅遊者的生態意識和環境保護意識，規範和引導生態旅遊者的行為，是營造良好的旅遊者生態旅遊氣氛環境的關鍵。

案例連結：魅麗黃果樹小鎮開工 貴州即將迎來生態旅遊新時代

2016年4月24日上午，在歡騰的隆隆禮炮聲中，魅麗黃果樹小鎮項目開工儀式隆重舉行。安順市、黃果樹管委會有關職能部門負責人，各地客商以及各新聞媒體出席開工典儀式。魅麗黃果樹度假小鎮位於中國5A級景區黃果樹瀑布核心板塊，坐落於貴州黃果樹新城南部，項目總規劃占地面積11,000畝，總投資約200億元，是立足黃果樹景區擴容升級而重點打造的貴州首席、世界唯一的瀑布生態文化示範區和大西南的旅遊度假中心。項目規劃依託世界最大的瀑布群落和留存最好的多民族民俗風情，以世界級觀瞻，以超卓規劃設計，在項目地內打造黃果樹魅麗風情街、黃果樹歡樂智慧谷、黃果樹溫泉閒雲谷、黃果樹百草養生谷、黃果樹國際旅遊學院5大分區，融合文化、娛樂、旅遊、會展、休閒等多種產業形態，點綴佈局商業、居住、文化交流功能，更以傾城魅麗，兼得山水，在風景中自成風景，成就國際頂級旅遊度假名著。項目一期魅麗風情街總用地面積約387畝，總建築面積約13.5萬平方米，總投資約30億，是一個集「吃、住、行、遊、旅、夠、娛」於一體的大型文化旅遊度假體驗街，以貴州民族文化、歷史文化、三疊紀地址遺跡等資源特色文化為核心，集全貴州典型代表文化元素的建築，匯遊客中心、民俗風情小寨、因特拉肯慢生活街、魅麗演藝劇場、江南園林、溫泉度假酒店等古今中外、風格迥異的建築群落，全面打造集貴州山地文化景觀集聚、多民族文化展演、三疊地址體驗、康體休閒度假為一體，兼有喀斯特石漠化整治、生態保育功能，演繹讓世界動容的自然人文風情。

天下黃果樹，世界會客廳，作為黃果樹旅遊新城的重要組成部分，隨著項目的逐步建成和營運，到2020年預計可接待遊客900餘萬人，實現經濟效益1,200億。此外，魅麗黃果樹度假小鎮將極大推進黃果樹景區擴容。以更為豐富的旅遊度假體驗，聯動景區吸引並留下更多長期遊客，為延長旅遊週期和旅遊半徑提供更多助力，協同黃果樹打

造全域旅遊，與黃果樹景區打造世界級旅遊度假目的地規劃同步，面向世界展現自然自在的人文魅麗傳奇。這裡，是安順、貴州、世界的多元文化匯聚交融之地，這裡，是以黃果樹瀑布為鄰的山水原著，這裡，魅麗黃果樹小鎮誠邀世界來訪。

（資料來源：https://mp.weixin.qq.com/s?__biz=MjM5NDI1ODg2Mw%3D%3D&idx=1&mid=2650372109&sn=7d9d0d3569efabd7425be49f69c80a98.）

復習思考題

1. 生態旅遊快速發展的原因有哪些？
2. 發展生態旅遊一定不會對環境產生負面影響嗎？
3. 簡述生態旅遊系統的四體模式。
4. 比較分析生態旅遊者與傳統大眾旅遊者的區別。
5. 生態旅遊發展經歷了哪幾個階段？

第六章

生態消費

消費是人類生存與發展的基本條件，體現著人與自然的基本關係。當今人類面臨的生態環境問題與人類的消費觀念是直接相關的。《21世紀議程》指出，地球所面臨的最嚴重的問題之一，就是不適當的消費和生產模式，導致環境惡化，貧困加劇和各國的發展失衡。這就要求人們更加重視消費問題、消費觀念問題。消費觀是指人們對消費水準、消費方式等問題的總的態度和看法。作為一種觀念，它一旦形成又會反作用於社會經濟以及生態環境，並對其產生深刻而重大的影響。因此，正確處理好資源、環境和人類需求之間的矛盾，實現人類消費模式轉變、建設生態文明已成為當前全人類實現可持續發展的必然選擇。

第一節　消費主義的興起與發展

消費主義是一種以滿足人們超過基本生活需要之外「欲求」的大眾消費模式，也是隨著這種消費模式全面滲透到社會發展各方面而逐步形成的一種文化態度、價值觀念和生活方式，它是伴隨現代化尤其是工業化、城市化的不斷發展而產生的。消費主義以及它所表現出來的文化現象，首先產生於19世紀末20世紀初的美國，成熟於20世紀六七十年代的西方發達國家。在19世紀末20世紀初之前，美國社會價值觀的核心是清教主義，它反對生活上的過分享受，強調通過個人的勤儉致富來拯救靈魂，因而給人們展現的是一種恬靜、舒適的生活情景。到了19世紀80年代，工業逐步取代農業成為美國國民財富最主要來源。1884年，工業產值首次超過農業產值，占工農業總產值的53.4%，1899年占61.8%。1859—1914年，美國加工工業的產值增加了18倍。19世紀80年代初，美國工業的發展水準已居世界首位；1890年，其製造業產值幾乎等於英、法、德三國產值的總和。這場社會經濟的大變革推動了消費主義在美國的興起。

成熟的資本主義需要促進經濟持續增長，當生產達到一定規模之後，人們的消費能力卻沒有跟上，自然產生了資本主義的主要矛盾：擴大的生產力和相對有限的消費能力。這樣看起來，刺激消費甚至是製造消費成了推動經濟發展的必然選擇。因為美國文化束縛少，同時也擁有高度發達的通信手段，媒體言論自由，這就促使了消費主義的盛行。同時，資本主義增長型發展觀對消費主義的興起起到推波助瀾的作用。所謂增長型發展觀，反對節約型消費觀念，鼓勵消費，主張奢侈，認為可以促進經濟發展，這個觀點很快被接受，並確實成為後來經濟發展的強勁動力。美國的維克特·勒博認為，我們龐大而多產的經濟要求使消費成為我們的生活方式，要求我們把購買和使用貨物變成宗教儀式，要求我們從中尋找我們的精神滿足和自我滿足。我們需要消費東西，用前所未有的速度燒掉、穿壞、更換或扔掉。不是消費者，而是企業和商業經營者在「領導著消費的新潮流」，製造消費、揮霍。

從19世紀下半葉到20世紀初，生產過剩導致的經濟危機一次又一次加劇，特別是20世紀30年代的經濟危機，把揮霍性浪費提到消費社會中來。凱恩斯主張的國家干預市場和刺激消費的主張成為發達資本主義國家的政策選擇，消費主義和享樂主義作為企業和商業借助廣告等促銷手段而操縱和宣傳的意識形態，成為西方發達國家消費生活中的主流價值和規範。消費主義簡單地說就是把消費作為人生的根本目的和體現人生價值的根本尺度，並把消費更多的物質資料和佔有更多的社會財富作為人生成功的標籤和幸福的符號，從而在實際生活中採取無所顧忌和毫無節制的消耗物質財富和自然資源，以追求新、奇、特的消費行為來炫耀自己的身分和社會地位，持有「生存即消費」的人生哲學和生存方式。消費主義不僅僅是一種消費觀念，而且成了一種生活方式。永無止境的貪婪和慾望就是其實質。凱恩斯認為，消費主義描述了這樣一種社會，其中許多人

在一定的程度上把獲取物品當作生活的目標，而這些物品的獲取不是出於人們生活的必需，也不是為了傳統的展示需要，而是為了獲取他們的某種身分認同。

霍爾克認為，現代消費主義的特點體現在三個方面：第一，慾望的形成超越了「必需」的水準；第二，慾望具有無限性；第三，人們產生了對新產品的無盡渴望。貝爾克認為，消費文化（或消費主義）指的是這樣一種文化，其中大部分消費者強烈地渴望（相當一部分人則追求、獲取和展示）物品和服務，這些物品和服務則是因其非功用性理由而被看重的，如地位獲取、挑起妒忌和尋求新奇。格羅瑙則認為，現代消費是由對快樂的慾望所引起的，現代消費者本質上是一個享樂主義者。

目前，中國社科院對 50 個案例的調查分析顯示，在京津兩地關於居民日常消費生活中，具有消費主義傾向的人占 77%。超前消費、浪費性消費、炫耀性消費等，成為一些人的價值觀念和生活方式。中國的消費方式出現由「生存型」向「奢侈型」的變化。

第二節　消費主義的危害及成因

一、消費主義的危害

當代社會，工業文明高度發達，物質產品極大豐富，由此也助長了消費主義在人類社會中的盛行。炫耀消費、奢侈消費、超前消費、一次性消費等成了這個時代消費主義的突出表現形式。消費主義通過控制人的文化心理結構，無孔不入地進入人的生活世界，腐蝕著人的精神與靈魂，破壞著人類生存發展的自然根基，造成了人與自然，人與人、人與自身的對立和衝突，導致了人的物質生活與精神生活的分裂。總的來說，消費主義的危害主要體現在人與自然、人與人和人與自身三大對立關係之中。

（一）破壞人與自然的和諧

工業文明在不斷滿足人們物質需求的同時，也不斷強化著人類以自我為中心的人生觀和價值觀。人類中心主義片面強調人的主體性。在這種價值觀支配下的生產觀念與消費觀念也進一步發生扭曲，認為自然就是一種被徵服之物，採取徵服的態度使自然滿足自己的需要，並憑借自身科學技術的力量，開始大規模無節制地向自然進行索取，極大地忽略了自然本身存在的價值。生產主義與消費主義奴役自然界的態度、無止境索取自然界的做法，破壞了人與自然的和諧共生，阻礙了人類社會的可持續發展。這主要表現在以下兩個方面。

1. 不可再生資源日益減少

據統計，整個 20 世紀，人類消耗了 1,420 億噸石油、2,650 億噸鐵、7.6 億噸鋁、4.8 億噸銅。占世界人口 15% 的工業發達國家，消費了世界 56% 的石油和 60% 以上的天然氣、50% 以上的重要礦產資源，全球各國各民族之間出現嚴重的不平衡。根據世界能

源理事會的一項預測表明，按傳統的消耗量計算，全球石化類燃料的開採期，石油至多為 50 年，天然氣至多為 70 年，儲量豐富的煤炭資源也只有 230 年。能源和礦產資源是不可再生資源，短缺現象現在已經突現。在消費主義最為盛行的美國，其人口只占世界人口的 7%，卻消耗著世界上 35% 的資源。目前，世界範圍內日益加劇的資源和能源危機，就是不可再生資源日益減少的體現。

2. 環境、生態和氣候問題日益嚴重

人們在享受高度發達的物質文明帶來滿足感的同時，也嘗到了其帶來的環境污染的苦果。滿足與創造人類需求的物質產品的生產及消費需要大量的資源作為原料投入，如大量石化能源、礦產資源等。大量能源和資源的消耗與轉化，導致環境遭到嚴重污染，主要包括大氣污染、水體污染和海洋污染。大氣污染造成溫室效應、酸雨和臭氧層破壞。大氣中二氧化碳含量逐漸上升，每年大約上升 1.8 毫升/升（0.4%）。到目前為止，已經上升近 360 毫升/升。20 世紀 80 年代後期，氟利昂的產量達到 144 萬噸，在對其實行控制前，全世界向大氣中排放的氟利昂已達 20,000 萬噸，它們在大氣中的平均壽命達數百年之久。

1952 年 12 月 5 日至 8 日，素有「霧都」之稱的英國倫敦，突然有許多人患了呼吸系統疾病，並有 4,000 多人相繼死亡。此後兩個月內，又有 8,000 多人死亡。導致這次大氣嚴重污染事故的直接原因是：大氣中塵粒濃度高達 4.46 毫克/立方米，是平時的 10 倍；二氧化硫濃度高達 1.34 毫克/立方米，是平時的 6 倍。再如 20 世紀 50 年代，日本三井金屬礦業公司在富山平原的神通川上游開設煉鋅廠，該廠排入神通川的廢水中含有金屬鎘，這種含鎘的水又被用來灌溉農田，使稻米含鎘，人們因食用含鎘的大米和飲用含鎘的水而中毒，全身疼痛，故稱「骨痛症」。可見，人與自然之間和諧關係的破壞，帶給人類的是災難。

生產者除了滿足消費者基本需求之外，自行「製造需求」。在一定程度上，生產者的獲利是以環境惡化、資源匱乏為代價的。獲利是可以被立刻感知的，但是對環境與資源帶來的不良後果具有漸進性和累積性。這就使得人們不易認識到其嚴重後果，即使認識到也因為大多是公共產品，所以存在僥幸心理，認為與自己無直接關係。因而要改變消費主義的認識很難。弗洛姆指出，資本主義的生產動機並不是在於社會的利益，也不在於提高勞動社會水準，而僅僅在於投資得到利潤，產品是否對顧客有用，這不是資本家關心的東西。

消費主義的盛行加劇了生態危機。聯合國環境署在《可持續消費的政策因素》報告中提出，提供服務以及相關的產品以滿足人類的基本需求，提高生活質量，同時使自然資源和有毒材料的使用量最少，使服務或產品生命週期中產生的廢物和污染物最少，從而不危及後代需求。美國生態學家布朗先生認為，如果有朝一日中國的每個家庭都擁有一部甚至兩部汽車，那麼中國每天將需要 8,000 萬桶石油，而目前世界每日產量才為 7,400 萬桶。同時，會有更多廢氣排放到空氣中，溫室效應嚴重危害人類。從全球變暖到物種滅絕，我們消費者應對地球的不幸承擔巨大的責任。然而，我們的消費方式卻很

少受到那些關心地球命運的人們的注意，他們注意的是環境惡化的其他因素。消費是在全球環境平衡中被忽略的一個量度。為了獲得農業的高產，給農產品大量施加農藥化肥，給自然環境和人類今後的生活帶來嚴重隱患。中國的自然資源總量是豐富的，但是人均佔有量有些還不到世界平均水準的一半，如果再繼續過度使用資源，不合理利用，專家預計在 40 年內不可再生資源會全部用盡。

(二) 破壞人與人之間的和諧

工業文明把人類帶入了以市場競爭、物的依附和資本支持為特徵的社會，這對促進生產力的高速發展起到積極作用，但也帶來了自身難以克服的深刻危機。市場的自由競爭把生物界盛行的優勝劣汰、弱肉強食的叢林法則引入人類社會，加劇著貧富之間的兩極分化。

首先，馬克思主義創始人一直堅持認為，擁有生產和勞動資料，是每個人在勞動中感到幸福、展現潛能的根本條件。在這種條件下，人類活動的自主性才能得到充分發展，才顯示出它的全部力量，才獲得適當的典型的表現形式。剝削制度之所以造成人與人之間的對抗，源於被剝削者喪失了生產資料，不得不依附於剝削者。消費主義對資源、環境、生態和其後的破壞，使人類喪失了許多生產資料，資源短缺所引起的爭奪生產資料的鬥爭，必然導致人與人之間的關係更加緊張。

其次，消費主義並不是在所有人普遍富裕的情況下產生的。由於貧富差距的存在，即使在消費主義橫行的地方，人群中也存在著三個消費世界。第一個消費世界人們的奢侈炫耀與第三個消費世界人們的儉約羞澀形成強烈對比，夾在中間的第二個消費世界的人們，儘管無溫飽之憂，間或也能奢侈一把、瀟灑一下，但許多正當慾望卻難以滿足。經濟支付能力的差異必然導致商品消費的差距，這是不爭的事實。富裕群體的高消費和炫耀性消費，必然使社會弱勢群體產生強烈的失落感，甚至產生對社會的不滿、對富人的仇視。結果，窮人會因擁有太少而憂慮重重，富人也會因擁有太多而惴惴不安，社會衝突就在所難免。

再次，消費主義籠罩下的人際關係是「以物的依賴性為基礎的人的獨立性」的一種表現。物的依賴性使人們把目光投向一切具有交換價值的東西，造成人際關係的物化。消費主義將人的物慾、性慾和權慾與消費聯繫起來，不僅使一般物品而且連人的身體都成了消費品。消費主義所激發的消費熱情，加劇了社會的功利性，加劇了人際關係的物化。在消費的壓力下，為了得到更多的經濟收入來購買消費品，多數人已經很難有時間和精力，與他人進行推心置腹的溝通。人與人之間真誠、淳樸的交往，越來越難以為繼，交往中的物質附加成分越來越多，離開物的仲介和支撐，人們已找不到其他方式來維護脆弱的人際關係。總之，在消費主義的腐蝕下，人與人的聯繫變成了物與物的聯繫，物的內容變成了人際關係的主要內容，人們很難擺脫物的束縛，建立起真正有意義的社會關係，人與人之間的感情淡漠已成為必然。

此外，消費主義的彌漫加重了社會財富分配的不合理。消費主義帶動了所有人的奢侈消費需求，廠家拼命生產奢侈品來滿足需要，忽略了廉價品的生產。根據義大利經濟

學家帕累托的「二八原理」推知,人群中只有20%的富人,他們卻消費了80%的市場份額商品。當然所有商家都不會忽視這20%人群的消費能力,要獲得高利潤、高回報,自然是多為富人服務。這就導致資源大量集中在奢侈品生產上,但同時,80%的窮人即使有消費奢侈品的慾望,卻沒有這個能力,剩下的低檔品由於數量有限也使得價格高於價值,給窮人沉重的負擔,更加大了貧富差距,影響社會安定和經濟可持續發展。

最後,在消費主義的支配下,人們必然只關心自己的消費,強調提高當下生活水準,注重個人慾望的滿足。鮑德里亞惟妙惟肖地刻畫了在消費主義支配下西方社會圍繞「身體」所進行的消費。人們給它套上的衛生保健學、營養學、醫療學的光環,時時縈繞心頭對青春、美貌、陽剛/陰柔之氣的追求,以及附帶的護理、飲食制度、健身實踐和包裹它的快感神話——今天的一切都證明身體變成了救贖物品,在這一心理和意識形態功能中,它徹底取代了靈魂。為了通過消費來滿足自己的慾望,人們以自我為中心,忙於賺錢,忙於購買那些能夠提高自己身分的物品,就必然削弱對社會公共事務和他人的關心,也不會有興趣去考慮什麼人口、資源、環境、生態和氣候問題,整合個人利益和公共利益變得非常困難。

(三) 破壞人自身的身心和諧

消費主義危害人本身,既不利於人身體健康,也導致人精神境界的降低。一方面,消費主義過度地消耗物質財富不利於人的健康生存。人作為一個生命機體,其基本生存需要是一個相對不變的常數,但由於人均消費的物質財富的數量急遽增加,必然導致人的生活方式與生命機能的衝突,從而引起各種生理疾病。現代社會的許多疾病(特別是所謂的「富裕病」)都與現代人的所謂「生活水準提高」有關。消費者為他的豐富的飲食所支付的代價是心臟病、腦血栓,以及胸腺癌和腸癌的高死亡率。另一方面,消費主義崇尚物質消費,使人陷入了在異化消費中認識不到自己真正需求的境地。消費主義忽視乃至取消人們更多的非物質性(安全的、情感的、尊嚴的、審美的和自我實現的,等等),使人類本質上的多維性被簡化為對物質的佔有和消費這一單維性。物是人創造的,但在消費社會裡,物包圍人、困擾人,使人成了消費物品的機器,人被「物化」。片面追求物質消費的結果,必然導致整個社會畸形發展(高度的物質文明和相對低下的精神狀態同時存在),突出表現在人們的幸福感降低、進取心減弱、精神頹廢甚至道德墮落。可見,人的需求如果長期停留在物質享受層次上,不但會破壞自然環境,而且最終也將摧毀人類自己。

有學者指出,消費主義實際上是一種消費異化,人們為滿足生存需求而進行消費的原始動機,逐漸被淡化,取而代之的是追求奢侈消費、超前消費,把消費當作炫耀的資本。這種消費方式,導致了生產者不是為了滿足人們實際需要來生產,而是滿足被市場製造的「虛假需求」。因此,從某種意義上來講,也造成了「生產異化」,生產盲目性增加,供求脫節更加嚴重。最終,人們也會因為失去消費的真正意義,或者能夠叫作「人的異化」了。當消費主義左右人們的消費觀念時,勞動者們要承受更多的信仰缺失和精神壓力大。因為此時,他們不僅僅是生產的機器,還成為消費的機器。參加生產不

只為了滿足再生產勞動力的需要，還必須更賣力地加班加點，用努力賺回的錢去滿足被刺激起來的消費，儘管這種消費是無益於自身但對資本升值是有益的消費。這對於勞動者來說，無疑是雪上加霜。此外，消費主義倡導的奢侈浪費之風，嚴重侵蝕著人們的精神生活，按照馬斯洛的需要層次理論，當人們的基本生理需求滿足之後，自然要求更高層次的精神生活，可是在消費主義的影響下，多數人只能是通過物質消費的方式獲得相應的精神刺激，這種精神刺激只能在意識層面上滿足對精神追求的慾望，帶來的卻是精神的極度空虛，人們這種精神狀態只會給社會帶來不安定因素。

消費主義在中國的危害可能更為巨大，這是由中國的自然資源和生態環境狀況決定的。從自然資源的總體水準來看，與世界各國相比較，中國資源總量多，但人均佔有量少。根據中國科學院國情分析研究小組發布的各國自然資源綜合排序結果，中國在144個國家中排第8位，而綜合資源負擔系數（中國自然資源所負擔人口數量與世界平均值比較）為3，即中國資源負擔的人口數為世界平均水準的3倍。中國主要自然資源的人均數量在144個國家中的排序為：土地資源在110位以後、耕地資源在126位以後、草地資源在76位以後、森林資源在107位以後、淡水資源在55位以後、95種礦產潛在資源價值在80位以後。從生態環境狀況來看，種種原因使得中國的環境承載力在有的地區、有的方面已達到了極限甚至超過了極限。突出表現在：水土流失面積有增無減、沙化面積擴展、內河污染與斷流日趨嚴重、酸雨污染越來越嚴重、海洋環境尤其是沿岸海域富營養化加重，等等。

二、消費主義的成因

（一）經濟因素

第二次世界大戰後，資本主義國家的經濟有了迅速增長，由此使社會財富大量增加。這使許多人都以為，社會財富取之不盡，用之不竭。於是，一種主張人們可以任意佔有和消耗財富的消費主義思想便產生了，並得到社會大眾的認同，產生了日益廣泛的社會影響。改革開放以來，中國經濟建設取得巨大成就。有相當一部分人成為改革的直接受益者，腰包鼓了起來，這成為消費主義在中國流行開來的物質基礎。

（二）政策因素

隨著凱恩斯主義成為資本主義國家制定經濟政策的指導思想和理論依據，鼓勵和刺激消費的經濟政策就相繼出抬。有了來自國家政策的鼓勵和推動，消費主義就有了更為適宜生存發展的環境和土壤。在中國，為拉動內需，也一度有刺激消費的政策出抬。在具體執行過程中，有些政策被誤讀為消費主義甚至浪費的依據。

（三）市場因素

銷售分析家維克特・勒博宣稱，我們龐大而多產的經濟，要求我們使消費成為我們的生活方式，要求我們把購買和使用貨物變成一種「宗教儀式」，要求我們從中尋找我們的精神滿足和自我滿足。我們需要消費東西，用前所未有的速度去燒掉、穿壞、更換或扔掉。許多人對勒博的號召做出了反應。我們可以以一組數據來說明這個問題。2004

年，中國國內市場手機換機週期是 18 個月，而 2005 年 5 月份的調查顯示，該週期已經縮短到 1 年。

（四）西方哲學思想因素

消費主義的滋生蔓延，還與西方哲學思想有密切聯繫。在西方哲學看來，人是一種真正的「理性動物」，人類的使命就是以其體力和智力瞭解世界，進而徵服和控制世界，成為自然萬物的主宰，並使其為人類服務。這種哲學思想，不是把人類與自然的關係看作是一種和睦相處、互助互利的朋友關係，而是看作一種徵服與被徵服，剝奪與被剝奪的對立關係。表現在消費領域，它主張人類有權無限地佔有和揮霍物質財富，以最大限度地滿足人們的感官需求。所以，西方哲學思想是消費主義的理論基礎。有了這一指導思想，消費主義的產生與發展就是順理成章的了。

（五）社會心理因素

暴富者心態，消費中的身分認同，以及「我花故我在」的大眾文化心理，都進一步促進了消費主義的滋生和蔓延。丹尼爾·貝爾指出，資產階級社會與眾不同的特徵是，它所要滿足的不是需要，而是欲求，欲求超過了生理本能，進入心理層次，因而它是無限的要求。人們為了消費而消費，消費成了存在的理由。這種消費不同於以往之處在於，它不是受生物因素驅動的，也不純然由經濟決定的，而是更帶有社會、象徵和心理的意味，並且自身成為一種地位和身分的建構手段。

三、消費主義的特徵

（一）象徵性

在消費主義的情境下，消費的目的不僅是為了實際需要的滿足，而是不斷追求被製造出來、被刺激起來的慾望的滿足，使人們永無止境地追求高消費。消費主義要求人們不只是把消費看作日常生活的一個必要環節，而是要將其當作人生的根本意義之所在。消費主義試圖為現代社會的大眾生活提供終極意義，從這個角度上說，消費主義是一種價值觀或價值哲學，是一種滲透在當代社會制度、政策和生活時尚之中的價值哲學。在消費主義的影響與支配下，現代人的消費在很大程度上不是為了滿足自己的「自然生理需要」，而是為了表現自我價值的需要，從而使得不同人的自我價值實現程度可以通過所消費商品的檔次和品牌加以標示。

（二）符號化

就現代消費的特點來看，人們所消費的商品不但具有使用價值而且還具有符號象徵意義。它使現代消費由過去對商品的崇拜轉向了對商品形象和意義的崇拜，使人們愈來愈注重商品的精神價值和情感意義，並將其看作是自我表達和社會認同的主要形式。向社會各個領域滲透的消費主義日益獲得其正當性和合法性，成為一種新的社會統治方式。消費主義往往不直接表現為對現存經濟、政治合理性的辯護，而是以一種隱蔽的、非政治化的方式，以普遍的倫理、風尚或習俗的形式將個人發展、即時滿足、追逐變化、喜好創新等特定的價值觀念合理化為個人日常生活中的自由選擇。它在社會的各個

領域的滲透具有隱密性和非暴力性。

(三) 消費主義具有豐富的文化內涵

消費主義發揮作用的根本途徑是深入到人們的心理中，廠商或產品提供者通過不斷刺激人們的消費慾望從而控制人的思想和行為。作為一種文化現象，消費主義已經滲透到人們的思想意識中，體現在人的消費行為中。杜林指出，在美國，購物已經變成了一種首要的文化活動。美國人平均每週去一次購物中心，這比他們去教堂還要頻繁。美國人花在購物上的時間僅次於在看電視上花費的時間。可見，消費主義已成為人們普遍認同和進行的一種主流生活方式。其核心價值觀在於以消費符號化為根本特徵，把物質慾望的滿足等同於人的自我實現的消費價值觀和消費行為的統一。

消費主義不是一種社會制度，不能和資本主義畫等號。它是市場經濟高度發達的產物，也是幸福觀日益片面化的產物。市場經濟的根本信條是鼓勵資源的合理流動和合理配置、不斷創造和激發出消費者的現實需求與潛在需求。只有把包含消費者價值主張的產品賣出去，發財的願望才能實現。在生產力大規模迅速提高的情況下，拼命鼓勵消費是市場經濟保持繁榮的最優選擇。而日益片面的幸福觀則認為，幸福就是個人物質慾望的滿足，自由就是這種滿足不受干擾。在這種心理的驅使下，凡能力所及，人們就難免在購買和消費物質產品時，盡量講究奢侈，個別暴富者甚至可能會一擲千金。

同凱恩斯主義一樣，消費主義之所以在發達資本主義國家大行其道，是因為它符合資本主義預防和克服經濟危機的需要。不同的是，凱恩斯主義對經濟的干預是政府行為，採用的是「以生產性消費的擴大帶動生活性消費的擴大」的策略，直接目標是實現充分就業，維護社會穩定；消費主義對經濟的干預主要是市場行為，採用的是「以生活性消費的擴大帶動生產性消費擴大」的方法，目標是讓奢侈消費、時尚消費、超前消費進入人們的文化心理結構，成為自覺的行動。

第三節　生態消費的內涵及特徵

一、生態消費的內涵

當今人類社會面臨著人、環境、資源、經濟和社會發展失衡的嚴峻挑戰。面對這種挑戰，如何以滿足當代人消費需要為中心，而又不對後代人滿足其消費需要構成威脅和危害，就應該推崇新的消費方式——生態消費。

生態消費是一種生態化的消費模式，是指既符合物質社會生產力發展水準，又符合生態保護的發展水準，既能滿足人的消費需求而又不對生態環境造成危害的綠色化、生態化的消費模式。在一定意義上，生態消費也可以說是綠色消費。生態消費和綠色消費這兩個概念有許多相同之處但也有所不同。綠色消費是一種以「綠色、自然、和諧、健康」為宗旨的消費，但這種消費更多地考慮如何滿足當代人的消費需求，使之更加

和諧和健康。而生態消費在強調綠色、自然、環保、健康、生態與和諧消費的同時，更多考慮不危及滿足後代人的消費需要。綠色消費是生態消費的內涵所在，與綠色消費相比，生態消費更具前瞻性、全局性和戰略性，是站在更高層面、更加遙遠的未來來考慮人類當前的消費行為與未來生存狀態和生存方式。

二、生態消費的特徵

（一）適度消費

生態消費必須是適度消費。我們把經過理性選擇的、與一定的物質生產和生態生產相適應的消費規模與消費水準所決定的，並能充分保證一定生活質量的消費叫適度消費。適度消費是當代人類應該選擇也必須選擇的消費模式，唯有這種消費模式才能有利於人類的持續健康發展。

生態消費的「適度」原則可以從人與社會兩個層次來考察。在個體層次中，消費者應根據自己的收入水準量入而出。從社會層次上，基於一種宏觀的視角，可以通過相關方面來度量，如消費與累積的比例；消費與物價指數對比；消費水準的提高與國民收入增長速度的對比等。倪瑞華在《可持續發展的倫理精神》中對適度消費進行了描述：從資源和環境承載能力上，適度消費要求把資源和生態的邊界作為消費上限，個人消費水準應限制在這個邊界之內。如果一定社會正常消費標準下限既滿足消費者的基本生活需要其上限又沒有超過這個邊界，那麼這個標準就是適度的，相反，儘管一定社會在較高水準上滿足了消費者需要，但如果這個較高水準的消費標準超越了這個邊界損害了資源和環境承載能力，那麼即使個人的消費水準屬於這個社會的正常標準，這種消費也不屬於適度消費。因此，適度消費中的「適度」不是一個靜態的概念，而是歷史的、具體的、相對的，其具體水準和內容，是隨社會經濟的發展而逐步調整的。

（二）可持續性

可持續發展問題是人與自然的關係問題，即經濟增長方式問題，而經濟增長的出發點和基本動力則是消費。實現經濟社會的可持續發展必須轉換消費模式。生態消費既具有滿足人類不同代際間的消費需求與動能，也能夠實現人類的今天需求和明天的需求、現代人的需求和未來人的需求有機地結合在一起。可以說生態消費模式具有跨越時空的品質，本質上是一種可持續的消費模式。聯合國《世界自然資源保護大綱》指出，地球並不是祖先遺留給我們的，而是屬於我們的後代。聯合國的這一精神給人類一個清晰的認識，即給子孫後代留下一個良好的生存環境是我們必須承擔的道德責任。我們每一個人作為消費者不僅在思想上，更要在實踐上轉變過去那種過度的消費方式，摒棄高消費的願望和行為，減少對消費品的狂熱追求，減少對新奇物品的無比迷戀，並節制地使用能量，就可以減輕環境的壓力和環境的污染。現實生活需要一種能夠創造舒適的、非消費的、對人類可行的、對生物圈又沒有危害的，把技術變化和價值觀變革相結合的生活方式的導引。《21世紀議程》也強調，人類環境不斷惡化的主要原因是不可持續發展的生產方式和消費方式，要達到環境質量的改善和可持續發展目標，就要提高生產效率

和改變消費模式。這些原則就要求人類在可持續性的範圍內確定自己的消耗標準，把資源視為財富，而不是把資源視為獲得財富的手段。生態消費所追求的可持續發展目標就是時間、空間的公平，就是為了實現人與自然協同共進。唯有如此，才能實現人類經濟和社會的可持續性發展。

（三）全面性

生態消費的全面性是指一種包含人的多方面消費行為的消費模式，或者說這種消費模式能滿足人的多方面的需求，如物質功能性需求、精神需求、政治需求、生態需求等。具體來講，生態消費的全面性表現為人們的需求具有多樣性、多角度的特徵。從橫向來看，包括物質消費、精神消費、政治消費、自我消費等；從縱向來看，包括低級消費、中級消費、高級消費等。這說明生態消費的全面性是一種綜合多種因素，考慮各方面需求，著眼於人類永續性發展的大消費觀。

（四）精神性

生態消費也是一種精神消費，在消費中突出人的精神心理方面的需要，這與傳統的高消費所一味追求人的物質方面的滿足有明顯的區別。人是生態環境和生態系統的組成部分，不能獨立於生態系統之外，其繁衍和生存均要受到生態系統的制約，這決定了生態性是人類的基本屬性之一，這種基本屬性體現在人類對綠色環保產品的消費需求中。生態需求和其他需求一樣，都是通過對產品的消費來滿足，生態需要是通過對生態產品的消費實現滿足，其消費的生態性本質上就是維繫人類自身、人與人之間及人與生存環境之間的平衡。生態需要是人類內在的、自發的一種需要，這種需要的持續滿足需要人類積極地參與生態消費的活動、維護人與自然的和諧才能實現。

（五）生態理智性

生態消費是一種理智型消費模式，在消費過程中強調滿足人的精神需求，節制人類的無限慾望，在消費過程中充分認識到資源耗費的有限性與人類慾望的無限性，主動尋求兩者的結合點來支配人類的消費行為。人類的需要不僅包括物質需求、精神需求還包括生態需求。生態需求不能滿足，人類的其他需求也將難以為繼。因此，人類消費的生態理智性選擇模式成為當代及今後人類社會持續發展的必然。人類的生態理智性消費模式存在一個重要的前提假設，即假定人是「生態人」，而非「經濟人」。經濟人假設下認為，人容易受短期利益的驅使而忽視長遠利益，以追求自身利益最大化為行為的出發點和歸宿，在此種人性假設前提下，往往造成消費中的非理智行為，如及時享樂、選購高能耗的交通工具等，因而往往難以考慮子孫後代的生存利益問題。而生態人假設的提出者徐篙齡先生則認為，當代嚴峻的環境問題，其實質都是生態問題。生態可解讀為生命的存在狀態。因此，生態人假設了人們能正確認識人類在生態譜系中的位置和作用，以及在維護自然與人文生態中應該承擔的責任和義務，並在社會實踐、生活實踐、工作實踐以及消費實踐中能夠遵循生態學規律，自覺協調人與自然之間的關係。這就把人的社會責任擴展為對人類社會和整個自然界的全部責任，人類的社會責任內涵又增添了新的內容——生態責任。這不僅因為人是自然生態系統中的成員，更為重要的是作為生物

界具有較高能力的物種，人應該擔負起保護自然生態系統中各種因素和諧發展的責任，這種責任的履行對於自然和人類自身的發展都是十分有益的。這種觀點已經成為世界許多國家政府施政的基本理論之一，同時也開始成為生態消費者行為理論的重要構成部分。

第四節　生態消費的意義

一、有利於提高人們的生活質量　促進人的身心健康和全面發展

生態環境是人類生存和發展的根基。優美的生態環境使人們充分享受大自然豐厚賜予和過著幸福生活，提高消費水準和質量，促進人的健康和全面發展；惡劣的工作和生活環境是對人的安全和身體健康的摧殘。如果一個國家和地區自然再生能力遭到破壞，必然導致自然再生過程所提供的資源數量減少，質量下降，嚴重影響著人們的生存和發展。在人類歷史上，無論是美索不達米亞平原上的巴比倫文明，還是地中海地區的米諾文明，巴勒斯坦「希望」之鄉的相繼衰弱和消亡，也不論是1998年中國長江流域的特大洪水，還是2004年歲末的印度洋海嘯災難，都是生態環境惡化導致的可悲後果。生態惡化不僅使人類付出了巨大的經濟代價，而且衝擊了人們正常的生活秩序。馬克思主義認為，人本身是自然界的產物，是自然的一部分，人靠自然生活，同自然共生共長。正如恩格斯所說：「我們連同我們的肉、血和頭腦都是屬於自然界，存在於自然界。人類要認識到自身和自然界的一體性，人的生存發展離不開自然界，人的精神生活的充實和物質生活的滿足皆以自然為基礎。」因此，人的消費需求，不僅包括物質消費需求和精神文化消費需求，還包括生態消費需求。滿足人的生態需求，對於人的生存和發展、對於全面滿足人的消費需求，具有極為重要的意義。而要實現人的發展的基本要求，就必須保護並培育優美的生態環境，不斷提升人的生態消費力，因為只有生態消費力提高了，人的生態觀念牢固樹立了，才能促進生態環境的改善，滿足人們更高的生態需要。而只有更高的生態需要得到滿足，才能使人們享受生態之美，促進人的身心健康和全面發展。中國古代先哲論述了優美的生態環境對人的作用。例如，《禮記・禮運》中提出：「故聖人作則，必以天地為本，以陰陽為端，以四時為柄，以日星為紀，月以為量。」用現代的話說，就是強調保護生態環境、弘揚生態文化，只有順天應時方能實現文明昌盛。孔子提出：「知者樂水，仁者樂山……知者樂，仁者壽。」在他眼中，善於享受生態文化之樂的人是「智者」「仁者」，能夠快樂長壽。

二、有利於社會經濟協調發展　促進社會全面進步

當代社會，生產決定消費，消費引導生產。生產理念、生產方式、生產結構的變化受消費理念、消費行為、消費結構的變化的影響。生態消費可以促進可持續生產方式，

二者互為因果，相輔相成。沒有生產就沒有消費，沒有消費也就沒有生產。生態消費方式是指健康、科學、文明、享受有度、資源節約型的消費方式。生態消費品的特徵是綠色、安全、健康、耐用、可回收、可循環利用，不污染環境。在這種消費體系中，人們不再以奢侈浪費、追求時髦為榮，人們將更多地追求更高層次的非物質的滿足。這種高層次的非物質滿足的內涵實際上就是人消費方式中對生態的需求。高層次的生態需求實際上是對生態平衡和生態美的渴望，這種渴望越是強烈，就越是能夠提升人的生態消費力。生態消費力具有很大的滲透作用，生態消費力的發展，能促進物質消費力、精神消費力的發展。三大消費力的提升，就能促進物質文化、精神文化、生態文化的發展。而節約環保的生態文化滲透於物質文化、精神文化之中，能夠極大地促進物質文明、精神文明的發展。因此，提高生態消費力，發展生態文化消費及其產業，有利於提高社會文明水準，構建和諧發展社會，從而促進社會全面進步。

三、有利於促進生態文明的形成

生態文明是對於物質文明、精神文明和政治文明而言的，它是以生態產業為主要特徵的文明形態。生態文明要求人們有較高的環保意識，強調可持續發展模式，需要建立更加公正合理的社會制度。以高投入、高能耗、高消費為特徵的傳統工業文明本身就是生態危機產生的根源。要解決這些危機，人類社會必須尋找一條新的發展道路，改變目前高消耗、高污染的生產方式，形成新型的生態產業，改變不平等分配消費關係，形成理性的公平消費關係；改變物質性的無限膨脹、人的物質慾望過度的消費生活方式。這就是由工業文明向生態文明轉型。馬克思主義認為，生產消費觀念影響人的消費行為，在美國、德國、義大利和荷蘭分別有77%、82%、94%、67%消費者購買商品時考慮環境問題。中國生態消費雖然起步晚，但隨著環境保護宣傳深入人心，購買環保消費品的人越來越多，預示著生態消費從利己型商品向公益型綠色商品推廣的趨勢，生態消費層次正處在以食品等基本生活資料為主的起步階段，消費者選擇生態消費的動機有的是從整體利益考慮，為了保護自身安全和健康；有的從承擔社會責任角度考慮，皆在保護生態環境。因此，生態消費理念必然會影響到生產領域，為了滿足消費者的生態需求，企業必須改變傳統的「高投入—低產出—高污染」的生產模式，生產可回收的不污染、省能源的產品，使得有害人體健康和破壞生態環境的產品逐漸退出市場，減少資源消耗和環境污染，推動資源優化配置，以利於建立和諧統一發展的生態文明觀念。

第五節　生態消費模式及其構建

一、生態消費模式

（一）消費模式

經濟學將以消費主權和消費者利益的實現為中心的消費決策體系、消費調節體系、

消費方式、消費結構和消費者組織的總和歸結為消費模式。可見，消費模式是一個十分寬泛的概念。

對於消費模式的理解，國內的學者有不同的認識，主要有以下幾種觀點：

第一種觀點認為：消費格局就是消費模式。《中國人口的可持續發展》對消費模式是這樣概括的，消費觀念是指政府、家庭、個人在利用資源、產品和服務進行消費時所持的態度和觀念，由這種態度和觀念所形成的消費格局，就是消費模式。合理的消費模式推進可持續發展，反之，則構成不可持續的發展。

第二種觀點認為：所謂消費模式，是指一定時期消費的主要特徵，包括消費內容、消費結構、消費方式、消費趨勢以及消費其他方面的主要特徵。

第三種觀點認為：所謂消費模式，就是消費收入、消費水準、消費結構和消費方式的總和。

第四種觀點認為：消費模式就是消費體制，消費模式是消費體制中最重要、最根本的部分，是消費體制的骨架、基本規定性和主要原則。

第五種觀點認為：消費模式是指在一定的生產力發展水準和特定生產關係，以及與其相適應的上層建築的作用和制約下形成的人們消費活動的基本規範。

第六種觀點認為：消費模式是指在一定生產力和生產關係下人們的消費行為的程式、規範和質的規定性。

我們認為第六種觀點較好地表達了消費模式的內涵，具體體現在：第一，此內涵綜合地反應了消費領域的主要經濟關係和消費活動的基本內容；第二，反應了消費領域的內在規律性及消費行為的發展趨勢和引導方向；第三，體現出國家在消費活動過程中的重要性，我們認為消費模式的內涵應該把國家對消費的基本政策和方針包含在內。

(二) 生態消費模式的內涵

結合前面對生態消費的分析，我們認為生態消費模式可以概括為：以可持續發展為目的，遵循生態系演化規律而形成的特定的消費內容、水準、結構、方式和規範的消費系統。在理解生態消費模式內涵時必須把握以下幾點：

第一，倡導合理的、可持續性的消費行為。生態消費模式應該反應人們消費行為的正確方向，以有利於逐步引導消費，促成人們圍繞可持續發展的目標而進行消費行為選擇。

第二，揭示消費領域的內在規律，促進生態、經濟、社會的良性循環。因為生態消費模式通過反應消費的發展方向和趨勢，使人們的消費活動盡可能遵循消費領域、生態系統的客觀規律，正確處理消費與資源、環境、經濟、社會各方面的關係，從而促進經濟、社會、生態系統的良性循環和協調發展。

第三，體現出消費領域的主要規範，反應國家的消費政策。生態消費模式建立的消費規範，有利於建立科學、文明、健康的生活方式。

第四，體現發展原則。生態消費模式倡導的消費行為是一種既符合可持續發展目標又符合人類全面發展的消費行為。

(三) 生態消費模式的基本內容

綜合上述觀點，根據本書對生態消費模式的界定，生態消費模式的基本內容有以下幾點。

1. 適度的消費規模

消費規模指人均消費產品和服務的數量，它在決定社會總消費量上有與人口數量同等重要的地位。人類消費與動物消費的一個根本差別在於：動物基本只有食物需求，而人類不僅有食物需求，還有非食物需求。人類的非食物需求固然可以促使人類自身的體力智力得到發展，但由於非食物需求不受人類生理條件限制，可以無限制地提高和增加，這就必然對資源的消耗形成巨大的壓力。因而，從生態消費的角度就必須對消費的規模進行控制，以一種自覺調控、規模適度的消費模式取代目前盲目發展、無限膨脹的消費模式。適度的消費規模是生態消費模式的內容之一。

生態消費模式所要求的「適度」，主要包括以下三個方面：

（1）消費數量要適應生產力發展水準。生產決定消費，在生產量既定的前提下，消費必然受當時生產水準的制約，從而消費規模必須同消費品的生產相適應。消費量不能明顯超出消費品的生產水準以及當時的經濟技術發展水準。因為在資源的硬約束下，現行的生產規模是既定的，它不可能隨著當時消費規模的任意膨脹而擴大，否則，必然導致超前消費，同時消費量也不能明顯低於消費品的生產量。這是因為生產不僅受資源或供給的約束，而且還受需求的約束。假如消費規模過小，或者出現生產過剩，都會造成資源的浪費。

（2）以滿足人類生存、發展的需要為基準，「度」的界限應劃定在滿足生活需要範圍之內而不是過度的欲求，避免浪費性的消費。

（3）以自然生態正常演化為限度，與現有的自然資源條件相適應，把消費規模控制在地球承載能力所允許的範圍內，不突破生態平衡所要求質的極限。這種限度首先要求不破壞地球上的基本生態過程和生命維持系統，保護生物及其遺傳因素的多樣性，從而保證自然資源和生態系統的持續利用，維護基本生態過程，保持生物圈穩定機制，保持生態系統的整體平衡。同時，這種限度還要求消費的增長速度以不超出生態潛力的增長為限。英國著名經濟學家舒馬赫指出：「人的需要無窮盡，而無窮盡只能在精神王國裡實現，在物質王國裡永遠不能實現。」在使用資源的同時，不斷對資源的消耗予以補償，維持資源使用和保護之間的平衡，防止生態潛力的喪失。

2. 合理的消費結構

消費結構是指消費者對不同的消費資料的消費所構成的比例和組合關係。消費結構不合理主要表現在：享受型、攀比型、形式化的消費在消費結構中所占比重過大，而有利於自然生態演化規律和社會成員身心健康和全面發展的生態消費品消費和精神文化消費，在整個消費結構中所占比例仍然過小。

生態消費所強調的合理結構是指：

（1）在整個消費結構中增大低資源消耗型消費的比例。要以服務業、旅遊業、精

神文化和保健體育等為主要消費內容和層次的消費所占比重逐漸提高，而以資源為原材料的物質消費所占比重逐步下降。不同的消費內容，對資源和環境的影響力也不同。以精神消費為主的消費方式不僅能表現消費結構層次的提升，反應消費者的精神狀態、科學文化素質以及整個社會風貌的變化，而且體現出以生態效率為準則，減少利用各種生態資源的實質內涵，逐步形成以資源使用和廢物產出達到最少化的消費品和服務為主體的低資源消耗的消費結構。

（2）在物質消費中逐步降低非必需品的消費，增大高技術含量消費比例，即提高電信、網路、信息、諮詢和管理等服務消費的比重。引導人類消費結構由生存型向發展型、質量型的轉變，促進以高技術含量的消費品消費為主導的消費平臺快速形成。這既標誌著消費結構由低層次向高層次演進，也體現著消費水準的進一步提高。從而可以真正建立起一個低消耗、少污染、高質量、高技術含量的生活消費體系，把對環境和社會有害的消費控制在最低限度，使整體消費水準與經濟、社會的發展相適應，消費結構趨於平衡及合理。

3. 公平的消費原則

生態消費模式是遵循經濟系統和生態系統規律而形成的一種規範的消費模式，所以生態消費模式所強調的公平原則不僅僅是人與人之間的公平，還包括人與自然之間的公平。從生態系統角度來看，各種自然資源是歸屬於生態系統的，生態系統中的每一個組成體都有均等的資源享受權利。生態環境、自然資源是生態系統中所有生物共存的物質基礎。公平消費不僅要求同代人之間消費要公平，每個人有權享有對環境資源生存與發展的消費權，無權浪費超越本人需要的生態環境資源。消費差距過大不但從社會學角度上說是不可持續的，因為它往往導致社會不穩定，從經濟學角度上說也是不可持續的，因為它會導致整個社會效率降低；而且從生態經濟角度上說也是不可持續的，因為實踐早已證明，「貧困是最大的污染者」。同時，生態消費也要求當代人在享有資源環境時，應該自覺地擔當起在不同代人之間進行合理分配與消費資源環境的責任，當代人無權剝奪後代人平等享有環境資源的消費權利。公平消費還應該體現在人與自然之間的平等公平，由於自然界的其他生物具有不以人的意志為轉移的權利和價值，地球上的所有生物，包括人和動植物，都享有能夠持續生存發展的權利。所以，人類在消費時不能以剝奪其他生物的生存為代價。

4. 科學、文明的消費行為

消費行為是消費者實際消費商品的過程，包括商品的購買行為和使用過程。隨著人們富裕程度的增加和生活水準的提高，不合理的消費模式引起的負效應，將給社會的持續發展造成隱患。生態學家奈斯曾指出：「我們對當今社會能否滿足諸如愛、安全和接近自然的權利這樣一些人類的基本需求提出疑問，在提出這種疑問的時候，也就是對我們社會的基本職能提出了質疑。」物質生活標準應該急遽下降，而生活質量，在滿足人深層的精神方面，應該保持或提高。生態消費模式就是要逐步消除傳統消費中的縱欲無度以及由此帶來的人類精神世界的空虛、生態平衡的破壞以及環境的污染，大力開展、

推行情趣高雅、文明的消費活動；同時還要用科學知識來指導、規範消費，使人的吃、穿、住、行既滿足科學、健康和幸福的要求，又滿足節約能源和保護環境的需求，使人們在消費中增強體質、智力與心理性格的全面發展，實現物質資料再生產和勞動力再生產與自然資源和生態環境相協調的可持續發展。這種消費行為完全符合生態學提出的格言：「手段簡單，目的豐富」。科學、文明的消費行為不僅符合自然的本性，符合保護生態的要求，同時也符合人的本性，符合人的需要，有助於可持續目標的實現。

5. 共同富裕的消費目標

生態消費模式追求的是貧富差距的最小化。當然這並不等於完全平均消費，而是每個人根據其收入水準、消費偏好等所產生的適度消費都能得到基本滿足，既可避免因富裕而引起的豪華、奢侈性的過度消費行為，又可防止因貧困所導致的消費不足現象，從而實現在創造更多的社會總福利時減少資源消耗，同時促進人類的全面進步，從根本上保證消費的可持續性。生態消費模式應該建立在效率優先和兼顧公平的分配制度基礎上，鼓勵一部分人和地區通過誠實勞動先富起來，通過一定的經濟手段縮小貧富之間的差距，面向公眾提供相對公平的商品和服務，有利於合理地開發利用資源和保護環境，有利於廣大社會成員的全面發展。所以，生態消費模式應該把消除貧困和建立社會保障制度作為實現可持續發展的重要方案。

6. 梯形的消費需求

與梯形消費相對應的是雷同消費。雷同化的生活方式造成人們的消費需求無彈性。當新產品剛剛問世時，由於性能新穎但價格偏高而無人問津，形成市場無需求的表面現象，使新產品發展緩慢。而一旦大家認識到該產品的性能並具有購買能力時，趨眾心理又驅使眾人不顧個人經濟條件和實際需要爭相搶購該產品，市場上的這種搶購風使廠家誤認為市場存在巨大的購買潛力，於是就紛紛投產上馬，大批量生產，而此時，居民消費已呈飽和狀態，只能導致產品積壓，造成極大的浪費。同時，由於消費對象集中於某些產品，使得本來稀缺性資源面臨更加嚴重的壓力，是不利於資源持續利用的。生態消費模式體現出來的梯形消費需求就是引導不同消費者根據自己收入高低，自己消費需求的不同，分層次地形成不同的消費行為，即使是同一收入檔次的消費者也要根據自己的愛好，採取符合個性的消費行為，充分體現出生態消費模式強調的滿足人類的基本需求，而不是無止境的消費慾望，從而緩解人類的消費對自然資源的壓力。

（四）生態消費模式與傳統消費模式的比較

從以上對生態消費模式內涵和特徵的基本分析，可以看出生態消費模式與以往的傳統消費模式的不同。

1. 中心不同

傳統消費模式是以滿足人的需求為中心的，不論這種需求是否合理、適度，是否超越生態系統的承載力。在傳統消費觀念下，人類為了滿足自己不斷膨脹的私慾，瘋狂地掠奪自然、破壞生態環境。同時還把人類消費後的廢棄物質拋棄到大自然中，使生態環境遭到嚴重的破壞。生態消費模式則是以滿足人類的基本需求為中心，以保護生態平衡

為宗旨。在生態消費的觀念下，人類在開發和利用自然資源時，對自己的行為自覺地加以約束和限制，與生態系統中的其他生物和平共處，互補共養，維持生態平衡。

2. 著眼點不同

傳統消費模式著眼點是眼前的代內公平，這種公平是以國家甚至群體為單位的。在這種公平觀念下，由於經濟發展水準的差異，人們生活水準的不同，人與人之間、國與國之間常常是不公平的。不僅如此，當代人為了滿足自己的眼前需要，大量地消耗有限的自然資源，造成了代際間的不公平，也剝奪了生態系統中其他生物生存的權利。生態消費模式的公平消費既包括人際消費公平，也包括國際消費公平，既有代內消費公平，也有代際消費公平，同時還強調人與其他生物之間的公平。雖然這些公平不是在短時間內能實現的，但卻是眼前利益與長遠利益、局部利益與整體利益的統一，是生態消費的基本準則。

3. 目標不同

傳統消費模式追求奢華，倡導多消費、高消費和超前消費，從而造成大量的浪費。在傳統消費觀念和消費模式下，消費水準的高低成為人們身分與地位的象徵。生態消費模式則崇尚自然、純樸、適度，主張滿足人的基本需求，倡導在現有的社會生產力水準下，在合理充分地利用現有資源的基礎上，使人們的需要得到最大限度的滿足。

4. 前提條件不同

傳統消費模式是在資源過度消耗，利用率較低的前提下進行的。而生態消費模式是在大量開發生態技術，充分利用資源、合理利用資源的條件下進行的，是一種綜合考慮環境影響、資源效率、消費者權利的消費模式。

5. 結果不同

傳統消費模式已經帶來了資源短缺、生態破壞、環境污染、生物多樣性銳減的惡果。生態消費模式則把生態平衡和環境保護放在首位，遵循生態經濟規律，在消費過程中實現「生態—經濟—社會」的協調發展。

二、生態消費模式影響因子分析

從社會經濟的角度來看，不同國家，或者同一國家的不同時期，不同民族，不同地區，其消費模式都有不同之處。那是什麼因素決定了它們的不同？也就是說其影響因素有哪些？這是在思考怎樣變革消費模式、實現可持續發展的必要前提。

影響消費模式的因子有很多，有生產方式的決定作用，還有上層建築、地理條件、風俗習慣、民族傳統對消費模式的影響。從可持續性的角度分析，聯合國環境署曾經組織專家進行研究，認為科學技術、價值觀念和制度因素對消費模式有十分重要的影響。我們從生態消費模式的角度認為影響生態消費模式的因子主要包括以下六種。

（一）人口因子

為了研究的方便並不至於引起讀者理解的困難，在概念上我們主要研究生態消費的狹義概念，即以研究人類的生態消費為主，所以人口問題應該是研究生態消費影響因子

的一個重要內容。從理論上分析，人類對地球的影響既取決於人口的多少，也取決人均使用或消費能源的多少。一方面，即使人口總量得到控制，但如果消費模式沒有可持續性，則總的消費結果是不可持續的；另一方面，即使消費模式是可持續的，但由於人口總量的過度增長，其最後的消費結構仍是不可持續的。在人口因子的分析中我們主要分析人口數量與素質對生態消費模式形成的影響。

1. 人口數量

人類消費是否具有可持續性，從整體上說取決於社會總消費。社會總消費取決於兩個因素，人口數量和消費水準。社會消費總量增長取決於人口數量增長或者是消費水準提高，或者是兩者都提高。人口數量的增長和消費水準的提高是以生態系統的承載力為限度的，當人口增長超過生態系統的承載力時，就會因生活資料、資源缺乏，對生態環境造成壓力。可持續發展源於環境保護，同時可持續發展的最終目的是人類的發展。人類通過消費直接或間接地與自然界有著這樣或那樣的聯繫。因此，許多學者提出了人類活動對環境影響的公式。

保羅‧埃里希和約翰‧霍爾郡在1972年提出了環境影響方程：

環境影響（Impact）＝人口（Population）×人均富裕程度（Affluence）×由謀求富裕水準的技術所造成的環境影響（Technology）

人口數量、經濟發展水準、技術是影響環境的三個重要因素。根據這個公式，可以得出這樣的結論：在其他條件不變的情況下，環境負效應或遭受到破壞的程度與人口數量成正比。

損害方程：

損害＝人口×人均經濟活動×每次經濟活動所使用的資源×每種資源的利用對環境的壓力及每種壓力的危害

這裡的損害是指降低了當代人和後代人的壽命和生活質量，它可能來源於環境狀況短期變化和環境資本的長期衰減。上述公式顯然表明人口與環境損害呈正變化關係。

通過對上述兩個環境影響公式的簡單分析，可以看出，人口總量的過度增長，對環境損害和污染會不斷增大。設想，在人口不斷增長的情況下，當代人為了滿足自身消費的需求，就不得不剝奪其他生物的生存權利以及後代人消費的權利，這樣會對生態和社會造成災難性的影響，是完全與生態消費模式背道而馳的。因此，實施生態消費模式的過程中，人類還必須自覺地控制人口數量的過度增長，從消費的源頭解決人類的消費行為給自然界帶來的壓力。

2. 人口素質

人口素質是指某一區域所有人的身體素質、科學文化素質和心理精神素質的總和。身體素質主要指健康的體魄、較高的智商以及抵抗疾病和自然災害的能力；科學文化素質指科學技術與勞動力的技能水準；心理精神素質主要指人們的公德心、進取性和奉獻精神。國外研究早就揭示，年輕、受過良好教育的人群比其他人群更關心環境。人口素質高，往往就意味著他們受教育水準越高，人們的消費層次越高，從而他們的資源節約

意識與環保意識就越強。文化程度越高，對環境問題的嚴重程度認識越深，危機感就越強；反之文化程度越低，則對環境問題越不敏感，越是感覺不到環境惡化的狀況。人口的素質，不僅直接影響到社會經濟的可持續發展，也直接影響到人們的生產與消費行為，直接影響到保護資源與保護環境。提高人口素質的最主要途徑就是加強教育，所以，在實施生態消費模式的過程中要充分發揮教育的作用，特別是要全方位的推行生態環保知識和生態消費知識的宣傳，促使人們形成自覺的生態消費意識，進而促使人們的消費行為發生轉變。

（二）自然資源因子

自然資源是經濟活動賴以存在和發展所必需的物質源泉，也是維持人類生存的基本要素。自然資源數量和質量的增加和減少，主要從兩個方面影響消費模式：一方面，自然資源通過供給關係與消費模式產生聯繫。人類的生存與發展依賴於消費資料的供應，消費資料（包括勞務）的供給深刻地影響著消費結構，進而影響消費模式的演進，而消費資料的生產又受自然資源供應的直接約束，即自然資源供給—消費資料—消費結構—消費模式。另一方面，自然資源通過稀缺性來影響消費模式。市場經濟條件下，在消費過程中，當消費者貨幣收入固定不變時，消費公式可以表示為 $P_1Q_1+P_2Q_2+P_3Q_3+\cdots+P_nQ_n=Y$。其中，$P$ 代表價格，Q 代表商品，1、2、3、…、n 代表不同類商品，Y 代表消費者的收入。從上式可以看出，當某種資源稀缺性由於消耗或破壞而得以增強時，其價格上漲，以該資源為生產資料的物品或勞務的價格也必然會上漲，就會產生收入效應和替代效應，無論收入效應還是替代效應的出現都會改變消費結構，從而影響消費模式。面對資源稀缺性的限制，生態消費模式的結構應該是降低以自然資源為原材料的消費品所占的比重，加大以精神消費為主的消費內容的比重，這種消費結構的變化既需要政府提供條件，也需要政府的全面地引導。

（三）生產力與生產關係因子

生產力是人類社會發展和進步最直接、最活躍的推動力，因此，具體的消費模式是建立在生產力發展水準和生產關係的成熟狀態基礎之上的。從歷史發展的角度來看，生產力的發展水準是決定消費模式的根本因素。生產、分配、交換、消費四者之中，生產是處於支配地位的要素，它決定著其他環節。因此，生產的總量和結構決定著消費的總量和結構。現代社會的消費模式不同於原始社會、奴隸社會和封建社會時期的消費模式，從根本上說是由於生產力水準不同引起的。由於生產關係直接決定著分配關係，從而決定消費。在不同的生產關係下，人們獲得的收入性質、方式、多寡不同，因而消費方式、消費內容都有所不同，也就形成了不同的消費模式。由於生產力與生產關係的落後導致了大量貧困地區、貧困人口的存在，這是全球消費模式由不可持續向可持續方向發展的主要障礙。貧困無可抗拒地導致了人們對生態環境和資源毀滅性、掠奪性的使用和開發，生態環境的惡化和資源的枯竭往往又導致進一步貧窮化，形成一種惡性循環。許多貧困地區陷入這種惡性循環之中，是很難實現消費模式向生態化的方向轉變的。由此可以看出，實施生態消費模式需要生產力的發展和生產關係的進步，這是實施生態消

費模式的客觀條件，經濟的可持續發展是生態消費模式的基礎。

（四）科學技術因子

在社會實踐中我們看到，科技進步是一把「雙刃劍」，在推動經濟發展的同時帶來了環境污染，但科技也提供給人類保護與治理環境的技術手段。在人們充分認識到科學技術的雙重性後，人類可以利用科學技術，實現科學技術生態化，這樣就能更好地維護生態平衡和生態環境，使科技進步成為生態消費需求的推動力。

科學技術對生態消費模式的影響表現在以下三方面：

一是促進生態消費技術的現代化，以信息技術為核心的高新技術使人們的消費手段全面現代化，人們利用科學技術可以不斷擴大人類勞動的對象和內容，從而解決人類面臨的資源和能源日益短缺的問題，通過尋找和開發新的資源和能源，不斷改變現有資源和能源的結構；利用科學技術，將能源和物質投入減少到最低限度，同時使生產過程中產生的副產品可以重新加以利用。

二是先進的科學技術可以代換對自然資源的消耗，有利於維護生態消費模式的正常運行。隨著技術和知識對自然資源及物質資本的替代，人類生存環境即自然生態系統受到的壓力將大大減輕。不僅如此，由於在生產過程中使用的自然資源的減少，生產過程中排放的廢棄物也將大大減少，自然生態系統淨化或消除這些廢棄物的壓力大大減輕。清潔生產技術的推行，也將進一步減少生產過程對環境的破壞。

三是促進生態消費的社會組織方式的現代化，即消費的社會化程度大幅提高，消費社會化程度和生產社會化程度達到同步發展。科學技術的發展，給人們生活方式、消費方式帶來了很大變化。特別是在知識經濟條件下，高科技迅猛發展並不斷滲透於消費領域，人們有了更廣闊、更豐富的生活空間，極大地改變了人們的消費方式、相互交往的方式，出現了新的「消費方式革命」，即由消費的非生態化發展向生態化發展轉變，從而促使生態消費模式更加成熟。

（五）制度因子

在現代市場經濟社會，制度是約束各種經濟活動使之規範有序經營的基礎，均衡的制度使公眾得到最多的利益和自由選擇的空間，有效的制度能給予公眾更好的激勵。因此，可以說制度提供了人類相互影響的框架，構建了人、社會、經濟、生態之間的行為、秩序的合作和競爭關係。制度具有減少人類社會活動成本的作用，凡能使制度供給主體獲得超過預期成本的收益，一項制度就會被創新。制度創新的一個重要內容是改變了傳統的人與自然的關係和人與人之間關係的認識，為可持續發展創造基本前提條件。政府和企業通過制度創新，有意識、有計劃地對消費者進行引導，使消費模式有利於可持續生產、可持續發展的實現。

其中，價格機制是引導生態化的消費模式以及消費者和生產者行為的重要因素。從環境和生態的角度來說，我們知道消費所付出的環境代價和資源代價有多大。以前的生產和消費，基本上是忽略了自然資源的價值，只考慮勞動力的成本、生產工具的成本、能源的成本，因此對自然資源的攫取和利用就沒有節制。特別是由於某些自然資源的價

格偏低，不能真實地反應出自然資源的價值和使用價值，更是忽略了生態系統提供的服務，導致了人們對自然資源過度開採以及生產和消費的不可持續性。這就要求價格制度必須進行改革，理順價格體系，使價格更真實更有效地反應出自然資源和生態環境的使用價值和生態價值。自然資源和生態環境的價格制定得合理，既有利於保護生態環境，又有利於促使消費者和生產者積極主動地推動生態消費模式的實施。

法律制度的作用首先在於保護和鼓勵守法公民，並引導他們採取正確的行為；其次在於規定違法行為的範圍。法律制度是保護資源、環境，促進可持續生產和消費模式的最有力手段，同時也是具有長期穩定生命力的國家制度，可以通過立法，規定大氣、水質、噪聲、固體廢物、有毒化學品和土地、漁業、生物多樣性等一系列環境保護和安全生產、文明生產和健康消費的法律政策，強制消費模式向生態化方向轉變。

（六）消費觀念與消費行為因子

消費作為一種人的活動和社會經濟現象，同時具備自然屬性和社會屬性，既要受生產水準的制約，又要受消費觀念和消費文化的影響。消費觀念是消費者的消費價值觀，它是消費群體對消費對象整體化的價值取向或評價，消費觀念反應著消費者對消費的基本態度和看法。在人們的消費過程中，消費觀念可以起決定性的作用，消費觀念可以引導消費者進行消費選擇，從而決定消費行為。

消費行為是消費者實際消費產品的過程，包括商品的購買和使用過程。消費行為作為社會再生產的重要環節，對社會再生產的作用，決定了我們不能不從經濟增長的角度來分析人們的消費行為。不同的消費主體因需求、生活方式、收入水準等方面的差異，其消費行為也有所不同，但無論怎樣的消費行為都會產生社會效應，它關係到因個人消費行為而消耗的資源是不是使社會資源供應更緊張，從而造成資源的不合理利用，或個人的消費行為所形成的廢棄物是不是對環境容量形成了更大的壓力，這就要求人們的觀念發生變化，不僅僅從自身的目標來考慮消費，而是從社會的可持續發展、經濟的可持續發展、生態的可持續發展的角度來衡量自己的消費行為。消費者的消費行為是否關注消費結果對生態系統的影響從根本上決定了生態消費的實現程度。

此外，消費行為對消費還會產生很大的間接作用——引導生產者如何進行生產。市場經濟是以需求為導向型經濟，一切需要的最終調節者是消費者的需要。這樣，企業要實現自身盈利的目標，必須以自身生產的產品滿足消費者需要為前提，所以消費者的消費行為必然會引導、迫使企業進行社會可持續的新型的生態生產消費。

長期以來，人們一直把消費看作是個人的事，採取什麼樣的消費方式，很少從社會的角度、對生態環境造成影響的角度來考慮自己的消費行為。其實，對人們的消費活動不僅要將其置於社會再生產過程中考察，也要將其置於整個社會生活過程中分析。人們的文化價值觀、生活方式、消費心理、民族習慣、收入狀況及一個社會的文化傳統對生態消費需求的形成有著廣泛、巨大的影響。

在消費實踐活動中，上述六個影響因子是相互交織、共同發揮作用的。如果上述六個因子是同向發揮合力作用，則會促進生態消費模式的形成和發展；反之，則會阻礙生

態消費的實現。

三、生態消費模式的構建

(一) 構建生態消費模式的準則

通過前面對生態消費模式影響因子的分析，我們看到，生態消費模式的建立及運行會受到一系列因素的影響，因此，生態消費模式的設計必須在堅持共同性的前提下考慮特殊性。

(1) 生態消費模式應該滿足人的健康成長和全面發展的客觀要求，體現正確的世界觀、消費觀，體現人們的各種消費需要不斷得到滿足。

(2) 生態消費模式是經濟和社會生活合理發展的重要表現，它應該適應經濟社會的發展，並促進經濟社會的發展。如果生態消費模式超越和過度落後於經濟的發展，這種所謂的生態消費模式就是不合理的。

(3) 生態消費模式應該體現社會進步的客觀要求。生態消費模式必須反應合理的社會生活規範，反應合理的社會公共生活準則，反應文明、健康的消費風氣。生態消費模式，不僅體現人們生存需要得到較好的滿足，而且體現人們的享受需要、發展需要不斷得到滿足，體現消費文明和社會進步。

(4) 在生態消費模式中必須體現自然資源的合理利用和節約、消費資料的合理利用和節約，以及生態環境的保護和改善。

(二) 中國生態消費基本模式的構建

中國有13億人口，有很大的潛在消費市場。如何引導如此龐大的消費大軍進行消費，是擺在我們面前的一道難題。由於中國人口基數大，人均經濟水準和人均資源擁有量並不高，同時，中國居民的消費取向不夠合理，消費結構比較單一，消費方式在某些方面也出現了過度消費的趨勢，如鋪張浪費、生活奢侈、修建占地較多的豪華別墅等。因此，必須改變中國目前的消費現狀，應從以下幾個方面來構建中國的生態消費模式。

1. 反對消費主義　樹立生態消費觀

反對消費主義，樹立生態消費觀是構建生態消費模式的思想基礎。消費主義是現代社會經濟發展的產物，是指人們毫無節制、毫無顧忌地消耗物質財富和自然資源，並把追求名牌產品和高檔消費作為自己的最高目的。這是一種不顧社會發展現實條件和生態平衡而盲目追求高消費的一種消費觀，持有這種消費觀的人越多，對地球資源索取就越多，就越容易加劇環境污染和生態破壞，就越容易形成拜金主義。在全球環境問題日益嚴重的情況下，必須堅決反對消費主義，自覺抵制消費主義帶來的影響，實行生態消費。

由於受到消費主義的影響，再加上企業、行銷者對發達國家過度消費模式有意識地渲染和鼓勵，中國近年來部分高收入群體的鋪張浪費、購買高檔奢侈卻無多少使用價值的商品的消費行為隨處可見。生態消費模式的建立首先有賴於消費者生態消費意識的提高，因此必須對消費者加強生態消費觀的教育，讓消費者認識到消費水準、消費質量的

提高不僅依賴於消費的產品和服務的數量和質量，還依賴於消費環境的好壞；同時政府和各大媒體要加強環保宣傳力度，引導人們樹立環境保護、生態平衡、節約資源的觀念，幫助我們認識消費主義對人類生存環境的危害性，懂得生態消費的含義以及生態消費對人類生存的重要意義。只有這樣，才會使人們盡早樹立起生態消費意識，自覺地建立生態消費模式。

2. 牢固樹立人口意識

牢固樹立人口意識，以適度的人口規模為構建生態消費模式的前提。生態消費是人的消費，人類對環境的影響取決於人口的多少，也取決於人均使用或消費資源的方式。一方面，在人口總量得到有效控制的條件下，如果沒有生態消費模式，其結果也是非生態消費；另一方面，即使消費模式改變了，但人口總量得不到控制，仍然不可能實現生態消費。因此，生態消費受到人口數量的制約。世界各國特別是發展中國家更應該將控制人口增長作為基本政策，因為控制人口增長是實現生態消費的核心。

1949年中國有5.4億人，1981年增加到10億人，2001年增加到12.76億人，2012年則增加到13.70億。人口不斷增加給中國的環境和資源帶來了巨大的壓力。從資源總量來看，中國資源較為豐富，但從人均擁有的資源進行分析，中國人均佔有水準都低於世界平均水準，資源稀缺程度日益嚴重。因此，我們必須樹立牢固的人口意識，形成適度的人口規模。適度的人口規模包括人口數量和人口質量，人口數量的控制並不是指人口增長率為零最好，而是根據中國的資源承載力來實施計劃生育政策，適當控制人口數量的增長。

3. 經濟的可持續發展是構建生態消費模式的後盾

經濟的可持續發展是人和人所依存的社會實現可持續發展的基礎。適度的消費規模，合理的消費結構，科學、文明的消費方式都取決於經濟發展所帶來的有效供給。生態消費品大多數採用了較為高新的技術和材料制成，並且還包括生態生產成本，而且成本和生產工藝及市場開拓費用相對高昂，具有較高的附加值，所以價格要比同類的普通消費品高，消費者在購買時必須支付高於普通商品的「生態溢價」。因此，必須發展經濟，提高消費者對生態消費的承受能力，才能推動生態消費發展。同時，只有經濟發展到一定的水準之後，社會才有剩餘的資本進行環境治理和保護。而且，較高的收入又使人們願意增加對清除污染和節約能源的投入。因此，發展生態消費，首先要發展經濟。保持經濟可持續發展對於我們這樣一個發展中國家是極其重要的。

4. 提高科學技術的開發和利用是構建生態消費模式的技術支撐

當代科技的全面進步，不僅在調整產業結構和生產方式、行銷方式的轉變上發揮著越來越重要的作用，而且也影響著人們的價值觀和思維方式的轉變、道德觀念的更新，以及教育和文化事業的發展。這些都深刻地影響著消費模式的變革，成為生態消費模式形成的推動力量。在今天全球已經進入生態經濟時代，企業面對的競爭不僅局限於產品質量、價格、服務、促銷等方面，而更多的是綠色形象、生態環境保護等方面的競爭。

要在競爭中取勝，企業就必須改「高投入、高污染、高產出」的不可持續經濟發

展模式為「低投入、低污染、高產出」的生態生產模式。中國的企業更需要加強生態技術的研究開發，開展生態技術的創新，提高生態技術的應用能力，為清潔生產提供技術上的保證，用高科技培育生態產業，並開發質高價廉的生態產品，要培育主導生態產品，並促進生態產品的系列化，提高生態產品的科技含量。

5. 加強政府的宏觀管理是構建生態消費模式的保障條件

雖然中國所建立的社會主義市場經濟是法制經濟，但是建立生態消費模式仍然需要政府通過法律、制度和體系進行調節和引導。中國政府業已制定《中國 21 世紀議程》，這是實施生態消費的指導性文件。同時，還必須加強環境法、生產法、消費法、消費制度建設，加強產業政策、資源使用政策尤其是與環境資源保護有關的政策的制定與執行，並注意將各項法律法規、消費政策廣泛協調配合起來，只有這樣才能保證可生態消費的順利實現。針對中國在生產領域尚不完善的生態立法現狀，應盡快適時加以完善，如在項目審批、市場准入、稅收、信貸等政策上對生態消費品的生產進行必要的傾斜，增強對生產生態消費品的激勵。此外，國際標準化組織為了加強全球環境管理，制定了 ISO14000 環境管理系列標準。它是一整套新的、國際性的環境管理標準，包括環境管理體系、環境審計、環境標誌、環境行為評價、產品壽命週期等幾個方面。這套標準是以消費行為為根本動力的，而不是以政策行為為動力的，因而從本質上體現了生態消費思想。對這些國際公認的標準、制度應積極遵守和認證，並結合這些國際標準制定中國的環境標準和管理法規，在規範和引導企業從事生態生產的過程中推動生態消費模式的形成。

6. 加強消費環境建設是構建生態消費模式的重要外在條件

消費環境是影響消費的一大因素。良好的消費環境有利於降低生態消費的尋求、購物等成本，有利於減少生態消費風險，因而有利於構建生態消費模式。

首先，必須加強市場管理，整頓市場秩序，嚴厲打擊各種不法行為，淨化市場，對那些非法使用生態產品標誌以及冒用綠色包裝的假冒「生態產品」，除沒收其非法物品外，還應依法予以懲處，加大執法力度，從根本上保障消費者能夠選購到生態消費品和順利地實現生態消費，以保護消費者權益，保護市場經濟秩序。

其次，建立生態消費品的質量檢測和評估機制，實施產品生命週期評估，通過詳細評價產品生命週期內的能源需求、原材料利用和企業生產的污染排放，促使企業將環境管理融入整個產品生命週期。要完善生態產品的質量檢測制度，加強質量管理和保證體系建設，通過嚴格的質量檢測來保證生態消費品的質量。

再次，要培育良好的生態環境。良好的生態環境是生態消費的基礎，沒有良好的生態環境，生態消費就不能生根。黨的十六大把「生態環境得到改善」作為建設小康社會的基本奮鬥目標之一，不僅要治理已污染的環境，還要培育良好的生態環境；要採取有效的措施建立生態化的農村環境和城市環境，提高森林覆蓋率，從源頭上培育良好的水、土和空氣；要在良好的生態環境中發展生態產業，發展生態消費。

案例連結：打破固有模式 騰訊新零售打造社交消費新生態

作為和生活密不可分的零售行業，商品、消費、物流等單元體的更新迭代是打通業界壁壘的重要環節。數字經濟時代下，騰訊致力於將大數據、雲計算、AI等技術融入零售體系，打造多維度、點線面的消費新生態。

在2018中國「互聯網+」數字經濟峰會上，微信支付營運總監白振杰、騰訊雲智慧零售業務總經理骨彪、騰訊社交廣告品牌廣告業務高級總監盧成麒出席大會並做主題介紹，向外界展示互聯網+智慧零售的更多可能。不同於傳統單線零售的固有模式，騰訊的著眼點更多的是助力，即通過微信支付、騰訊雲、社交廣告、小程序等渠道連接商家與消費者、貨品與物流，實現「新數字化營運」和「新消費體驗」兩大目標。而在會議後期，步步高商場和家樂福的案例展示也向大眾清晰描繪了數字零售的實操性和潛在能力。

一、前置精準行銷LBS助力商家消費引流

定位服務和行銷引流是開放零售過程的首要窗口，騰訊智慧零售體系匯聚每日逾500億次的位置信息，通過完備的客群畫像體制、大數據雲計算分析圖譜以及數據選址定位等LBS服務進行後臺支持，整合線下門店信息的直觀呈現。騰訊結合互聯網科技技術打造優MALL平臺，協助智慧門店選址、精準行銷觸達、人臉識別+智能推薦等行銷環節。這一過程中，智慧零售的能力將在消費前期準確把握消費動因，進行消費指向引導、停車系統配備，從而利用互聯網技術做到前期消費引流的目標。

目前，騰訊已攜手永輝超市、家樂福等大型商場開展戰略合作，通過智慧零售解決方案，整合碎片化行銷信息，打造更具集約化、體系化的新業態購物模式。

二、騰訊社交、AI、小程序、全系能力擴充零售全鏈路

騰訊在智慧零售領域的思維不限於「付款」「到帳」的單項操作，更令人期待的是，騰訊也率先利用科技互聯網平臺延長消費模式和消費體驗過程。騰訊運用人臉識別、掃碼支付、AI技術，依託微信、QQ等平臺能力，挖掘用戶潛在消費習慣，提升用戶的消費體驗。商家可根據AI畫像集合數據安排商品陳列方式，便於加快消費流程。除此之外，消費社交化同樣是打造鞏固用戶消費能力的重要一環，基於微信朋友圈、小程序等社交平臺進行精準行銷和全渠道消費引流業態。騰訊通過以上方式致力於打造具有高度客戶黏性的行銷閉環。

為了促進企業與客戶的雙向溝通，萬達廣場借助微信平臺建立了微信公眾號，通過日常信息的發布、優惠信息的共享等方式和客戶建立溝通紐帶，進一步提高用戶的消費黏性。此外，微信還與綾致服裝合作，建立了全國首批「微信人臉智慧時尚店鋪」。顧客可通過刷臉小程序入駐會員家庭、進行人臉快捷支付。顧客還能通過微信小程序領取無門檻禮券，新穎便捷的消費體驗夯實了大眾的消費偏好。據瞭解，在引入智慧零售模式之後，綾致服裝的銷售額較之前增長20%，微信支付占比增長150%。

三、智慧新零售迎來「窗口期」騰訊河南助力行業共贏發展

「更懂河南，更懂你」「更懂零售，更懂你」。作為擁有人口紅利的中原河南，擁有更宏觀量的消費和營收需求。騰訊‧大豫網作為河南第一大網，擁有深厚用戶基礎和社交黏性需求。

騰訊對於升級數字零售，提升用戶體驗也提出了自身的整套方案。優MALL零售平臺升級線下店鋪的建立模式、LBS服務精準零售定位、AI數據和遊客畫像打造人性化消費體驗、騰訊社交平臺匯集更多流量，實現行銷影響力不斷下沉。騰訊將依託大豫網地方有利窗口，將自身技術優勢和本地需求相結合，攜手河南地區零售行業打造新型智慧零售模式，助力河南本土智慧零售行業發展邁入新階段。

（資料來源：https://henan.qq.com/a/20180413/022394.htm.）

復習思考題

1. 什麼是生態消費？生態消費的特徵是什麼？
2. 簡述影響生態消費模式構建的因素。
3. 簡述生態消費模式與傳統消費模式的區別與聯繫。
4. 試論生態消費在生態經濟城市建設中的意義。

第七章

生態城市建設

　　隨著經濟社會的發展，中國經濟已經駛入了城市化的快車道。城市化率從1978年的17.4%增長到2017年末的58.52%，城鎮人口達到81,347萬人。人們在享受城市便利的同時，也帶來了資源浪費、生活擁擠、交通堵塞、環境污染等城市問題的出現。為了解決這些城市問題，人類一直在努力探索，生態城市理論應運而生。生態城市理論在城市建設目標、效果和方法手段上均不同於傳統的城市建設理念。在目標上，從傳統規劃的單一社會經濟發展目標過渡到生態經濟的綜合發展目標；在效果上，從追求單一的經濟效益過渡到生態、經濟和社會三大效益的綜合最優；在方法手段上，從傳統規劃的少數幾個學科過渡到以系統工程思想為指導的多學科交叉的綜合。

第一節　生態城市概述

一、生態城市簡述

1971年，聯合國教科文組織在第16屆會議上，提出了「關於人類聚居地的生態綜合研究」（MAB第11項計劃），首次提出了「生態城市」的概念，明確提出要從生態學的角度用綜合生態方法來研究城市，在世界範圍內推動了生態學理論的廣泛應用和生態城市、生態社區、生態村落的規劃建設與研究。從而人類城市建設進入「生態城市」建設的新階段。「生態城市」的概念應運而生，其英文為Eco-polis，或Eco-city，Ecological city。它的提出是基於人類生態文明的覺醒和對傳統工業化與工業城市的反思，標誌著人類社會進入了一個嶄新的發展階段。生態城市已超越傳統意義上的「城市」概念，超越了單純環境保護與建設的範疇，它融合了經濟、社會和文化生態等方面的內容，強調實現社會—經濟—自然複合共生系統的全面持續發展，其真正目標是創造人與自然系統的整體和諧。

生態城市是一個經濟發達、社會繁榮、生態保護三者保持高度和諧，技術與自然達到充分融合，城鄉環境清潔、優美、舒適，能最大限度地發揮人的創造力與生產力，並有利於提高城市文明程度的穩定、協調、持續發展的人工複合生態系統。它是人類社會發展到一定階段的產物，也是現代文明在發達城市中的象徵。建設生態城市是人類共同的願望，其目的就是讓人的創造力和各種有利於推動社會發展的潛能充分釋放出來，在一個高度文明的環境裡造就一代超過一代的生產力。在達到這個目的的過程中，保持經濟發展、社會進度和生態保護的高度和諧是基礎。只有在這個基礎上，城市的經濟目標、社會目標和生態環境目標才能達到統一，技術與自然才有可能充分整合。各種資源的配置和利用才會最有效，進而促進經濟、社會與生態三者效益的同步增長，使城市環境更加清潔、舒適，景觀更加適宜優美。

二、生態城市的定義和內涵

（一）生態城市的定義

關於生態城市概念的認識，在不同時期，不同學者與機構有不同的見解。儘管生態城市已經成為社會的熱點，世界各國的許多城市都提出了建設生態城市的目標。但到目前為止，世界上還沒有一個真正意義上的生態城市。這是因為，各國學者對生態城市有不同的理解，關於生態城市至今仍然沒有一個公認的定義和清晰的概念。

蘇聯生態學家亞尼茨基（1984年）認為，生態城市是一種理想城市模式，其中技術與自然充分整合，人的創造力和生產力得到最大限度的發揮，而居民的身心健康和環境質量得到最大限度的保護，物質、能量、信息高效利用，生態良性循環。

美國生態學家理查德・雷吉斯特（1987年）提出，生態城市追求人類和自然的健康與活力。他認為生態城市，即生態健康的城市，是緊湊、充滿活力、節能並與自然和諧共居的聚居地。

澳大利亞學者唐頓提出，生態城市就是人類內部、人類與自然之間實現生態上平衡的城市，它包括道德和人們對城市進行生態修復的一系列計劃。

在中國，馬世駿院士提出了城市社會—經濟—自然複合生態系統理論以指導城市建設，並倡導進行了大量生態城鎮—生態村的建設和研究。王如松等也提出建設生態城市需滿足三個標準：人類生態學的滿意原則、經濟生態學的高效原則、自然生態學的和諧原則。中國城市規劃專家黃光宇（1997年）提出，生態城市是根據生態學相關原理，綜合社會、經濟、自然複合生態系統，並應用生態工程、社會工程、系統工程等現代科學與技術手段建設而成的，社會、經濟、自然可持續發展，居民滿意，經濟高效，生態良性循環的人類居住區。這些研究成果極大地推動了國內生態城市理論的發展。

隨著生態文明的發展與演進，生態城市的內涵也不斷得到充實與完善。

許多人認為生態城市就是綠化得非常好的城市，這實際上是一種狹義的誤解。現代的生態城市概念與以前的「田園城市」「山水城市」「園林城市」「綠色城市」等概念有根本的區別，不再是單純注重城市綠化環境優美，而是更趨向於城市全面、內在的生態化，包括自然生態、社會生態、經濟生態和歷史文化生態的協調共發展。

關於生態城市，目前國內相對權威的，並載入教科書的定義是：按生態學原理建立起來的社會、經濟、自然協調發展，物質、能量、信息高效利用，生態良性循環的人類聚居地。而實際上，生態城市的定義並不是孤立的、一成不變的，它是隨著社會和科技的發展而不斷完善更新的。就目前來說，可以大致將生態城市定義為一個社會和諧進步、經濟高效運行、生態良性循環的城市。具體來說，生態城市應該是一個社會經濟和生態環境協調發展、各個領域基本符合可持續發展要求的行政區域，是在一個市域範圍內，以可持續發展戰略和環境保護基本國策統籌經濟建設和社會發展全局，轉變經濟增長方式，提高環境質量，同時遵循經濟增長、社會發展和自然生態等三大規律的文明城市。

(二) 生態城市的內涵

生態城市的內涵隨著社會和科學技術的不斷發展而更新，且不斷充實和完善，生態城市的形成是一種漸進、有序的系統發育和功能完善過程。由於生態平衡是一個動態的平衡，因此生態城市的進展也是一個動態的過程，生態城市並無固定模式可言。它是一定程度上人類克服「城市病」、從灰色工業文明轉向綠色生態文明的創新。生態城市為高消耗、低產出、重污染的傳統城市建設模式造成的經濟社會和人口、資源、環境等一系列嚴重問題提供了科學的解決出路。當前階段，生態融入了歷史、自然、社會、經濟、政治、文化、人居等因素，並且還在不斷融會貫通。生態城市的本質是要實現城市社會、經濟、環境系統的共贏。它是一個囊括了自然價值和人文價值的複合概念，在空間上是一個開放的區域，體現了一種不斷包容的生態觀。

從內涵上講，生態城市是一個包括自然環境和人文價值的總和性概念。它不只涉及城市的自然生態系統，即不是狹義的環境保護，而是一個以人為主導、以自然環境系統為依託、以資源流動為命脈的經濟、社會、環境協調統一的複合系統。其內涵不僅僅是清潔的環境和體面的外表，其更重要的意義在於其社會的和諧，在於其對人性的尊重，在於具有維護社會機制，在於人民的安居樂業。以人為本是生態城市的基本要求，宜人居住是生態城市的基本性質和目標，社會和諧是生態城市的主要特徵，甚至可以說社會和諧是生態城市自然生態良性運轉乃至整個城市生態系統良性運轉的基礎。和諧是生態城市的目的和根本所在，即生態城市不僅要保護自然，而且要滿足人類自身的進化、發展的需求。生態城市中的市民既具有充分享有城市環境和資源的權力，也具有積極主動參與城市建設與管理的義務。

生態城市建設的本質，應該是城市經濟、社會、環境系統的生態化。它包括兩項基本內容：一是推進真正具有生態化特徵的城市生態環境建設；二是對現有的城市經濟社會模式實行生態化改造。從生態學的觀點來看，生態城市是根據當地的自然條件、社會經濟發展水準，按照生態學的原則，運用系統工程方法去改變生產和消費方式、決策和管理方法，從而建立起來的一種社會、經濟、自然協調發展，物質、能源、信息高效利用，生態良性循環的人類聚居地。從經濟學的觀點來看，生態城市的建設要使傳統的資源高消耗、產出低效率、污染高排放的城市經濟生態化，包括產業活動生態化和消費方式生態化等，最終使城市發展轉向遵循生態學原理、城市物流良性循環、城市系統中沒有浪費和污染的循環型城市。

生態城市建設的深層含義是尊重和維護大自然的多樣性，為生物的多樣性創造良好的繁衍生息的環境。每個城市所處的地理環境都有其不同於其他地區的生態要素和生態條件，要充分利用各地的差異性來創造有特色的生態環境。合理的城市生態建設應與自然融合，保障城市可持續發展。

我們認為，生態城市作為現代城市發展過程中得出的理念，表達了人類創造美好人居環境的願望。生態城市是目標、狀態，同時也是過程。作為一種目標，就像共產主義一樣，是要在人類不斷的努力下達到的最終目標和狀態。作為過程，生態城市不是遙不可及的空中樓閣，而是一個漸進的過程。隨著人類社會和科技的發展，生態城市設定的目標也會越來越高。但在某一個社會發展階段，生態城市是可實現的，是具有可操作性的。

生態城市建設的目的不僅僅是為城市人提供一個良好的生活工作環境，還要通過這一過程使城市的經濟、社會系統在環境承載力允許的範圍之內，在一定的可接受的市民生活質量前提下得到持久發展，最終促進城市整體的持續發展。

三、生態城市的特徵

為了確切理解生態城市的內涵，可將生態城市的基本特徵歸納為以下幾點。

（一）整體和諧共生

生態城市理論將城市看作一個經濟—社會—自然複合系統，因此要強調系統的整體和諧與統一。具體指三個方面的和諧：經濟、社會與環境的和諧發展；人與自然的和諧共處；人際關係的和諧相處。在經濟、社會發展的過程中，要同時注意自然環境的承載能力，體現為產業選擇對環境的親和性和人口聚集對自然的非壓迫性。在人與自然和諧共生方面，人迴歸自然、貼近自然，自然融入城市，體現為巧妙地利用當地的山、河、湖等自然景觀，努力實現城市規劃、建設與自然地理條件的有機結合。在人際交往方面，要體現社區鄰居關係，迴歸純樸而輕鬆的生活態度。因為在伴隨著工業化的城市化過程中，人們更多地強調了經濟發展的重要性，這種發展過程，不僅給城市環境帶來了極大的破壞，也帶來了許多諸如貧富兩極分化、高犯罪率等社會問題，因此，人際關係變得淡薄，高樓大廈和鋼筋水泥阻隔了人們交流的通道，封閉了人們的社會性情感。生態城市的宗旨正是要改變這種狀況，營造滿足人類自身進化所需求的這種空氣清新、環境優美、人居悠閒的自然、文化氛圍。

（二）經濟高效運轉

生態城市建設的首要問題是改變那種高能耗、高消費、末端治理式的生產與消費理念及「資源—生產—消費—廢棄」的生產與消費模式。要利用產業生態學理論，從生產和消費模式做起，以系統創新的方法，努力實現產業轉型，通過物質和能量的多層次分級利用，廢棄物再循環、再利用等手段，向循環經濟模式過渡，以提高資源的利用率並減少環境污染，實現外部「生態成本」的內部化，從而達到經濟的高效率運行並減少人類生產與生活對自然環境的脅迫程度。

（三）生存區域依賴

生態城市的形成和發展要依賴於城市生命支持系統的承載能力和活力，而城市生命支持系統必然是一個區域範圍。因此，這個特性有以下三個方面的含義：一是指生態城市本身不同於傳統意義上的城市，而是一種城鄉結合的城市，是一種「區域城市」；二是指生態城市必須帶入區域之中，才能得到更寬裕的生命支持系統，以實現其生態化；三是指更廣泛的區域概念——「地球村」概念。這是因為人類的生產與生活活動不僅影響了小範圍的區域，而且影響到全球氣候改變、資源枯竭等更大範圍的生態環境改變問題。因此，生態城市建設也要全人類的合作，珍惜地球、愛護資源、保護環境。

（四）發展持續穩定

生態城市要以可持續發展思想為指導，合理配置資源。在人口發展方面，既不能為了部分人的生存條件改善而太嚴格地控制城市人口的增長，也不能為了實現城市化而盲目地擴大人口數量；在經濟發展和資源利用方面，要不因眼前的利益而用「掠奪」的方式促進城市暫時的「繁榮」，要保證其長期健康、協調、穩定地發展。

（五）環境優美宜人

生態城市的人居環境應該體現在三個方面：一是從感官上講，大氣污染、水污染、固體排放物污染、噪聲污染等污染物對人的影響很小，讓人感覺神清氣爽；二是從視覺

上講，綠地、樹木、山、水、建築物等自然與人工景觀佈局合理，讓人感覺天人合一，迴歸自然；三是城市交通以公共交通為主。交通條件方便快捷而不失多樣性，火車、汽車、自行車、人行道、綠色生命走廊（專供人們休閒散步的步行街）規劃有致，適應不同節奏人們的需求。

四、生態城市建設的意義

生態城市已超越傳統意義上的「城市」概念，它不僅僅是出於保護環境、防止污染的目的，不僅僅單純追求自然環境的優美，即狹隘的環境觀念，它還融合了社會、經濟、技術和文化生態等方面的內容，強調在人—自然系統整體協調的基礎上考慮人類空間和經濟活動的模式，發揮社會、經濟、自然複合生態系統的自我平衡功能，以滿足人們的物質和精神需求，實現自身的發展，即社會—經濟—自然複合共生系統的全面持續發展，體現的是一種廣義的整體的生態觀。因此，對生態城市來說，創造美好的生態環境固不可少，但不是根本目的，其真正目標是創造人—自然系統的整體和諧。當前，在中國快速推進城市化之際，加強生態城市建設具有重要的意義。

（一）社會主義新時代呼喚生態城市的建立

20世紀70年代末中國實行改革開放以來，城市化已經進入了快速發展時期。但是中國城市化起步晚、發展快的特點不可避免造成城市體系發展與城市數量擴增相矛盾，城市人口質量和數量的矛盾，城市的經濟發展與城市的生態環境的矛盾，城市的發展模式與城市資源承載力的矛盾等。為了解決這一系列矛盾，建立以人為本的生態城市，是一個必然的選擇。

（二）生態城市建設可以推動社會的可持續發展

生態城市建設是以建設全面的小康社會為目標的。通過生態城市的建立，一方面，可以優化我們現行的行政管理體制，真正做到以政府為主導、總體規劃、統一驅動，形成一種理想的組織形式；另一方面，以可持續發展為主線，大力發展循環經濟，不斷地優化、發展和提升現有城市的功能和結構，推動社會的可持續發展。

（三）生態城市建設促進經濟結構的優化

目前，隨著城市化不斷推進，城市的產業結構、產品結構、經濟結構和空間分佈的不合理已成為中國亟須解決的問題。通過生態城市的建立可以採取合適的生態措施對經濟結構等進行生態調整，建立一種生態環保型經濟效益良好的全新發展模式。

（四）生態城市建設促進資源的可持續開發利用

資源包括土地資源、水資源、森林資源、氣候資源、生物資源和空間資源，等等。生態城市的建立，可以避免資源的過度開發，致使生態環境和資源受到嚴重的破壞。再遵循生態優先，可持續發展的理念，公眾參與和市場運作相結合，使得資源之間保持一種動態平衡，形成一種良好的生態發展格局。

（五）生態城市的建設是實現生態文明的保障

黨的十六大提出，在加強物質文明、政治文明和精神文明的同時，要推動整個社會

走上生產發展、生活富裕、生態良好的文明發展道路。黨十七大首次將「生態文明」寫進黨的報告，將生態文明建設上升為國家意志。因此生態文明的實現對人民來講具有重要的意義，建立生態文明能最大限度地實現人與自然的和諧相處。而生態城市的建立是實現生態文明的重要措施，也是實現生態文明的重要保障。

第二節　生態城市建設的評價方法

一、生態城市建設評價方法概述

生態城市作為城市發展的一種理想目標，是一個持續改進不斷發展和完善的過程。生態城市目標實現的標準是要實現社會文明、經濟高效和自然和諧，最終實現社會、經濟和自然三個子系統的和諧。如何評價其和諧程度，是生態城市建設過程中的核心問題之一。

生態城市從概念到實際的操作，經歷的時間很短，但究竟如何評價一個城市是否達到了生態城市的標準，各國學者進行了積極的探索。目前，對生態城市的評價有多種不同的方法。如生態足跡法（Foot print method）、生命週期評價法（Life cycle assessment）、模糊數學法（Fuzzy method）、徑向基函數神經網路模型（RBFNN-Radial Basis Function Neutral Network）、單指標評價體系（Individual indicator assessment）和綜合指標評價模型（Integrated assessment models）等，這些方法各有優缺點，在實踐過程中需要結合不同城市的情況進行具體應用，這裡對其中比較常用的方法進行簡要介紹。

二、常用的評價方法簡介

1. 生態足跡法

在評價城市可持續發展的過程中，對可持續發展因子指標選取和權重的確定存在不同的側重點，因而評價結果也很難進行定量的比較。即使是用同一種方法對同一對象進行分析，不同的人也會得出不同的結果，這一現象嚴重限制了人類對城市可持續發展現狀的瞭解。近年來，發展迅速的生態足跡（或稱生態空間占用）模型不僅能夠滿足上述要求，並且其計算結果直觀明了，具有區域可比性，因此很快得到了有關國際機構、政府部門和研究機構的認可，成為國際可持續發展度量中的一個重要方法。

國際上關於生態足跡的研究可以追溯到 20 世紀 70 年代，奧德姆（Odum E. P.）討論了在能量意義上被一個城市所要求的額外的「影子面積」，詹桑（Jasson A. M.）等分析了波羅的海哥特蘭島海岸漁業所要求的海灣生態系統面積。在此基礎之上，加拿大生態經濟學家威廉・瑞思（Rees W. E.）於 1992 年提出生態足跡概念，之後在沃克雷吉（Wackernagel M.）的協助下將其完善和發展為生態足跡模型。

生態足跡指能夠持續地向一定人口提供他們所消耗的所有資源和消納他們所產生的

所有廢物的土地和水體的總面積。關於生態足跡的概念，威廉·瑞思將其形象地比喻為「一只負載著人類與人類所創造的城市、工廠……的巨腳踏在地球上留下的腳印」。這一形象化的概念既反應了人類對地球環境的影響，也包含了可持續發展機制。這就是，當地球所能提供的土地面積容不下這只巨腳時，其上的城市、工廠、人類文明就會失衡；如果這只巨腳始終得不到一塊允許其發展的立足之地，那麼它所承載的人類文明將最終墜落、崩毀。

生態足跡理論是建立在能值分析、生命週期評估、全球資源動態模型、世界生態系統的淨初級生產力計算等理論的研究基礎上，它用一種生態學的方法將人類活動影響表達為各種生態空間的面積，進而判斷人類的發展是否處於生態承載力的範圍內。

2. 生命週期評價法

生命週期評價（Life cycle assessment，LCA）起源於20世紀60年代化學工程中應用的「物質—能量流平衡方法」，原本是用來計算工藝過程中材料用量的方法，後被應用到產品整個生命週期——從原料提取、製造、運輸與分發、使用、循環回收直至廢棄的整個過程，即「從搖籃到墳墓」的環境影響評價。LCA 作為正式術語是由國際環境毒理學會（SETAC）在1990年提出，並給出了LCA的定義和規範。其後，國際標準化組織（ISO）組織了大量的研究工作，對LCA方法進行了標準化。

1993年以後，SETAC給出的LCA的定義：通過確定和量化相關的能源、物質消耗、廢棄物排放，來評價某一產品、過程或事件的環境負荷，並定量給出由於使用這些能源和材料對環境造成的影響；通過分析這些影響，尋找改善環境的機會；評價過程應包括該產品、過程或事件的壽命全程分析，包括從原材料的提取與加工製造、運輸分發、使用維持、循環回收，直至最終廢棄在內的整個壽命循環過程。

1997年，ISO在ISO14040中對LCA及其相關概念進一步解釋為：LCA是對產品系統在整個生命週期中的（能量和物質的）輸入輸出和潛在的環境影響的匯編和評價。這裡的產品系統是指具有特定功能的、與物質和能量相關的操作過程單元的集合，在LCA標準中，「產品」既可以是指（一般製造業的）產品系統，也可以指（服務業提供的）服務系統；生命週期是指產品系統中連續的和相互聯繫的階段，它從原材料的獲得或者自然資源的生產一直到最終產品的廢棄為止。

從SETAC和ISO的闡述中可以看，在LCA的發展過程中，其定義不斷地得到完善。目前，LCA評價已從單個產品的評價發展成為系統評價，然而單個產品的評價是系統評價的基礎。

生命週期評價是評估一個產品或是整體活動的、貫穿其整個生命的環境後果的一種工具。在許多國家這是一種更加環保的良性的產品和生產工藝的趨勢。一個完整的生命週期評價包括4個有機組成部分：目的與範圍的確定、清單分析、影響評價和生命週期解釋。三個獨立但是相互關聯的生命週期評價包括能量和資源的利用和向空氣、水和土地的環境排放的識別和量化，技術質量和數量的特徵和環境影響分析的後果的評價，減少環境負擔的機會的評估和實施。一些生命週期評價發起者已經定義了範圍和目標定義

或是啟動步驟，可以為有目的地使用分析結果服務。生命週期清單既可用在組織的內部，又可外部應用，需要適用性更高的標準。生命週期清單分析可以應用在工藝分析、材料選擇、產品評估、產品比較和政策制定方面。

3. 模糊綜合評判法

生態城市是社會—經濟—自然複合生態系統，生態城市的發展水準不僅與自然環境的發展有關，而且與整個城市的經濟和社會活動相聯繫。由於影響生態城市發展的要素錯綜複雜，系統內各要素作用的性質、方式和程度互不相同，且各要素既相互聯繫又相互制約，以不同的組合特點對生態城市的發展產生影響。所以只靠定性分析不足以準確、完整地反應客觀實際。因此，應採用多層次模糊綜合判定方法對生態城市進行評價，即在模糊評判的基礎上再進行模糊綜合評判。

模糊綜合評判法（Fuzzy comprehensive evaluation，簡稱 FCE）是一種應用非常廣泛而又十分有效的模糊數學方法，是對多種因素影響的事物或現象進行綜合評價的方法。自 FCE 被提出以來，其數學模型已從初始模型擴展為多層次模型和多算子模型。模糊綜合評判法已經在一些城市的生態建設中得到應用，並取得了很好的效果。

4. 分指數評價和綜合評價

目前，在中國應用研究的比較多的是單項和綜合指標評價的方法。當前中國正研究評價指標的規範化問題。

城市生態系統作為自然和人類生態系統發展到一定階段創建的物質和精神系統，是城市空間範圍內的居民與水、空氣、土地等自然資源環境要素和人工建造的經濟、社會和環境各級組織相互作用而形成的統一體，屬人工生態系統。因此，自然生態系統只有在其承載能力範圍內才能持續地正常運作；而人工生態系統是使持續的經濟增長、社會進步能與自然生態系統保持和諧。生態城市指標體系的設置應能反應這兩大系統的變化及其相互協調性。

人類為滿足自身發展的需求而開展的一系列經濟活動和社會活動，與自然生態系統保持著不斷的能流和物流的輸入輸出，自然生態系統以各種形式回應這種輸入輸出以維持系統本身的效益最大化。每個系統都在力求改善自己的效益，而作為一個可持續發展的生態城市來說，應朝向同時改善和維持人和生態系統效益的方向發展，以保持一種欣欣向榮的動態平衡。以人與自然的和諧為本是生態城市實現可持續發展需要遵循的一個重要原則，人作為城市生態系統中社會活動的主體，需求是多層次的，雖然滿足人的生存需求和發展需求是最基本的，但是保持與改善自然生態系統的效益，也是維持城市可持續性的必要條件。因此，生態城市的建設過程就是在不斷改善兩大系統利益的同時尋求最佳平衡點，保證兩大系統的發展與和諧是生態城市建設的出發點。所以，人類發展系統和自然生態系統效益的一致，也是城市可持續發展的目的。

生態城市的可持續發展是自然生態系統、人類發展系統與可持續發展支持系統三者保持高度和諧的過程，為了全面評價整個城市生態系統的發展狀況，可以採用多指標綜合評價的方法進行評價，這就需要首先把指標體系中包含的所有量綱不同的統計指標無

量綱化，轉化為各個指標的相對評價值，然後通過加權綜合層層疊加得到系統層指標的評價指數，最後將其以一定的規則進行綜合，得到對生態城市建設的總體評價。

第三節 生態城市的評價指標體系

一、生態城市評價指標體系的構建原理

中國已經進入工業化、信息化、城市化三化疊加的發展階段。在這一時期，城市作為國民經濟發展的重要載體，將在未來經濟社會發展中所肩負的責任和功能將更加重要。如果還按照傳統工業文明下的城市發展模式軌跡運行，城市所面臨的人口、資源、環境之間的矛盾將不斷加劇，呈愈演愈烈之勢。正是在這種情況下，生態城市的理論應運而生，相關實踐也隨之在全國展開。

關於生態城市評價指標體系的研究，是生態城市理論研究中不可迴避的一個基礎性問題。一方面，生態城市從理論走向實踐，面臨一個將抽象的內涵具體化的問題；另一方面，在生態城市構建過程中，人們需要對建設成果進行度量以便糾偏。城市評價指標體系研究對生態城市建設實踐的重要性不言而喻。

國內將生態城市指標體系分為兩大類：一類是從城市作為一個複合生態系統角度出發，通過對城市所涵蓋的各個子系統的分析，將生態城市綜合評價進行指標分解。最基礎的分解方式是將指標體系分為經濟生態指標、社會生態指標和自然生態指標等三大指標。但多數學者會在自己對生態城市複合系統的理解基礎上，進行進一步劃分。一類是以宋永昌、王祥榮等為代表，基於對城市生態系統的分析，從城市生態系統的結構、功能和協調度等三方面建立生態城市指標體系。

這兩類體系各自的特點在於：前者可以通過比較生態城市經濟、社會、自然等子系統的發展狀況，找出城市發展的優勢和劣勢，以便今後工作中有所側重。後者則將城市生態系統看作一個整體，通過分析其結構、功能、協調度而建立，依據它可以很快診斷出整個城市生態系統發展中存在的障礙，並從生態學角度找出促使其良性循環發展的對策。

二、生態城市評價指標體系的設計原則

在生態城市評價指標體系研究中，應遵循以下設計原則：

第一，科學性和可操作性原則。所謂科學性，即生態城市評價指標體系在設計時應注意理論上的完備、科學和正確；指標概念應明確，權重係數的確定、數據的選取、計算等要以科學理論為依託；指標體系的建立要在科學分析的基礎上，能夠客觀反應生態城市的本質特徵，能較好地度量生態城市建設主要目標的實現程度。可操作性原則也稱為實用性原則，即考慮資料或數據的可獲得性、可比性；指標的含義盡量簡單明瞭並易

於被公眾理解和接受，盡量不採用深奧的專業術語。

第二，定量與定性相結合原則。生態城市是一個複合的生態系統，對它的評價要盡可能量化，但是在目前認識水準下難以量化且意義重大的指標，可以用定性指標來描述。

第三，主成分性原則。即鑒於生態城市內涵之豐富，從眾多變量中依據其重要性和對生態城市系統行為的貢獻率的大小，篩選出數目足夠少卻能表徵生態城市系統本質的最主要成分變量。這一原則的意義在於對整個指標體系的規模進行控制。

第四，動態性和靜態性相結合原則。動態性和靜態性相結合原則也稱為時空耦合原則，是指評價指標體系不但要反應生態城市某一時點上的水準，還應包含反應生態城市發展演變趨勢的指標；指標體系既要從時間序列又要從空間序列來評價和判斷生態城市的建設水準；指標體系應隨著城市建設水準和實際的變化而變化。

第五，可比性與針對性原則。可比性原則指所建立的指標體系要能用於對不同城市之間的橫向比較和同一城市不同時段的縱向比較；針對性原則也稱因地制宜原則，即針對特定城市，應根據其具體條件和發展前景來制定適應其自身特點的指標體系。

三、生態城市評價指標體系的構架

無論以哪種構建原理為基礎，當前絕大多數生態城市評價指標體系研究所建立的體系構架均包含三個層次，其中一級指標是對生態城市綜合評價目標的分解，二級指標是對相應的一級指標的描述，三級指標是評價指標體系的基礎數據層。當前，不同評價指標體系間的規模相差極大，其三級指標數量從20個到100多個不等。各評價指標體系的主要差異在於對一級指標和二級指標的選取設計上。因此在這裡對生態城市評價指標體系的構架主要著眼於從其一、二級指標設計進行考察。

當前生態城市評價指標體系構架主要為以下幾種：

第一，將生態城市的結構、功能和協調度作為描述生態城市系統的三個一級指標，其各自下轄的二級指標為：生態城市的結構包括人口結構、基礎設施、城市環境、城市綠化，生態城市的功能指標包括物質還原、資源配置、生產效率，生態城市的社會協調度指標包括社會保障、城市文明、可持續發展。

第二，將經濟生態、社會生態、自然生態作為描述生態城市系統的三個一級指標，其各自下轄的二級指標為：經濟生態指標包括經濟實力、經濟結構、經濟效益，社會生態指標包括人口指標、生活質量、基礎設施、科技教育、社會保障，自然生態指標包括城市綠化、環境質量、環境治理。

第三，自然狀況、經濟狀況、社會狀況作為描述生態城市系統的三個一級指標，其各自下轄的二級指標為：自然狀況指標包括資源條件、生態環境，經濟狀況指標包括經濟總體水準、城鄉經濟、發展能力，社會狀況指標包括社會進步、科技教育、人口與城鄉建設、政策與管理水準。

第四，將自然生態可持續發展指標、經濟生態可持續發展指標、社會生態可持續發

展指標作為描述生態城市系統的三個一級指標，其各自下轄的二級指標為：自然生態可持續發展指標包括生態建設、環境質量、污染控制、環境治理，經濟生態可持續發展指標包括經濟發展、經濟結構、資源保護與持續利用，社會生態可持續發展指標包括人口發展、基礎設施、生態質量、科技教育、信息水準。

第五，將社會生態子系統、經濟生態子系統、基礎設施子系統、自然生態子系統作為描述生態城市系統的四個一級指標，其各自下轄的二級指標為：社會生態指標主要包括人口狀況、資源配置、社會保障，經濟生態指標主要包括經濟效益、經濟水準、經濟結構，基礎設施生態指標主要包括交通系統、通信系統、供排水系統、能源動力系統、防災系統，自然生態指標主要包括城市綠化、環境質量、環境治理。

第六，將生態環境、資源、經濟發展、社會發展作為描述生態城市系統的四個一級指標，其各自下轄的二級指標為：生態環境指標主要包括環境質量、環境狀況和趨勢、污染控制，資源指標包括資源質量、資源潛力、資源利用效率，經濟發展指標包括經濟總量、經濟結構、國民經濟比例及經濟效益，社會發展指標包括社會基本狀況、生活水準、文教體衛福。

第七，將資源支持系統、環境支持系統、經濟支持系統、社會支持系統作為描述生態城市系統的四個一級指標，其各自下轄的二級指標為：資源支持指標包括科技水準、城市設施、城市資源，環境支持指標包括環境污染、環境治理、生態建設，經濟支持指標包括經濟規模、產業結構、經濟推動力、經濟效益，社會支持指標包括生活質量、社會安全、人口數量。

第八，將資源支持、經濟支持、社會支持、環境支持、體制和管理系統作為描述生態城市系統的五個一級指標，其各自下轄的二級指標為：資源支持系統指標包括科技資源、科技水準、人力資源、教育水準、城市基礎設施、自然資源、城市土地資源，經濟支持系統指標包括經濟水準、經濟結構、經濟運行效率、資源利用效率、經濟推動力、經濟競爭力，社會支持系統指標包括社會公平、健康保健、城市化、信息獲得能力、住房、安全、生活質量，環境支持系統指標包括大氣環境、地表水、固體廢物、噪音、景觀資源，體制和管理系統指標包括戰略實施、綜合決策、環境管理、科技投入、財政能力、公眾參與。

第九，將活力、組織結構、恢復力、生態系統服務功能、人類健康狀況作為描述生態城市系統的五個一級指標，其各自下轄的二級指標為：活力指標包括經濟生產能力、水耗效率、能耗效率，組織結構指標包括經濟結構、社會結構、自然結構，恢復力指標包括環境廢物處理能力、物質循環利用效率、城市環保投資指數，生態系統服務功能指標包括環境質量狀況、生活便利程度，人類健康狀況指標包括人群健康文化、文化水準。

四、生態城市評價指標體系的數據處理

(一) 數據的標準化

生態城市評價體系的各指標的單位不同，為了使指標之間能夠應用數學方法進行綜合分析，就需要對數據進行處理，使其在仍然能夠反應真實情況的條件下完成各數據之間單位的統一，即將數據進行標準化，或者無量綱化處理。目前，數據的標準化處理方法有多種。絕大多數研究所使用的無量綱化處理方法是，將原始數值與某一固定值進行對比，從而獲得一個與該固定指標對應的無量綱值。這種方法需要找到某項指標對應的最大值和最小值，並依據一定的計算公式進行運算。該方法存在的不足主要表現在：某項指標的最大值和最小值難於尋找和界定，多是相關學者的主觀判斷或是研究對象的最大和最小值，而研究對象的最大、最小值又是不斷變化的，因此通過該方法獲得的標準化結果準確性有待探討。

(二) 指標權重的確定

由於各個指標對生態城市評價所體現的方面不是完全平均的，這就需要對指標進行分級，從而引入權重的概念，從而使評價體系更為客觀合理。指標權重的準確與否在很大程度上影響綜合評價的準確性和科學性。已有文獻的數學模型中對權重的確定提出了多種方法。

(1) 採用變異系數法取定權重，該方法需要通過計算出多個年份各指標的綜合值，因此依賴於歷史數據的獲得，若某一指標的歷史數據不完整，則通過該方法計算的權重準確性較差。

(2) 採用層次分析法確定各指標的權重，該方法按照對各指標的相對重要性通過專家諮詢、判斷矩陣的構建以及相關計算得到二級指標的權重，而對一級指標的權重則採用平均分配的方法。

(3) 運用信息論中的熵技術對運用層次分析法確定的權重系數進行修正，再採用專家群民主決策的賦權方法確定指標的權重系數。該方法減少了因反覆的判斷和複雜的計算所帶來的麻煩。

(4) 採用相對可變權重法，其方法是將一級指標的權重之和定為一恆定值，其權重可在一定範圍內調整，將二級指標的固定權重與其對應的一級指標的可變權重相乘獲得二級指標的實際權重。

五、生態城市評價指標體系研究中存在的問題

(1) 目前的研究強調指標的普適性和城市間的可比較性，其篩選的指標大都基於統計部門和地方政府部門的統計數據，無法反應城市間相異的特徵性要素的狀態水準。指標的選取和定值缺乏地域特色，剛性有餘柔性不足，未能設計不同的指標體系用於評估和指導不同地區生態城市的實踐，體現生態城市的地域性和多樣性。這對於中國這樣一個不同區域間社會經濟與自然環境差異均十分巨大的國家來說，顯然急需改進。

（2）評價指標體系缺乏動態性。儘管研究者認識到了生態城市建設的動態性要求，但是基於生態城市建設實踐的不斷反饋而變動的評價指標體系的系列研究還未見到。對這一不足如果在未來研究中不加以彌補，評價指標體系研究對生態城市的指導作用將大打折扣。

（3）當前指標體系未能很好地反應出環境、經濟和社會三者之間的有機聯繫，比如生態系統結構和功能特徵與人類社會經濟活動之間的聯繫；指標體系中對不確定性的考慮較為粗略，未能體現出指標種類、閾值以及確定權重等過程中的彈性範圍和「時空性」。

六、中國生態城市評價指標體系

國內外對生態城市指標體系的相關研究，已經取得了許多成果。聯合國提出了生態城市的六項定性評價標準。聯合國可持續發展委員會（UNCSD）從社會、經濟、環境和制度四方面，以驅動力─狀態─反應模式構建了134個指標（後精簡為58個）。2003年，原國家環保總局制定《生態縣、生態市、生態省建設指標》，分經濟發展、生態環境保護和社會進步三個大項，指標控制在22個以內。2005年，原建設部頒布《國家生態園林城市標準（暫行）》，分城市生態環境、城市生活環境和城市基礎設施三大項共19個指標。近年來，中新天津生態城、曹妃甸國際生態城都制定了各自的指標體系。貴陽作為全國生態文明建設試點城市，在進行生態文明建設方面，一直走在全國前列：2008年在全國率先發布「生態文明城市指標體系」；2009年全國第一部促進生態文明建設的地方性法規正式通過；2014年7月11日至12日，「生態文明教育的全球視野」論壇在貴陽舉行。

目前，全球已有許多城市正在按生態城市目標進行規劃與建設，中國也正成為世界上建設生態城市最為積極和主動的國家之一。本部分採用中國城市科學研究會的最新研究成果來論述中國生態城市評價指標體系的建構。

該指標體系針對生態城市建設發展過程中的概念混亂、目標不清晰等問題，旨在建立一套設計合理、操作性強的評價指標體系，使生態城市建設過程可量測、可監督，讓城市管理決策部門明晰生態城市建設的方向，定期掌握城市發展狀態和不足之處，為城市的規劃、建設和管理決策提供參考。指標選取之際充分參考中國各部委和著名國際組織制定的各類指標體系，採用德爾菲意見徵詢、專家小組討論、案例城市調研等多種方法，確定生態城市評價指標體系。通過綜合研究，確定資源節約、環境友好、經濟持續、社會和諧、創新引領5個目標層，水資源、能源等28個專題，36個定量指標，9個定性評價指標的指標體系。

（一）指標體系確定方法與原則

1. 指標選取步驟

借鑒國際上通用的指標體系制定方法和研究框架，通過以下5個步驟來完成生態城市指標體系的制定。具體步驟包括：

（1）確定生態城市發展目標。廣泛參考國內外相關機構組織和已建或在建生態城市提出的發展目標與戰略，借鑑國內外科研機構和學者的研究成果，總結提煉，明確生態城市的內涵和發展目標。

（2）確定指標體系分類框架。根據生態城市發展目標，借鑑國際通用的相關評價指標體系的分類框架，參考中國各部委和當前在建生態城市確定的指標體系分類框架，通過多輪專家研討，確定生態城市評價指標體系的分類框架。

（3）確定指標選取標準。根據生態城市建設發展要求，借鑑國內外權威指標體系選取標準，結合中國實際國情，提出生態城市評價指標體系的指標遴選標準。

（4）確定潛在的指標庫。以生態城市指標分類框架為指導，通過廣泛查閱聯合國、世界銀行、歐盟、亞洲開發銀行等國際權威組織，住房城鄉建設部、環境保護部等國家部門和諸多生態城市實踐確定的指標體系，綜合比選確定本指標體系初選指標庫。

（5）遴選指標。根據指標選取標準，綜合利用專家評分、專家小組討論、德爾菲法意見徵詢、案例城市實地調研等方法，遴選確定最終指標。

2. 指標選取原則

指標的甄選需要綜合考慮對生態城市的指導性、可獲取性等原則，提出科學、合理、實用的指標體系。通過借鑑國內外指標體系確定的原則，根據本指標體系構建目標，主要從以下7個方面考慮指標的選取原則：

（1）科學性原則。指標要有明確的科學定義與計算方法，可以明確地用定量監測或者定性評價來計算。

（2）時效性原則。指標應該能夠按年度獲取，以定期地反應城市發展狀況。

（3）決策相關原則。指標應該能夠反應城市在某一個方面的情況，明確該指標的好壞與生態城市的關係，最好直接與政府制定政策相關聯。

（4）易於獲取原則。指標應該能夠容易獲取或者容易計算得到，盡量選取納入政府監測範圍的指標和獲取成本較低的指標。

（5）簡明性原則。指標應該簡單明瞭，顯而易見。

（6）普適性原則。適用於不同地理區域、性質、類型和規模的城市，避免由於地理區位、城市規模和發展水準等因素導致的指標自身差異。

（7）敏感性原則。指標變化能明顯反應該指標指示的要素是變好還是變壞，要有較好的區分度。

（二）指標選取過程

1. 指標搜集

在設計中國生態城市評價指標體系時，一方面要與國際接軌，要被國際社會廣泛認可，另一方面要符合中國行政體制和統計制度。因此，在本研究初步確定的指標基礎上，充分借鑑國內外已經被廣泛認可和實施的指標體系，擴大指標選取範圍。通過廣泛搜集相關資料和綜合比選，共確定聯合國可持續發展指標等13個國外指標庫和中國人居環境獎等11個國內指標庫作為指標選取參考（見表7-1）。

表 7-1　　　　　　　　生態城市指標選取參考國內外指標體系

類型	編號	指標體系名稱	指標制定機構
國外參考指標庫	1	聯合國可持續發展指標（2007 年版）	聯合國
	2	千年發展目標指標	聯合國
	3	OCED 環境指標	聯合國
	4	聯合國 21 世紀議程可持續發展指標	聯合國
	5	WHO1999 年健康城市指標	世界衛生組織
	6	WHO1996 年健康城市指標	世界衛生組織
	7	全球城市指標	全球城市指數
	8	亞洲開發銀行城市指標	亞洲開發銀行
	9	歐洲綠色城市指數	經濟學人
	10	原子能機構可持續發展能源指標	原子能機構等
	11	聯合國人居署人居議程指標	聯合國人居署
	12	社會發展指標	世界銀行
	13	環境與可持續發展指標	世界銀行
國內參考指標庫	1	生態縣、生態市、生態省建設指標	環境保護部
	2	環保模範城市	環境保護部
	3	國家生態園林城市標準（暫行）	住房和城鄉建設部
	4	循環經濟評價指標	國家發改委、環境保護部、國家統計局
	5	全國綠化模範城市指標	全國綠化委員會
	6	宜居城市科學評價標準	住房和城鄉建設部
	7	中國人居環境獎評價指標	住房和城鄉建設部
	8	中科院可持續城市指標體系	中國科學院
	9	曹妃甸國際生態城指標體系	唐山市
	10	天津中新生態城市指標體系	天津市
	11	廊坊萬莊生態城指標體系	廊坊市

2. 評價指標框架確定

一個良好的分類框架是確定科學合理指標體系的前提。當前較為普遍的指標體系分類框架為基於特定發展目標、領域和專題進行設置的專題型指標體系框架，如聯合國可持續發展委員會制定的「可持續發展指標體系」等。這類分類框架的優點是覆蓋面寬、描述性、靈活性、通用性較強，易於比較等。本研究採用專題性指標體系框架，按照生態城市發展的目標、關鍵領域和重點問題進行組織，構建生態城市評價指標體系分類框架。經過對國內外各指標體系分類框架的綜合比較分析，結合多輪專家研討建議，確定

生態城市評價指標體系分為資源、環境、經濟、社會和創新五個目標層，每個目標層下設置不同的專題，專題下面設置一系列的指標來表徵各專題狀況（見圖7-1）。

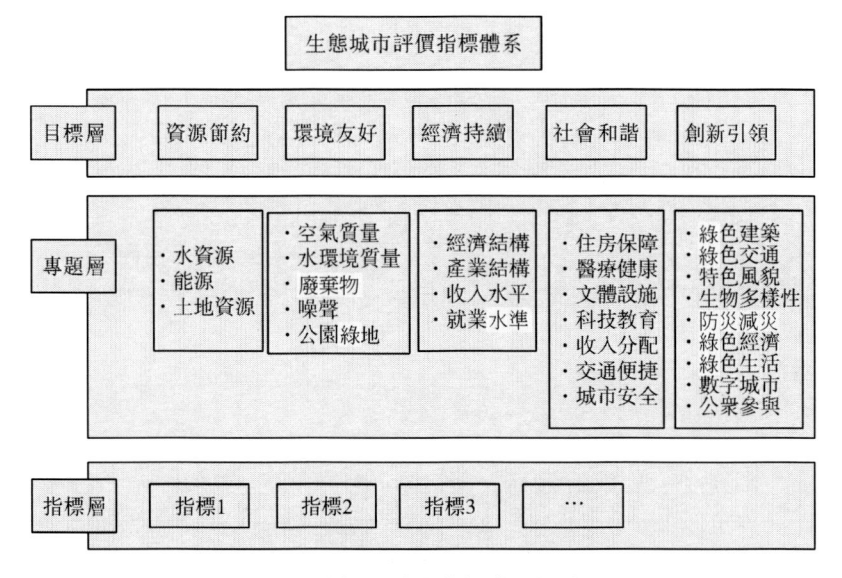

```
                    生態城市評價指標體系
    ┌─────────────────────────────────────────────┐
目標層│ 資源節約  環境友好  經濟持續  社會和諧  創新引領 │
    └─────────────────────────────────────────────┘

    ┌─────────────────────────────────────────────┐
    │ ·水資源   ·空氣質量   ·經濟結構  ·住房保障   ·綠色建築  │
專題層│ ·能源    ·水環境質量 ·產業結構  ·醫療健康   ·綠色交通  │
    │ ·土地資源 ·廢棄物    ·收入水平  ·文體設施   ·特色風貌  │
    │         ·噪聲      ·就業水準  ·科技教育   ·生物多樣性│
    │         ·公園綠地            ·收入分配   ·防災減災  │
    │                             ·交通便捷   ·綠色經濟  │
    │                             ·城市安全   ·綠色生活  │
    │                                        ·數字城市  │
    │                                        ·公眾參與  │
    └─────────────────────────────────────────────┘

指標層  指標1  指標2  指標3  …
```

圖 7-1　生態城市評價指標體系分類框架

3. 指標初選

指標初選過程主要包括：

（1）指標提名。在確定的各專題下，列舉國內外指標庫中反應本專題的指標，並進行同類合併、別出明顯不符合中國國情和統計制度的指標，優選出一定數量的備選指標。指標選擇過程盡量參考國家層面已經進行年度考核和評估的指標。

（2）指標精選。在初選出的指標之中，由研究人員對每項指標進行單獨評分，根據每個指標的科學性、可比性、決策相關性、易於獲取、簡明性、普適性、敏感性等特徵進行詳細評估。

（3）確定初選指標。在研究人員指標精選基礎上，邀請從事生態城市研究的著名專家，分小組專題討論，確定初選指標。

4. 專家問卷調查

為使本指標體系具有廣泛的社會參與度，指標選取過程通常需要通過廣泛邀請國內從事生態城市研究、規劃、建設、管理等方面的專家和社會公眾進行指標的選取意見徵詢，確定指標初選成果。

（三）指標選取結果

本研究充分結合專家小組討論、網路意見徵詢活動和深圳市、武漢市案例研究結果，經過多輪討論，去除數據計算有重複、基本反應同一問題的指標，最終確定資源節約、環境友好、經濟持續、社會和諧、創新引領5個目標層，水資源、能源等28個專

題，36個定量指標，9個定性評價指標的生態城市評價指標體系。表7-2列出了確定的指標體系和初步確定的指標參考值。

表7-2　　　　　　　　　　生態城市評價指標體系選取結果

目標	專題	選取指標	指標參考值
資源節約	水資源	再生水利用率	>30%
		工業用水重複利用率	>90%
	能源	可再生能源使用比例	>15%
		國家機關辦公建築、大型公共建築單位建築面積能耗	<85度/年/平方米
	土地資源	人均建設用地面積	80~120平方米/人
		城鎮建設用地占市域面積的比例	>50%
環境友好	空氣質量	可吸入顆粒物（PM10）日平均濃度達二級標準天數	>310天
		二氧化硫日平均濃度達二級標準天數	>310天
		二氧化氮日平均濃度達二級標準天數	>310天
	水環境質量	集中式飲用水水源地水質達標率	100%
		城市水環境功能區水質達標率	100%
	垃圾	生活垃圾資源化利用率	≥90%
		工業固體廢物綜合利用率	≥90%
	噪聲	環境噪聲達標區覆蓋率	≥95%
	公園綠地	城市建成區綠化覆蓋率	>40%
		公園綠地500米服務半徑覆蓋率	≥80%
經濟持續	經濟發展	單位國內生產總值主要工業污染物排放強度	化學需氧量<4.0千克/萬元；二氧化硫（SO_2）<5.0千克/萬元
		單位國內生產總值能源消耗	≤0.83噸標準煤/萬元
		單位國內生產總值取水量	≤70立方米/萬元
	產業結構	第三產業增加值占GDP比重	≥55%
	收入水準	恩格爾系數	<30%
	就業水準	城鎮登記失業率	<3.2%

表7-2(續)

目標	專題	選取指標	指標參考值
社會和諧	住房保障	住房保障率	≥90%
		住房價格收入比	3-6
	醫療水準	千人擁有執業醫師數量	>2.8 人
		每千名老年人擁有養老床位數	>30 張
	文體設施	人均公共圖書館藏書量	>2.3 冊/人
		人均公共體育設施用地面積	>1.5 平方米/人
	科技教育	財政性教育經費支出占 GDP 比例	≥4%
		R&D 經費支出占 GDP 的百分比	≥2%
	收入分配	城鄉居民收入比	<2.2
		基尼系數	≤0.38
	交通便捷	公共交通分擔率	>50%
		平均通勤時間	<30 分鐘
	城市安全	每萬人口刑事案件立案數	<10 件
		人均固定避難場所面積	>3 平方米/人
創新引領	綠色建築	(1) 制定綠色建築發展規則；(2) 獲得國家綠色建築認證的建築個數；(3) 綠色建築占當年竣工建築比例	
	綠色交通	(1) 設定自行車專用道；(2) 進行 TOD 模式開發；(3) 新能源汽車利用比例	
	特色風貌	(1) 制定生物多樣性保護規劃；(2) 本地植物指數；(3) 保護河流生態廊道，河流生物多樣性豐富	
	防災減災	(1) 進行適應性的城市規劃和建設，充分避讓可能發生的洪水、泥石流等自然災害；(2) 前瞻性的制定氣候變化可能帶來的海平面上升、極端氣候條件下的災害應對方案；(3) 城市建築滿足地震設防等級要求，制定應急避難場所等專項規劃	
	綠色經濟	(1) 主要農產品中有機綠色產品的比重；(2) 戰略性新興產業增加值占 GDP 的比重；(3) 循環經濟增加值占 GDP 的比重	
	綠色生活	(1) 城市開展廣泛的綠色生活方式宣傳工作；(2) 居民對綠色生活理念的認可；(3) 居民綠色生活普遍程度；(4) 城市生活垃圾分類回收處理水準	
	數字城市	(1) 無線網路覆蓋區域；(2) 智能化城市數字管理平臺構建	
	公眾參與	制定建立完善公眾參與制度，並得到有效實施	

第四節　生態城市規劃、建設與管理

一、生態城市規劃的內涵

生態城市規劃是根據生態學的原理，綜合研究城市生態系統中人與住所的關係，並應用社會工程、系統工程、生態工程、環境工程等現代科學與技術手段，協調現代城市中經濟系統與生物系統的關係，保護與合理利用一切自然資源與能源，提高資源的再生和綜合利用水準，提高人類對城市生態系統的自我調節、修復、維持和發展的能力，達到既能滿足人類生存、享受和持續發展的需要，又能保護人類自身生存環境的目的。

生態城市規劃與城市生態規劃具有根本的區別，實際上，生態城市規劃可以看作是複合生態系統觀念在各層次的城市規劃中的體現，而不僅僅是一個城市生態系統的規劃。

生態城市規劃與傳統城市規劃的區別，在於它強調以可持續發展為指導，以人與自然相和諧為價值取向，應用各種現代科學技術手段，分析利用自然環境、社會、文化、經濟等各種信息，去模擬設計和調控系統內的各種生態關係，從而提出人與自然和諧發展的調控對策。生態城市的規劃設計把人與自然看作一個整體，以自然生態優先的原則來協調人與自然的關係，促使系統向更有序、穩定、協調的方向發展，最終目的是引導城市實現人、自然、城市的和諧共存，持續發展。

二、生態城市規劃的原則、程序與主要內容

（一）生態城市規劃的原則

生態城市建設旨在促進城市的可持續發展，生態城市規劃的五項總體原則：生態保護戰略，包括自然保護、動植物及資源保護和污染防治；生態基礎設施，即自然景觀和腹地對城市的持久支持能力；居民的生活標準；文化歷史的保護；將自然融入城市。具體來說，包括以下幾個原則：

1. 城市生態位最優化原則

生態位是指物種在群落中，在空間和營養關係方面所占的地位。城市生態位是一個城市提供給人們的或可被人們利用的各種生態因子和生態關係的集合。它不僅反應了一個城市的現狀對於人類各種經濟活動的適宜程度，而且也反應了一個城市的性質、功能、地位、作用、人口、資源、環境的優劣勢，從而決定它在人們心目中的吸引力和離心力。城市生態位是決定城市競爭力的根本因素。

城市生態位的最優化可以從宏觀和微觀兩方面來解讀，從宏觀層面而言，城市生態位是表現了整個城市的經濟、文化等事業的發展情況，以及人們物質、精神等生活水準的變化情況；從微觀層面而言，城市生態位在提供優良的生態方面對每個城市居民都應

是公平的。雖然城市提供給居民的居住空間，從空間角度來看存在差異，但生態位大體是相當的。

2. 生物多樣性原則

大量事實證明，生物群落與環境之間保持動態平衡穩定狀態的能力，同生態系統的物種、結構的多樣性、複雜性呈正相關關係。也就是說，生態系統結構越多樣、複雜，其抗干擾的能力則越強，因而也越容易保持其動態平衡的穩定狀態。城市生物多樣性，是指城市範圍內除人類以外的各種活的生物體，在有規律地生長在一起的前提下，所體現出來的基因、物種和生態系統的分異程度。城市生物多樣性與城市自然生態環境系統的結構、功能直接聯繫，與大氣環境、水環境、岩土環境共同構成了城市居民賴以生存的生態環境基礎，是生物與環境間、生態環境與人類間的複雜關係的體現。城市生態環境是指特定區域內的人口、資源、環境通過複雜的相生相克關係建立起來的人類聚居地。

由於與自然界的生物生存的環境有較大的差異，城市生物多樣性也表現出自身的特點。在經濟價值、豐富度、地球物質循環與能量代謝等方面，城市生物多樣性雖然與自然界生物多樣性無法相比，但由於城市生物多樣性是在一個相對狹小的面積上，近距離為城市人口服務，因而它是非常重要的。

3. 城市的成長性原則

城市的發展是一個動態的過程，而城市規劃也是隨著城市的發展而變化的，城市規劃要為城市的未來留下足夠的發展空間。成長性是生態系統的基本特徵，一切自然群落和人工群落都遵循群落生長或演替的規律運行。人們在利用自然資源時，也必須遵循這一規律，否則就會導致「生態逆退」。將成長性原則運用於城市規劃，就是將一個城市的文脈、歷史、文化、建築、鄰里和社區的物質形式當作一種生命形式、生命體系來對待，人們要根據它的「生命」歷史和生存狀態來維護它、保護它、發展它和更新它。

4. 生態承載力原則

城市生態承載力原則是指從生態學角度來看，城市發展以及城市人群賴以生存的生態系統所能承受的人類活動強度是有限的，即城市存在著生態極限。城市發展有一定的規模，自然生態環境是限定城市發展規劃的最主要因素。在城市規劃中，堅持城市生態承載力原則，應做到以下幾個方面：

(1) 在城市規劃過程中，要科學地估算城市生態系統的承載能力，並運用技術、經濟、社會、生活等手段來提高這種能力。

(2) 要調整控制城市人口的總數、密度與構成。這是一個城市生態經濟發展的重要指標。

(3) 要考慮城市的產業種類、數量結構與佈局。這些指標對生態環境資源的開發與利用、污染的產生與淨化，都具有十分重要的影響。

(4) 要考慮環境的自淨能力和人工淨化能力，它們直接關係著城市的生存質量與發展規模。增加興建城市生態森林廣場來取代大型硬底廣場，通過立體綠化來增加、提

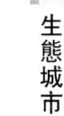

高對空氣污染的自淨能力。適當興建污水處理廠，增強對水污染的人工淨化能力。

（5）要考慮城市生態系統中資源的再利用問題。通過對系統中人文要素的合理佈局，達到資源循環利用的目的；通過規劃建設生態型建築，增加人文要素與自然要素的融合性、相互增益性，從而提高城市生態的承載力。

5. 複合生態原則

生態城市的社會、經濟、自然各子系統是相互聯繫、相互依存、不可分割的，共同構成有機整體。規劃設計必須將三者有機結合起來，三者兼顧、綜合考量，不偏廢任一方面，使整體效益最高。規劃設計要利用三方面的互補性，協調相互之間的衝突和矛盾，努力在三者間尋求平衡。這一原則是規劃的難點和重點，規劃既要利於自然，又要造福於人類，也不能只考慮短期的經濟效益，而忽視人的實際生活需要和可能對生存的長遠影響，社會、經濟生態目標要提到同等重要的地位來考慮，但在某些規劃問題上，生態環境問題比短期的經濟利益更要得到優先考慮，因為經濟決策可以根據實際情況進行修改調整，但造成的社會、環境後果卻不容易改變，會持續很長的時間。

以上這些原則是普遍性的，但生態城市是地區性的，地區的特殊性又受自然地理和社會文化兩方面的影響，因此，這些原則的具體應用需要與空間、時間和人（社會）的結合，在不同的實際情況中靈活應用。

（二）生態城市規劃的程序

生態城市規劃一般遵循七個步驟：確定規劃目標—資源數據清單和分析—區域適宜度分析—方案選擇—規劃方案實施—規劃執行—方案評價。生態城市規劃不僅限於土地利用和資源管理，而應根據城市社會、經濟、自然等方面的信息，從宏觀、綜合的角度，研究區域或城市的生態建設或在對城市複合生態系統中社會、經濟、自然的廣泛調查基礎上，結合專家諮詢意見，應用城市生態學、系統分析和城市規劃原理相結合的方法而進行。

在生態城市規劃的實際操作過程中，各個城市根據自己的情況不同，可能在規劃程序上有差別。但主要的操作程序相同，就是首先瞭解城市的目前狀況，然後根據生態城市建設的目標進行各專項規劃。

（三）生態城市規劃的主要內容

1. 城市生命支持系統

城市生態的生存與發展取決於其生命支持系統的活力，包括區域生態基礎設施（光、熱、水、氣候、土壤、生物等）的承載力、生態服務功能的強弱、物質代謝鏈的閉合與滯竭程度，以及景觀生態的時、空、量等的整合性。其重點在於以下幾點：

第一，水資源利用規劃。市區：開發各種節水技術，節約用水；雨污水分流，建設儲蓄雨水的設施，路面採用不含鋅的材料，下水道口採取隔油措施等，並通過濕地等進行自然淨化。郊區：保護農田灌溉水；控制農業面源污染，禽畜牧場污染，在飲用水源地退耕還林；集中居民用地以更有效地建設、利用水處理設施。

第二，土地利用規劃。合理的土地利用規劃是維護城市生態系統平衡、保持其健康

發展的保證。城市建設用地的擴張是造成地球生態能力損失的重要原因之一。這種生態能力的損失不僅僅體現在直接的土地生物生產量上，更為嚴重的是由此引發的連鎖反應。由於土壤活性喪失導致的生態系統物質循環阻斷，不僅使得世界上大多數城市垃圾圍城，更嚴重的是某些物質無法迴歸自然本位，造成地球環境的總體災變。城市生態系統的有機整體性要求各個子系統必須相互協調，任何局部的失調都有可能造成整個系統崩潰。科學合理的土地利用規劃是生態城市規劃的重要組成。

第三，能源規劃。節約能源，建築充分利用陽光，開發密封性能好的材料，使用節能電器等；開發能源和再生能源，充分利用太陽能、風能、水能、生物制氣。能源利用的最終方式是電和氫氣，使污染達到最小。

第四，交通規劃。發展電車和氫氣車，使用電力或清潔燃料；市中心和居民區限制燃油汽車通過，保留特種車輛的緊急通道。通過集中城市化、提高貨運費用、發展耐用物品來減少交通需求；提高交通用地的效率；發展船運和鐵路運輸等。

第五，生態綠地系統規劃。打破城郊界限，擴大城市生態系統的範圍，努力增加綠化量，提高城市綠地率、覆蓋率和人均綠地面積，調控好公共綠地均勻度，充分考慮綠地系統規劃對城市生態環境和綠地遊憩的影響；通過合理佈局綠地以減少汽車尾氣、蒸塵環境污染；考慮生物多樣性的保護，為生物棲境和遷移通道預留空間。

2. 空間發展戰略規劃

良好的空間發展戰略規劃是生態城市規劃的基礎內容。許多現代城市出現交通、大氣污染、功能團混亂等問題的主要原因就是在城市規劃時就沒有良好的空間發展佈局規劃，許多城市出現了攤大餅現象。生態城市建設中要解決這些問題，就必須從戰略高度認識到空間佈局規劃的重要性。

3. 生態產業規劃

生態產業通過兩個或兩個以上的生產體系之間的系統耦合，使物質、能量能多級利用、高效產出，資源、環境能系統開發、持續利用。生態產業注重改變生產工藝，合理選擇生產模式。循環生產模式能使生產過程中向環境排放的物質減少到最低程度，實現資源、能源的綜合利用。

生態產業規劃通過生態產業將區域國土規劃、城鄉建設規劃、生態環境規劃和社會經濟規劃融為一體，促進城鄉結合、工農結合、環境保護和經濟建設結合；為企業提供具體產品和工藝的生態評價、生態設計、生態工程與生態管理的方法。

4. 生態人居環境規劃

城市的表現形式體現為社區的格局、形態，人作為複合生態系統的主體，其日常活動對城市生態系統的好壞起著重要作用。因此，生態城市規劃中強調社區建設，創造和諧、優美的人居環境。

第一，生態建築方面。開發各種節水、節能生態建築技術，建築設計中開發利用太陽能，採用自然通風，使用無污染材料，增加居住環境的健康性和舒適性；減少建築對自然環境的不利影響，廣泛利用屋頂、牆面、廣場等立體植被，增加城市氧氣產生量；

區內廣場、道路採用生態化的「綠色道路」，如用帶孔隙的地磚鋪地，孔隙內種植綠草，增加地面透水性，降低地表徑流。

第二，生態景觀方面。強調歷史文化的延續，突出多樣性的人文景觀。充分發揚利用當地的自然、文化潛力，以滿足居民的生活需要；建設健康和多樣化的人類生活環境。

第三，生態社區方面。社區作為生態城市管理體系主體構成最重要的部分，在生態城市規劃中也是重要的組成部分。生態社區規劃時要充分考慮到社區的發展和環境的承載能力。

三、生態城市的建設

生態城市建設是基於城市及其周圍地區生態系統承載能力的走向、可持續發展的一種自適應過程，必須通過政府引導、科技催化、企業興辦和社會參與，促進生態衛生、生態安全、生態產業、生態景觀和生態文化等不同層面的進化式發展，實現環境、經濟和人的協調發展。建設以適宜於人類生活的生態城市首先必須運用生態學原理，全面系統地理解城市環境、經濟、政治、社會和文化間複雜的相互作用關係，運用生態工程技術設計城市、鄉鎮和村莊，以促進居民身心健康、提高生活質量、保護其賴以生存的生態系統。生態城市旨在採用整體論的系統方法，促進綜合性的行政管理，建設一類高效的生態產業、人們的需求和願望得到滿足、和諧的生態文化和功能整合的生態景觀，實現自然、農業和人居環境的有機結合。

建設生態城市包含以下五個層面：

第一，生態安全。向所有居民提供潔淨的空氣、安全可靠的水、食物、住房和就業機會，以及市政服務設施和減災防災措施的保障。

第二，生態衛生。通過高效率低成本的生態工程手段，對糞便、污水和垃圾進行處理和再生利用。

第三，生態產業。促進產業的生態轉型，強化資源的再利用、產品生命週期設計、可更新能源的開發、生態高效的運輸，在保護資源和環境的同時，滿足居民的生活需求。

第四，生態景觀。通過對人工生產、開放空間，如公園、廣場、街道橋樑等連接點和自然要素、水路和城市輪廓線的事例，在節約能源、資源，減少交通事故和空氣污染的前提下，為所有居民提供便利的城市交通。同時，防止水環境惡化，減少熱島效應和對全球環境惡化的影響。

第五，生態文化。幫助人們認識其在與自然關係中所處的位置和應負的環境責任，尊重地方文化，誘導人們的消費行為，改變傳統的消費方式，增強自我調節的能力，以維持城市生態系統的高質量運行。

四、生態城市的管理

在生態城市的建設過程中，對生態城市的整個建設進行全過程系統管理是非常關鍵

的。生態城市管理同生態城市規劃、生態城市建設同等重要。生態城市管理是指把生態城市視為一個複合系統，運用系統科學的理論和方法，控制和實施對生態城市的全面管理。生態城市管理由生態城市管理目標、管理主體、管理對象、管理方法等組成，是一個涉及面廣、多目標、多層次、多變量的綜合性系統。生態城市管理必須超越傳統城市管理的舊模式，對城市管理的思想、方法、手段等進行變革，建立適應生態城市運行的新的管理體系。

生態城市的建設和管理是一個系統工程，涉及城市建設和管理的方方面面。政府作為城市的管理者，需要有管理理論的指導。現代管理理論隨著社會的「工業化」發展而來，理論發展豐富充實。對於西方的優秀管理理論，我們應採取「拿來主義」方式，取其精華、去其糟粕，瞭解其產生的背景，結合中國的特殊情況，創建出具有中國特色的現代管理理論。

(一) 生態城市管理目標

1. 經濟目標──效率增長

一個真正意義上的生態城市，從經濟角度來說，要有合理的產業結構、產業佈局，適當的經濟增長速度；更重要的是，要有節約資源和能源的生態方式，要有低投入、高產出、低污染、高循環、高效運行的生產系統和控制系統；尤其強調的是資源和能源的有效利用和系統過程的高效運行，最大限度用最少的投入獲得最大的產出和效率。

2. 社會目標──公平富裕

建立生態城市管理體系的社會目標就是達到公平富裕，在保證城市系統經濟健康發展的同時，不能使貧富差距擴大，嚴格控制基尼系數；提高居民的生活質量，不斷降低恩格爾系數。

3. 自然目標──生態良性循環

生態目標是要達到生態良性循環。也就是說，在城市系統內部保持物質、能源的循環流動，從外界輸入的能量流、物流、信息流以保持抵消系統運行中的熵增為限；減少不可利用的廢棄物的產生，提倡生態化生產和消費，變末端治理為前端治理。總而言之，要保持生態城市本身的發展是理性的、自覺的，符合社會利益的。

(二) 生態城市管理原則

生態城市社會、經濟及形態等方面的網狀結構，決定了其管理必定打破傳統條塊分割的情況，加強橫向聯繫，建立起網路組織管理結構，實現網路式管理。為了進行科學管理，必須制定相應的管理原則和方法，以確保生態城市充分發揮各種功能，滿足人民物質和生活的多種需要，實現城市的可持續發展。生態城市管理原則，就是管理在對生態城市進行管理時所必須遵守的行為準則與規範。儘管每個城市在實現生態化的進程中各自的條件、實現的目標、發展模式不一，但總體來說必須共同遵守以下一些基本原則。

1. 最大限度滿足公眾需要的原則

這是城市建設的根本目的。這裡所謂的最大限度，是指在當前經濟條件尤其是當前

生產力條件下能夠滿足公眾需要的最大限度。為城市居民創造合理、美好的生活和工作環境，是每一個城市發展中應追求的目標。要處理好發展與資源環境承載力的關係，促進人與自然和諧發展。在滿足人們日益增長的物質文化需求的同時，一定要符合生態城市建設進程中的不同情況，既注意市民生活質量的提高，又不誘導居民超前消費、盲目消費，減少生態環境的破壞。

2. 統一規劃、統一投資、統一建設、統一管理的原則

生態城市是一個完整的系統，各子系統只有在城市管理者和決策者的統一規劃指導下，各行各業之間才能合理佈局，合理投資建設。歷史已經證明，計劃經濟時期條塊分割的管理體制，割斷了城市各部門之間的有機聯繫，各自為政，造成重複建設。同時，只考慮局部合理，而違背了城市的本質就是社會化的原理，阻礙了城市和現代化發展。日益加快的現代化步伐使中國城市管理體制處於新舊兩種體制轉換時期，生態城市管理必須要從過去的分割局面轉到統一規劃、投資、建設及管理的軌道上來。

3. 追求綜合效益原則

追求綜合效益原則是指經濟效益、社會效益和環境效益三者統一相互促進的原則。堅持追求綜合效益原則就是要從城市總體戰略目標出發，對經濟活動、社會活動、環境條件做全面的綜合的規劃管理，以使生態社會效益、經濟效益、環境效益得到協調發展。高度的社會化生產沒有相互配套的基礎設施不行，高標準的基礎設施沒有高質量的空間環境也不行。在生態城市建設與管理中，一定要兼顧三方的利益，取得最佳綜合效益。考核城市效益的指標也不應是單純從經濟上做投入產出分析，而應是深層次、系統化、多向度的目標體系，促使城市的經濟建設、文化建設、環境保護協調發展。

4. 實行因市制宜的原則

不同的城市自然條件與發展方向不同，其功能也不一樣。不同特徵的城市，在生態城市規劃、建設及管理中都應區別對待，而不能脫離實際，實施教條式管理。

5. 整體性原則

要從生態城市系統的整體著眼，把握生態城市的整體特性構建生態城市管理系統。要在管理系統各子系統之間構建支配與從屬、策動與回應、決策與執行、控制與反饋、催化與被催化等一系列不對稱關係，並科學地劃定這些關係比例，使之綜合運用，主動協調生態城市系統各要素與系統及要素之間的相互關係，統籌兼顧，做到局部服從整體，整體效益最優。

6. 動態性原則

生態城市是一個非平衡的、動態的發展系統，必須要從系統外不斷輸入負熵流，才能維持它的相對的穩定狀態。構建生態城市管理系統要充分研究並掌握生態城市的運動規律，生態城市管理系統既要適應生態城市的發展，又要調節、控制和引導生態城市的發展，保證生態城市在發展中不斷地根據外界條件進行相應的優化調整。

7. 開放式原則

世界上任何有機系統都是耗散結構，要與外界不斷交流物質、能量和信息才能維持

其生命。生態城市管理系統同生態城市一樣是一個開放性的系統，要保持自身的活力就要對外開放，為負熵流的引入創造通暢的渠道。

案例連結：國外生態城市建設經典案例

　　城市的低碳、生態、綠色發展是解決資源能源危機、緩解生態環境惡化、應對氣候變化等問題的重要途徑。國外很多國家都把建設生態城市作為公共政策來推動和引導城市發展，並累積了諸多成功經驗。國內很多城市在國家可持續發展和生態文明戰略引導下，各地均提出建設生態城市的發展目標，並在最近幾年陸續開始了實質性建設，特別是生態新城建設呈現出數量多、規模大、速度快的特點。但由於理念、政策、技術、管理等方面尚未形成系統的標準體系，部分項目存在理念和技術的偏差而受到專家和公眾的質疑。

　　國外生態城市建設重點領域的主要做法，吸取其成功經驗，可對國內生態城市建設提供借鑑。

一、瑞典斯德哥爾摩

　　斯德哥爾摩作為世界著名的生態城市，2007年被歐洲經濟學人智庫評為全球宜居城市，2010年被歐洲委員會授予「歐洲綠色之都」稱號。斯德哥爾摩在能源、交通、資源回收利用等領域均有突出表現。

　　在能源方面，該市自20世紀50年代以來利用電加熱系統逐步取代燃煤和燃油鍋爐為商業和住宅樓宇供熱，部分地區的居民採用海水制冷系統調節室溫。

　　建築規範規定所有新建建築一次能源最大使用量為100千瓦時/平方米，並大力推動既有公共建築的節能改造。城市能源利用要求60%的用電量和20%的一次能源消費要來自可再生能源。該市有12%的家庭購買獨立認證的由可再生能源產生的電力，污水處理過程產生的沼氣可用於居民做飯。

　　在交通方面，首先，在市中心建設功能混合的生態住區來減少出行需求，降低私家車使用；第二，通過改造街道來增加步行和自行車道，建設軌道交通，增加通勤公交運量；第三，在市中心易引起交通擁堵的地區徵收通行稅，提高了拼車和非機動出行比例；第四，鼓勵交通工具使用可再生能源，目前75%的公共交通利用可再生能源產生的電力、生物燃料和沼氣，100%的公共汽車使用可再生能源，9%的私家車採用乙醇、沼氣、混合動力電動或超低排放汽車。

　　在土地利用方面，斯德哥爾摩出抬政策鼓勵利用存量土地進行開發。2001—2007年，約1/3的新建住宅利用棕地進行開發。斯德哥爾摩有可達性良好的公園體系，全市公園綠地占城市面積的36%，距公園綠地200米範圍內居住著約85%居民，300米範圍內達90%。

二、美國波特蘭

　　波特蘭市是美國俄勒岡州最大的城市，2000年被評為創新規劃之都，2003年被評為生態屋頂建設先鋒城市，2005年分別被評為美國十大宜居城市之一和全美第二宜居城市，2006年被評為全美步行環境最好的城市之一。

在城市規劃方面，波特蘭大都會區在美國最早利用城市增長邊界作為城市和郊區土地的分界線，控制城市的無限擴張。城市增長邊界具有法律效力，在控制城市無序蔓延的同時提高城市土地利用效率和保護邊界外的自然資源。波特蘭大都會區的 GIS 規劃支持系統是美國最先進和最複雜的規劃信息系統，它不僅為大都會區的城市管理提供信息服務，並在城市的長期規劃中為決策者和規劃師們提供未來土地利用、人口、住宅和就業等變化的預測。

在土地利用政策方面，波特蘭遵循精明增長原則，強調高密度混合的用地開發模式，提倡公交導向的用地開發。在 20 世紀 50 年代就通過建設市區有軌電車成功帶動了老城區的繁榮，使市民對私家車的依賴降低了 35%。1988 年，波特蘭成為第一個將聯邦政府撥款用於 TOD 建設的城市。波特蘭的交通系統以緊密接駁的公交系統和慢行系統著稱。公交系統以輕軌和公交為主，輔以示範性的街車和纜車系統。輕軌系統連接區域主要節點，如市中心、機場、居住和就業中心等。公交系統採用智能化管理方式，對車輛運行時間即時顯示，並使用智能手機進行公交計費。

在可再生能源利用和節能方面，波特蘭市主要利用風能和太陽能發電，並主要通過發展綠色建築來提高能源的使用效率。波特蘭綠色建築的市場價格比傳統建築多了 3%~5%，有許多非營利性機構無償為綠色建築提供技術支持、材料顧問和政策諮詢。通過發展電動車及其相關產業，如電能儲存等實現交通節能。

在廢棄物利用方面，波特蘭市提出在 2015 年將廢物利用率提高到 75% 的目標，其固體垃圾至少分成四類回收：紙、玻璃、植物、廚餘垃圾。廚餘垃圾全部使用食物研磨機進行粉碎處理，排入排水系統。

三、加拿大溫哥華

溫哥華是加拿大西部最大的城市，在 2003 年、2004 年被美洲旅行社協會授予「美洲最好的城市」，2004 年被國際城區協會授予「城區建設獎」，2005 年被英國經濟學家智庫（EUI）授予「世界最適宜居住的城市」。溫哥華在高密度城市環境下創造了宜居和充滿活力的空間，市內交通便利，公共服務完備，景觀優美且豐富多樣，是大城市建設生態宜居城市的典範。

溫哥華為應對全球氣候變化和實現城市可持續發展，提出了未來十年城市發展指標體系，明確了可持續發展方向與要求。該指標提出到 2020 年，溫哥華共產生 2 萬個新的綠色工作崗位，溫室氣體排放在 2007 年基礎上降低 33%，新建建築實現碳中和，既有建築提升 20%，超過 50% 的出行不需要汽車，人均垃圾產生量下降 40%，人均生態足跡、水消耗量、食品碳排放量均減少 33%，並種植 15 萬棵樹，讓人 5 分鐘便可親近自然。

在土地利用方面，為減少土地消耗，防止低密度擴張，溫哥華堅持集約和精明的土地利用政策，把城市未來發展集中在存量土地範圍，鼓勵發展中高密度社區，便於就近工作和居住。利用公交系統和社區服務設施，避免城市無序蔓延。在交通方面，溫哥華通過大力推廣公共交通系統鼓勵市民改變出行方式，降低對私家車的依賴。其交通通行優先次序為步行、自行車、公交系統、貨物交通，最後是私人汽車。在綠色空間建設方

面，利用開敞空間體系將建成區分為若干獨立規劃的居住組團，合理布置低層和高層住宅，在保持人性化尺度的同時實現居住高密度。在城市空間結構方面，通過營造多中心、多層級的都市中心，運用「集中增長模式」，在劃定範圍內統一配置公共基礎建設及其他城市服務。在社區建設方面，溫哥華堅持為社區提供更多服務設施和工作機會，使居民的工作、生活與娛樂無須長途出行，並通過設施完善的社區建設實現區域增長。

四、新加坡

新加坡是亞洲著名的花園城市，連續多年被評為全球宜居城市，十次當選亞洲人最適宜居住城市。新加坡生態城市建設特點主要表現為：一是在城市生態建設方面，早在1965年就提出建設花園城市的設想，20世紀60年代開始環境整治、種植樹木、建設公園，要求每個鎮區中應有一個10公頃的公園，距居民區500米範圍內應有一個1.5公頃的公園。20世紀70年代重點進行道路綠化，要求每條路兩側都有1.5米的綠化帶。80年代通過實施長期生態保育戰略計劃，將5%的土地設為自然保護區，要求每千人享有0.8公頃的綠地。90年代建設連接各公園的廊道系統，建設綠色基礎設施。二是在公共交通發展方面，通過建設貫穿全國的地鐵、輕軌系統和陸上公交汽車網路系統來解決市民的出行問題。通過GPS自動調動系統提高出租車效率，通過電子收費系統限制公交車以外的車輛在高峰時間進入鬧市區，並實行年度汽車限購政策，防止車輛快速增長。三是在城市住房方面，新加坡通過推進「居者有其屋」計劃，共建成12多萬套公寓和店鋪來解決城市的人口住房和就業問題，既實現了社會公正，又推動了城市建設。四是在綠色建築方面，新加坡從2008年開始要求所有新建建築都必須達到綠色建築最低標準，超過5,000平方米空調面積的新建公共建築達到綠色標誌白金評級。既有公共建築到2020年超過1萬平方米空調面積的要達到綠色標誌超金標準。政府出售土地時，要求工程達到較高層綠色標誌評級（白金和超金）。

（資料來源：http://www.sohu.com/a/145011383_774581.）

復習思考題

1. 何謂生態城市？建設生態城市有什麼意義？
2. 簡述生態城市的評價方法。
3. 生態城市管理應遵循的原則是什麼？
4. 簡述生態城市規劃的程序及主要內容。
5. 結合實際，論述中國生態城市評價指標體系。

第八章

欠發達地區的生態經濟建設

  中國欠發達地區面積廣，人口多，自然條件複雜，自然資源和生物多樣、豐富，為中國經濟發展提供寶貴的資源和生態支撐。如今，欠發達地區的生態環境不斷惡化，環境形勢相當嚴峻，生態經濟建設尤為重要。所以，我們要以實現欠發達地區經濟的可持續發展為根本途徑，解決人與自然之間的矛盾、經濟發展與環境保護之間的矛盾，積極探索欠發達地區的生態經濟建設方式。

第一節　欠發達地區生態經濟建設的意義

一、確保農業的可持續發展

農業是國民經濟的基礎，農業是決定一個地區經濟健全完善的基本條件，欠發達地區生態經濟建設是確保農業可持續發展的重要保障。由於各種原因，中國農業發展滯後，黨的十八以來，政府充分認識到農業可持續發展的重要性，並已經明確指出，農業與農村的可持續發展是中國社會經濟全面可持續發展的根本保證和優先領域。由於在地理、生態和政治、經濟環境等方面的特殊性，欠發達地區農業的可持續發展也具有特殊性。正確分析欠發達地區農業的資源現狀，合理開發利用農業資源，確保農業的可持續發展，具有十分重大的現實意義和深遠的歷史意義。在生態環境日益惡化的情況下，只有改變傳統農業的發展方式，用生態農業替代傳統農業，欠發達地區農業的可持續發展才能有效實施。

馬克思在《資本論》中指出：「在自然肥力相同的各塊土地上，同樣的自然肥力能被利用到什麼程度，一方面取決於農業化學的發展，另一方面取決於農業機械的發展。這就是說，肥力雖然是土地的客觀屬性，但從經濟學方面說，總是同農業化學和農業機械的現有發展水準有關係，因而也隨著這種發展水準的變化而變化。從耕種的發展過程來說，可以由比較肥沃的土地轉到比較不肥沃的土地，同樣也可以採取相反的做法。」馬克思的這一論述指出了發展農業的主要制約因素——土地肥力的重要性和可逆性，說明農業的可持續發展必須建立在對廣義土地資源的合理利用上，這是確保土地得以永續利用的關鍵。只有土地資源具有持續的生產力，人類賴以生存的基本生活資料得以永續供給，人類社會才能實現可持續發展。

二、維繫國家生態安全大局

欠發達地區生態經濟建設對維繫國家生態安全大局具有重要的戰略意義。欠發達地區多處於中國西部，西部是中國很多大江大河的發源地，如長江、黃河等，因此西部生態環境的好壞，不僅關係到西部本身經濟社會的可持續發展，而且會影響到這些流域的生態安全和經濟安全，其生態建設對確保流域中下游地區的國土安全、人民生命財產安全和經濟發展意義重大。長期以來，由於資源開發利用不當，導致西部地區的森林面積銳減、草地植被破壞、水土流失、沙化嚴重，對中下游地區的生態造成了惡劣影響。因此，加強欠發達地區生態環境治理與保護，在欠發達地區進行生態經濟建設對維繫全國生態安全大局具有重要的戰略意義。

三、推進和諧社會的建設

欠發達地區生態經濟建設是實現中國經濟生態發展目標和構建和諧社會的重要保

證。中國一半以上的貧困人口居住在欠發達地區，欠發達地區發展經濟的原動力又主要來自農業。由於土地的邊際效用遞減，傳統農業發展到今天已經不能滿足欠發達地區人們的生產生活需要了。如果欠發達地區的經濟不發展，會影響整個國家經濟發展的大局。為改變欠發達地區落後的經濟，必然從建設生態經濟著手，建立生態農業，從而帶動欠發達地區的經濟建設，從根本上實現欠發達地區農業和農村經濟的可持續發展。只有欠發達地區的生態經濟快速發展起來，中國生態經濟發展的戰略才具備可靠的物質基礎，也只有通過生態經濟的建設，欠發達地區和中東部地區的差距才會逐漸縮小，才有利於構建和諧社會。

第二節　欠發達地區生態經濟建設的現狀

一、產業結構層次低

產業結構，也稱國民經濟的部門結構，是指國民經濟各產業部門之間以及各產業部門內部的構成。社會生產的產業結構（部門結構）是在一般分工和特殊分工的基礎上產生和發展起來的。從宏觀上來講，產業結構主要研究生產資料和生活資料兩大部類之間的關係；從微觀上來講，產業結構主要是研究農業、輕工業、重工業、建築業、服務業等部門之間的關係，以及各產業部門的內部關係。

現代產業結構理論認為，經濟發展與產業結構變遷是相互聯繫相互影響的。產業結構的優化升級依賴於經濟的發展，同時產業結構的優化又可以推動經濟的快速發展。與發達地區相比，欠發達地區產業發展的差距主要在於：產業結構層次低、產業優化升級速度偏慢、創新能力不足、產品附加值偏低。產業結構層次低下制約著欠發達地區生態經濟的發展。下面具體針對第一、第二、第三產業的內部結構進行分析。

（一）第一產業

中國欠發達地區具有農業人口多、人口增長快、人口受教育程度低和生產生活方式落後等特徵，對農業生態造成了嚴重破壞。主要體現在以下兩個方面：

1. 人口增長對生態環境的破壞

人口增長過快，導致資源環境與人口比例嚴重失調，加劇了對生態環境的破壞。欠發達地區由於交通不便，與外界交流較少，人們的觀念還比較保守，很多地方還固守傳統的「人丁興旺」「多子多福」「人多好辦事」觀念，因此，從總體上來看，欠發達地區人口增長速度高於全國人口增長的平均水準。過快的人口增長增加了對糧食的需求，為增加糧食產量，必然導致開荒種地、毀林造田的行為，這種行為破壞了農業生態環境，然而欠發達地區由於生態環境脆弱，對人類活動非常敏感，自身抵禦能力和恢復能力差，不合理的開發行為使欠發達地區陷入了「越墾越荒，越窮越墾」的惡性循環之中，影響欠發達地區的生態經濟建設。

2. 農業生產效率低下

欠發達地區經濟發展落後,農民收入和財政收入普遍較低,沒有多餘資金投入到農業科研、基礎設施等公共服務建設,生產技術水準不高,很多地區都存在著粗放式的農業灌溉、過度放牧等傳統的農業生產活動,農業生產率低,影響農業循環發展與農業規模經濟的發揮。

(二) 第二產業

欠發達地區技術密集型產業比重偏低,高能耗、重污染的資源密集型產業所占的比重較大。主要表現在以下三個方面:

1. 欠發達地區承接產業轉移的企業往往層次比較低

隨著經濟發展,要素成本上升,發達地區往往會選擇發展新興產業,向欠發達地區轉移高污染、高消耗的產業來調整產業結構。而欠發達地區由於經濟發展落後,科研投入不足,新興產業的發展缺乏必要的科技與經濟支撐,需要通過承接產業轉移來發展工業經濟。因此,產業轉移加大了對欠發達地區資源的消耗與環境的污染。

2. 欠發達地區對資源的開發和利用往往不合理

欠發達地區環保意識相對薄弱,在承接的產業轉移過程中,往往會以犧牲環境為代價來換取短期的經濟增長。因此,如果欠發達地區在此過程中缺乏理性分析,只注重承接的規模與 GDP 增速,一味地開採和消耗資源,而不注重科學合理的規劃與產業佈局,一味地排放污染物,而不注重技術處理與環境保護,其結果必然導致欠發達地區資源的耗竭與環境的惡化,使本來就脆弱的生態環境持續惡化,最終使資源難以循環利用,經濟難以持續發展。

3. 欠發達地區往往忽視對生態環境的建設

欠發達地區的地方政府由於受利益驅動,往往忽視生態環境的建設,忽視由於環境污染和生態破壞對經濟建設所造成的不利影響。中央政府和地方政府之間存在著利益博弈,中央提倡建設生態經濟,但是建設生態經濟的有效實施必須依靠地方政府,由於目前中國幹部政績考核標準尚未從根本上得到轉變,很多地方政府,尤其是欠發達地區的地方政府以追求 GDP 增速作為主要政績來抓,當經濟增長與環境保護之間發生矛盾時,地方政府往往更傾向於保護經濟增長,而放任高污染企業的發展,致使當地的生態環境不斷惡化。

(三) 第三產業

對於欠發達地區而言,在中央和地方政府的大力支持和鼓勵下第三產業有了較大的發展,但是從整體上來看,第三產業所占比重依然偏低,發展嚴重滯後,在第三產業內部,餐飲、旅遊、商業零售等傳統服務業所占比重大,信息諮詢、現代金融、現代物流服務等現代服務業所占比重小。過去人們認為,發展第三產業所需資源消耗低,對環境污染少,大力發展第三產業能有效緩解目前經濟增長過程中產生的資源環境瓶頸,然而這只是相對於第三產業內部的某些行業而言。從整體上來看,隨著社會經濟結構的變化,傳統服務業的污染問題已成為繼工業污染之後又一環境污染來源。服務業與人們的

生產生活息息相關，滲透到衣食住行的各個方面，比如過度旅遊會對自然生態、人文景觀造成損害，飯店使用的一次性餐具會造成白色污染等，服務業的服務過程通常會伴隨著資源、能源的消耗和噪聲、電磁輻射等污染的產生。服務業的污染與第一、第二產業對環境的顯性破壞不同，服務業的污染往往又不是服務本身所造成的，因而較為隱蔽，不易察覺，但是其對環境的破壞又是客觀存在的。因此，對於傳統服務業占第三產業絕大多數的欠發達地區而言，需要按照生態經濟的發展要求從各個方面對第三產業進行改造，提升傳統服務業。

二、產業集聚度低

產業集聚是指某一產業的企業大量集聚於某一特定的地理區域內，通過共享基礎設施、技術集中開發，形成穩定且具有競爭力的集合體。產業集聚是產業演化過程中出現的一種地緣現象，是工業化發展到一定階段的必然產物，產業集聚能夠產生規模收益和正的外部經濟，能夠對一定區域內科技、知識、資金、信息等生產要素進行有效集聚，易於推進集聚區內資源利用最大化、廢物產生和排放最小化、無害化，從而促進生態經濟的建設。欠發達地區由於工業化和城市化發展的滯後，產業集聚度比較低，不利於生態經濟的建設。主要表現在以下兩個方面：

1. 產業集聚度低不利於企業間技術交流合作

從技術創新角度來看，如果集聚區內的企業都能夠共享和交流相關專業技術，集中力量開發、利用建設生態經濟的核心技術，可以使技術創新能力得到大幅度的提高。從技術擴散角度來看，產業集聚效應可以強化技術的擴散效應，因為技術擴散效應與擴散的空間距離呈現正相關關係，空間距離越近越有利於技術的推廣與普及，並且可以通過技術的擴散帶動周圍企業的發展進步。

2. 產業集聚度低不利於生態經濟建設

如上下游產業鏈上的企業之間可以對資源、能源進行梯級利用，降低企業間廢物交換利用的相關費用，從而降低企業的生產成本。而且，欠發達地區企業規模偏小，如果每個企業都購買污染物處理設備，不僅費用高昂，也是非理性的，如果在一定空間上聚集，就可以共享設備和基礎設施等，為企業進行清潔生產提供便利。

三、再生資源產業發展不足

再生資源是由廢舊物資轉化而來，主要是指社會生產和消費過程中產生的可以利用的各種廢舊物，其中包括企事業單位生產和建設中產生的金屬和非金屬的廢料、廢液，報廢的各種設備和運輸工具，城鄉居民和企事業出售或丟棄的各種廢品和舊物。再生資源由於具有再生性質，也通常被人們稱為二次利用廢物或是二次資源。有資料顯示，目前世界上主要發達國家每年再生資源回收價值達 2,500 億美元左右，世界鋼產量的 45%、銅產量的 62%、鋁產量的 22%、鉛產量的 40%、鋅產量的 30%、紙製品產量的 35% 都來自再生資源的回收利用，因此，再生資源產業不僅節約資源，而且有廣闊的發

展空間和市場前景。從生產成本來講，再生產資源的生產成本包括廢舊物資的收購價格；廢舊原料的回收收集、分類整理和長途運輸中產生大量的成本；加工成本，其中包括再生設備購置費、安裝費、防止二次污染設備費以及每年的企業生產運行費等。

按照規模經濟的理論，當規模經濟產生時，企業生產某種商品的成本會隨著數量的增加而降低。就欠發達地區目前的情況來看，再生資源企業規模普遍較小，還沒有實現規模效益，生產成本高，欠發達地區資源再利用和再生技術發展滯後，使得回收資源的利用成本更高。所有這些因素導致再生資源的成本過高，甚至高過了初次利用資源的價格，因而再生資源在價格上並不具有優勢，在產品品質上也未必具有優勢，事實上，利用再生資源所生產的產品的質量比不上利用初次資源生產的產品的質量，客觀上也導致了再生資源產業發展的不足。

隨著欠發達地區工業經濟的發展，城鎮化水準的提高和地區人口的膨脹，資源的消耗速度越來越快，再加上欠發達地區的生產力水準比較低，經濟仍處於粗放型增長階段，因此單位地區生產總值產出的能源消耗與發達地區差距很大，長期下去，必然加劇欠發達地區自然資源的耗竭，並帶來嚴重的環境污染，嚴重制約著欠發達地區生態經濟的建設。發展再生資源產業，既可以消除垃圾處理不當帶來的安全隱患和環境污染問題，也可以最大限度地提高資源利用率。

但是欠發達地區再生資源產業發展嚴重不足，再生資源回收利用效率低，制約生態經濟的建設。欠發達地區再生資源產業發展特點有以下兩點：

1. 對再生資源產業認識不足與缺乏長遠規劃

再生資源產業的發展需要融合哪些社會資源，能夠生產出何種社會產品，滿足哪些社會需要，對此，欠發達地區認識嚴重不足。對再生資源企業缺乏正確的引導和科學合理的規劃，使再生資源產業還停留在「撿破爛」「撿垃圾」的民間鬆散回收方式上，而不是把它作為一個產業加以培育，沒有嚴格按照回收、分類和無害化處理的步驟來建立社會化的廢物回收利用產業體系。自發進行回收的企業散布在城市各個角落，回收效率低、佔地面積大、重複建設嚴重，大量浪費了緊缺的土地資源，對經濟發展的貢獻率不高，社會經濟效益低下。

2. 資源再生利用技術設備落後

欠發達地區再生資源產業的生產經營以個體經營和小企業為主，加工處理工藝落後，裝備水準較低，又缺乏引進新技術、新設備的能力，從而導致回收利用的產業化程度低。而且再生資源的生產對專業技術的要求高，如果不合理生產，極易產生二次污染，例如對蓄電池、干電池以及電子產品等廢舊物資的回收利用，由於技術設備還落後，而從事加工處理人員又沒有經過專門培訓，在加工過程中往往會引起嚴重的環境污染。

四、生產技術落後

生態經濟建設是一項複雜的系統工程，不僅需要政策的支持，其中也包括一些複雜

的科學技術，如替代技術、減量技術、再利用技術、資源化技術、系統化技術等，只有依靠科技投入循環發展才能有更大的產出，才會獲得更大的收益，公眾才能體會到建設生態經濟帶來的實實在在的好處。對於欠發達地區而言，生產技術落後主要體現為技術裝備的落後、技術研發動力不足，最終導致生態經濟技術轉換和推廣成本比較高。

從技術裝備來講，裝備製造是經濟增長的發動機，也是科學技術的載體。從總體上來看，一方面高耗能、高耗水、高污染的傳統生產工藝，落後的技術和設備在欠發達地區普遍存在，制約著欠發達地區生態經濟的建設；另一方面，由於發達地區大量向欠發達地區進行落後產能轉移，使一些落後的技術設備在欠發達地區還存在一定的生存空間，生產工藝中使用落後的技術裝備，不僅資源消耗大，還導致環境的污染，也加大了欠發達地區淘汰落後產能的難度，加大了產業升級和生態經濟建設的難度。因此，在推進欠發達地區生態經濟建設的過程中也不能放鬆對落後生產技術裝備的改造升級。

從技術研發動力來講，對於欠發達地區而言，由於企業規模普遍較小，自有資金不足、科技創新意識薄弱，因而普遍存在對科研的投入不足，科技人員少，科技服務體系不健全，技術研發能力薄弱，創新能力不強。在制度上，欠發達地區政府沒有針對技術創新專門制定相應的激勵制度，不能對技術人員及企業家取得的成績進行合理的評價，不能從制度上保障技術創新。

由於技術裝備落後以及缺乏相應的技術研發動力，最終導致在欠發達地區生態經濟技術轉換和推廣成本高。在欠發達地區推進生態經濟建設的過程中，企業的行為起著決定性的作用，但是由於考慮到企業自身的發展與建設生態經濟並非完全耦合時，就會嚴重影響企業發展生態經濟的主動性和積極性。具體包括以下三個方面：

1. 廢棄物處理的規模

任何企業進行廢棄物處理都有一個規模問題。欠發達地區企業規模普遍較小，單個企業排放的廢棄物數量遠遠低於處理的最小規模，難以形成規模經濟，因而企業通過內部循環綜合利用廢棄物是不經濟的，也是非理性的。

2. 企業環境投入高

欠發達地區仍有很大一部分企業還是按照傳統觀念進行管理，認為污染綜合治理和產品生產是相互獨立的，進行污染治理和環境保護會損害既得的生產效益，因為這個過程需要投入。因此，即使企業認為一些新的技術符合生態經濟建設的要求，也會因為投入大而放棄使用新的技術，從而使企業的技術選擇與社會的長遠利益產生矛盾。

3. 企業財政投入高

企業進行清潔生產，開展生態經濟建設，就必須對生產設備進行技術更新和改造，對生產工藝流程進行再造，這就需要對企業進行大量的資本投入。一方面，資本投入的增大，會給企業背上沉重的包袱；另一方面，其投入的結果又很難預測，因為生態經濟建設有一個重要的特徵就是效益的滯後性。這就產生了一個矛盾，即企業進行清潔生產，開展生態經濟建設產生了大量成本，而生態環境效益的顯現卻非常緩慢，這就意味著資本一旦投入就需要較長時間才能回收，甚至還無法回收，形成所謂的「沉澱成

本」。10 年前，要建設一座服務人口 30 萬~40 萬人、日處理能力 10 萬噸的污水處理廠，需要 2 億元以上的總投資，建成後每年的運行費用也高達上千萬，這對於經濟發展落後的欠發達地區的工廠企業而言，簡直就是天文數字。所以，生產技術落後成為欠發達地區生態經濟建設的一個障礙，依靠單個企業的力量又不能完全實現生產技術的革新，因此，欠發達地區的生態經濟建設必然依靠政府的支持，進行相應的技術革新才能完成。

案例連結：四大都市農業模式成功案例解析

都市農業是指在都市化地區，利用田園景觀、自然生態及環境資源，結合農林牧漁生產、農業經營活動、農村文化及農家生活，為人們休閒旅遊、體驗農業、瞭解農村提供場所。換言之，都市農業是將農業的生產、生活、生態等「三生」功能結合於一體的產業。

其中，都市農業是以生態綠色農業、觀光休閒農業、市場創匯農業、高科技現代農業為標誌，以農業高科技武裝的園藝化、設施化、工廠化生產為主要手段，以大都市市場需求為導向，融生產性、生活性和生態性於一體，高質高效和可持續發展相結合的現代農業。

1. 美洲模式——以生產和經濟功能為主

以美國的市民農園為該模式的代表，參與市民農園的居民，與農園的農民或種植者共同分擔生產成本、風險及盈利，農園為市民提供安全、新鮮、高品質且低於市場零售價的農產品。

目前，美國都市農業占總面積的 10%，其價值占美國農產品總價值的 1/3 以上。市民農園加強了農民和消費者的關係，增加了區域食品供給，促進了當地農業經濟發展。

2. 歐洲模式——以生態和社會功能為主

以歐洲城市最典型，如英國的森林城市、德國的田園化城市等，由於經濟發達和文化傳統等原因，更重視人與自然環境的和諧相處和生活質量的改善與提高。

比如，德國政府為每戶市民提供一小塊荒丘，市民用作自家的「小菜園」，實現蔬菜生產自給自足。後來，市民農園的土地一部分是鎮、縣政府提供的公有土地，另一部分是居民提供的私有土地。政府不干涉市民種什麼、如何經營，但其產品不能出售，這是與美國市民農園的主要區別之一。承租人中途可以退出或轉讓。目前，德國市民農園的承租者達 83 萬人，產值占全國農業總產值的 1/3 左右。

3. 亞洲模式——以經濟、社會和生態功能為主

近年來，日本都市農業由經濟功能轉向社會、生態兼顧的變化，注重農業與旅遊的結合，設立菜、稻、果、樹等眾多田園，吸引遊人參觀體驗；在一定區域範圍內運用現代科技與先進的農藝技術，建設現代化的農業設施，走農業之路生產四季所需的無公害農產品；通過有實力的農業集團建設一些有特色的農產品生產基地，並依託科技進行深層次開發。

比如，新加坡的都市農業既有生產功能，也有供市民參觀、學習、休閒之功能。該國十分重視都市農業向高科技、高產值發展，打造了眾多農業科技園，由國家投資建設，然後通過招標方式租給商人或公司經營；建設農業生物科技園，進行新農業技術的研究與開發。

4. 非洲模式——以郊外食物農業為主

20 世紀中後期，特別是 20 世紀 90 年代以後，拉美、非洲一些國家開始發展以郊外食物農業為主的都市農業發展模式。

據統計，生活在厄立特里亞、埃塞俄比亞、肯尼亞、坦桑尼亞、烏干達和讚比亞等國城市中的 6.5 億市民中，就有 2.5 億人通過都市農業獲得部分食物；市民家庭食物自產率在東雅加達市達到 18%，在內羅畢市達到 50%，而在坎帕拉市達到 60%；在哈瓦那，城市菜園明顯提高了農戶及其所在社區的食物數量和質量。

國外的一些經驗適合其自身的國家環境，但未必適合我們國家。新時代，都市農業作為農業現代化的排頭兵和引領者，可以有效對接和引領鄉村振興戰略在產業融合、科技支撐、環境美化等方面的發展。都市農業新業態在融入不同的關鍵要素後，已成為實現城鄉統籌發展的重要引擎，成為現代農業示範，第一、第二、第三產業融合，現代農業技術裝備集成的重要載體。都市農業與鄉村振興戰略聯動發展，將會帶來新一輪的創業、創新浪潮和廣闊的市場空間。

（資料來源：http://www.360kuai.com/pc/9352633e8f7835010？cota＝4&tj_url＝so_rec&sign＝360_57c3bbd1&refer_scene＝so_1.）

第三節　欠發達地區生態經濟建設的途徑

一、欠發達地區生態農業建設的途徑

一般而言，欠發達地區存在產業結構層次低、產業集聚度不高、再生資源產業發展不足、生產技術落後、制度建設滯後等五個方面的不足，從而不利於生態經濟建設。因此，欠發達地區的生態經濟建設主要從這五個方面入手：調整產業結構，優化產業層次；增強產業聚集能力，提高區域產業聚集度；發展再生資源產業，提高資源的利用效率；進行技術革新，促進技術和生產設備的升級換代；進行制度創新，從制度層面上為欠發達地區生態經濟建設提供保障。

（一）構建資源高效利用的共生生態農業

1. 欠發達地區耕地農業的環境特徵

中國的欠發達地區主要集中在西部。西部地區水土資源極不均衡，特別是西北地區干旱少雨，水資源普遍短缺。特殊的地理和氣候條件，以及人口數量的迅速增長，導致西部地區傳統耕地農業的生產水準較低。具體來說，西部地區耕地農業的環境特徵有以

下三點：

（1）地形地貌複雜，可用耕地較少。西部地區多高原、山脈、沙漠和盆地分佈其中，地形條件複雜多樣，區域差異較大。隨著人口數量的增長，人均耕地資源持續減少。比如，新疆維吾爾自治區的和田、喀什等地區耕地後備資源嚴重不足，人均耕地只有 0.1 公頃。

（2）降水量少，氣候干旱。西北地區主要位於歐亞大陸腹地，以溫帶、寒溫帶氣候為主，絕大部分地區屬於干旱、半干旱地區，氣候特徵主要表現為日照時間長、光熱資源豐富、降水量少、蒸發量大、氣候干燥，多數地區年平均降雨量為 50~200 毫米，部分沙漠和戈壁地區甚至在 10 毫米以下。同時，水資源時空分佈不均勻，區域調劑困難。隨著西部地區城鎮化進程的加快和經濟建設的發展，工業和城市用水量增加，加之西北地區農田水利基礎設施普遍缺乏，採用耕地灌溉方式造成水資源利用效率低下，用水短缺已成為制約西部農業經濟發展的嚴重障礙。

（3）農業生態環境脆弱。由於西部地區長期以來對生態系統服務功能的認識不足，發展規劃的科學性一度被忽視，加上西部地區生態環境的脆弱性、敏感性，致使西部很多地區的農業生態環境問題十分突出。西北地區水土流失十分嚴重，出現了土地沙漠化加劇、森林草原退化、土壤鹽鹼化、動物種群減少等現象，使生態環境的水源涵養和生態屏障功能作用下降，對西部地區的社會經濟發展，尤其是農業生產構成嚴重威脅。

2. 欠發達地區耕地農業的生產特徵

欠發達地區農業基礎薄弱，這種情況在西部表現得尤為明顯。耕地農業「靠天吃飯」的現象仍然存在，缺乏科學有效的生產方式，在造成生態環境破壞的同時，也導致生產效率低下。西部耕地農業的生產特徵表現為以下四個方面：

（1）外部投入相對較大，資源利用率較低。西部地區在耕地農業生產中，大量施用化肥和農藥，不僅增加了農業生產成本，造成土壤板結和土壤肥力下降，導致農作物減產，而且在農業灌溉過程中，農藥和化肥中的化學成分隨著農田灌溉滲漏地下，造成地下水和河流等環境污染。

（2）廢棄物綜合利用水準低。在西部耕地農業生產中，產生的大量有機廢棄物，沒有得到合理有效的處置。比如，耕地農業中產生的大量秸稈除了作為飼料和生活能源外，往往被就地焚燒處理，污染了大氣環境，牲畜和家禽的排泄物及畜欄墊料就地堆放，農業生產和家庭生活污水隨意排放，造成農村生活環境的污染。

（3）農業生產方式落後，規模小。西部大部分地區人口稀少，耕地農業生產方式落後，以家庭為主體的農業生產單位經營分散，難以形成規模經濟，耕地農業生產的糧食等作物主要是自給自足，自然經濟的特徵明顯。儘管從事耕地農業的農村人口較多，但農業資源、原料、能源浪費嚴重，農產品加工轉化和生產效率低。

（4）市場經營渠道不暢。西部地區農業生產相對封閉，市場化生產和經營的意識薄弱，市場信息缺乏，銷售渠道不暢，農產品商品率較低。同時，糧食等農產品價格被低估的現象在西部地區更為突出，耕地農業的農產品價值大量被轉移到其他產業，生產

利潤在行業間分配不均衡，導致耕地農業的比較效益低，農民從事糧食生產等耕地農業的積極性不高。

(二) 合理開發欠發達地區的山地農業

中國的廣大山區地勢崎嶇、耕地分散，不適宜機械化耕作，但是山地區域獨特的資源條件適宜發展山地特色農業，山地農業開發潛力巨大，同時，合理開發和充分利用欠發達地區的山地資源，可以緩解耕地資源缺乏的局面，有利於發展山地農業、幫助農民增收和維護生態環境。

1. 建立林地複合生產經營機制

所謂林地複合生產經營機制，是指在山地農業生產中，通過空間上和時間上的合理配置，搭配進行林業、農業和其他經濟作物的生產，提高林地資源利用率和土地生產率。比如，在林地間隙種植經濟作物的林—特、林—草、林—茶、林—果、林—藥等模式就屬於林地複合生產經營。良好的林業生態環境是開展山地農業的基礎，西部山地丘陵地區要重點抓好林業生態工程建設，對現有資源重點加以保護，引進優良樹種和植被，積極開展退耕還林、封山育林、疏林補植等工作，合理規劃商品林和生態林的比重和佈局，加快低效林的改造，做好經濟林產品的開發。

2. 將特色農業作為山地農業發展的重點

由於山地農業的稀缺性和分散性，從整體上來看，中國廣大山區並不適宜發展種植業，山區的土地資源以山地、丘陵為主，平壩很少，土層較厚、肥力較高、水利條件好的耕地所占比重很低，因此，山區可用於農業開發的土地資源不多。以貴州和雲南為例，貴州山地和丘陵面積占全省總土地面積的92.5%，平壩僅占土地總面積的7.5%，雲南的山地和丘陵面積占到全省總土地面積的94%，平壩面積僅占耕地面積的6%，大量貧瘠的耕地零星地分佈在陡坡峽谷之間，耕地破碎不連片，單塊耕地面積很小，耕地形狀不規則，耕地之間距離很遠，尤其是貴州，由於受喀斯特熔岩地貌的影響，土壤非常稀薄，肥力很低。山地區域的耕地資源稟賦決定了山地農業規模化種植的不確定性，由種植規模的不確定性引致山地農業收益的不確定性。因此，山區不具備發展種植業的條件，更不適宜將山區種植業規模化，如果將山地種植業規模化，不僅很難提高現有耕地的邊際收益，反而因為耕地的開墾而破壞脆弱的生態環境，加劇山地農業的脆弱性效應，不利於山區農業的可持續發展。

根據中國廣大山區的特點，中國山區適宜發展畜牧業、養殖業等特色農業。在山地農業種植規模不確定性很強的情況下，適宜將特色農業作為山地農業的重點。山地畜牧業和養殖業對地形地貌的要求較低，山地區域的資源條件卻很適宜發展畜牧業和養殖業。由於山地農業的多樣性，中國廣大山區擁有豐富的自然物種資源，豐富的自然物種資源為畜牧業和養殖業的發展提供了飼料來源。比如，貴州擁有優良牧草資源2,500餘種，飼養的主要畜品種有30多種，雲南素有動植物王國之稱，馴養的牲畜品種很多，具備發展畜牧業的良好條件。發展山地畜牧業和養殖業不僅不會對生態環境造成破壞，還能夠創造經濟收益，為山地農業的進一步產業化提供資金支持，為打破山地農業的邊

第八章 欠發達地區的生態經濟建設

緣性、克服稀缺性、分散性和脆弱性創造條件。

另外，山地農業的稀缺性、分散性和脆弱性，雖然不利於大規模種植糧食作物，但適宜種植山地經濟作物。比如，貴州和雲南都擁有豐富的中藥材植物資源，其中貴州的藥用植物資源就有3,700餘種，占全國中草藥品種的80%，中草藥的種植對耕地和水源的要求較低，也不受種植規模的限制，根據地形地貌和氣候特點，既可以單家獨戶地種植，也可以適度規模化種植。發展山地經濟作物種植業，同樣能夠為山區農民增加收入以改善生活的困境，也不會破壞生態環境，為克服山地農業的脆弱性和實現山地農業的產業化創造條件。

知識連結：輪作

輪作是指在同一塊田地上，有順序地在季節間或年間輪換種植不同的作物或復種組合的一種種植方式。輪作是用地養地相結合的一種生物學措施。中國早在西漢時就實行休閒輪作。北魏《齊民要術》中有「谷田必須歲易」「麻欲得良田，不用故墟」「凡谷田，綠豆、小豆底為上，麻、黍、故麻次之，蕪菁、大豆為下」等記載，已指出了作物輪作的必要性，並記述了當時的輪作順序。長期以來中國旱地多採用以禾谷類為主或禾谷類作物、經濟作物與豆類作物的輪換，或與綠肥作物的輪換，有的水稻田實行與旱作物輪換種植的水旱輪作。

歐洲各國8世紀以前盛行一年參類、一年休閒的二圃式輪作。中世紀後發展三圃式輪作，即把地分為三區，每區按照冬谷類—春谷類—休閒的順序輪換，三區中每年有一區休閒、兩區種冬、春谷類。由於畜牧業的發展，歐洲18世紀開始推行草田輪作。如英國的諾爾福克式輪作制（又稱四圃式輪作）把耕地分為四區，依次輪種紅三葉草、小麥（或黑麥）、飼用蕪菁或甜菜、二棱大麥（或加播紅三葉草），四年為一個輪作週期。以後多種形式的大田作物和豆科牧草（或豆科與禾本科牧草混播）輪作，逐漸在歐洲、美洲和澳大利亞等地準行。19世紀，J. von 李比希提出植物礦質營養學說，認為需氮作物、需鉀作物和需鈣作物的輪換可均衡地利用土壤養分。20世紀前期，前蘇聯的B.P.威廉斯認為多年生豆科與禾本科牧草混播，具有恢復土壤團粒結構、提高土壤肥力的作用，因此一年生作物與多年生混播牧草輪換的草田輪作，既可保證作物和牧草產量，又可不斷恢復和提高地力。

合理的輪作具有很高的生態效益和經濟效益：

1. 有利於防治病、蟲、草害

作物的許多病害如菸草的黑脛病、蠶豆根腐病、甜菜褐斑病、西瓜蔓割病等都通過土壤侵染。如將感病的寄主作物與非寄主作物實行輪作，便可消滅或減少這種病菌在土壤中的數量，減輕病害。在危害作物根部的線蟲，輪種不感蟲的作物後，可使其在土壤中的蟲卵減少，減輕危害。合理的輪作也是綜合防除雜草的重要途徑，因不同作物栽培過程中所運用的不同農業措施，對田間雜草有不同的抑制和防除作用。如密植的谷類作物，封壟後對一些雜草有抑製作用；玉米、棉花等中耕作物，中耕時有減草作用。一些

伴生或寄生性雜草，如小麥田間的燕麥草、豆科作物田間的菟絲子，輪作後由於失去了伴生作物或寄主，能被消滅或抑制。水旱輪作可在旱種的情況下抑制，並在淹水情況下使一些旱生型雜草喪失發芽能力。

2. 有利於均衡地利用土壤養分

各種作物從土壤中吸收各種養分的數量和比例各不相同，如禾谷類作物對氮和硅的吸收量較多，而對鈣的吸收量較少；豆科作物吸收大量的鈣，而吸收硅的數量極少。因此兩類作物輪換種植，可保證土壤養分的均衡利用，避免其片面消耗。

3. 改善土壤理化性狀，調節土壤肥力

谷類作物和多年生牧草有龐大根群，可疏鬆土壤、改善土壤結構；綠肥作物和油料作物，可直接增加土壤有機質來源。另外，輪種根系伸長深度不同的作物，深根作物可以利用由淺根作物溶脫而向下層移動的養分，並把深層土壤的養分吸收轉移上來，殘留在根系密集的耕作層。同時輪作可借根瘤菌的固氮作用，補充土壤氮素，如花生和大豆每畝可固氮 6~8 千克，多年生豆科牧草固氮的數量更多。水旱輪作還可改變土壤的生態環境，增加水田土壤的非毛管孔隙，提高氧化還原電位，有利土壤通氣和有機質分解，消除土壤中的有毒物質，防止土壤次生潛育化過程，並可促進土壤有益微生物的繁殖。

輪作因採用方式的不同，分為定區輪作與非定區輪作（即換茬輪作）。定區輪作通常規定輪作田區的數目與輪作週期的年數相等，有較嚴格的作物輪作順序，定時循環，同時進行時間和空間上（田地）的輪換。中國多採用不定區的或換茬式輪作，即輪作中的作物組成、比例、輪換順序、輪作週期年數、輪作田區數和面積大小均有一定的靈活性。輪作的命名決定於該輪作中的主要作物構成，一般被命名的作物群應占輪作田區 1/3 以上。常見的輪作有：禾谷類輪作、禾豆輪作、糧食和經濟作物輪作、水旱輪作、草田（或田草）輪作等。

（資料來源：李秀. 輪作換茬的作用 [J]. 農民致富之友，2011（11）：20.）

二、欠發達地區生態工業建設的途徑

生態工業建設，是欠發達地區生態經濟建設的重要環節和關鍵領域，必須科學地認識生態經濟與傳統經濟發展模式的本質區別及其運行機理，緊密結合欠發達地區工業發展現狀的實際，積極探索欠發達地區生態工業的發展模式與具體途徑。

（一）傳統線性工業模式與生態工業模式的比較

1. 前提假設的區別

傳統線性工業模式建立在自然資源無限性假設基礎之上，假設自然資源可以無限地從自然界索取，同時，認為自然生態系統的自淨能力是強大的，能夠消除和化解生產中排放的污染，人類對污染和環境破壞所進行的事後治理效果能夠保證生態環境的恢復和正常運轉。生態工業模式則建立在自然資源有限性的認識基礎上，認為生產過程中的隨意浪費必然會引起資源的耗竭，污染隨意排放會引發生態環境的破壞，而污染的後期補

救性治理難以徹底消除這種破壞的影響。

2. 資源流動方向的區別

傳統線性工業模式是傳統工業社會的主要發展模式，主要特徵表現為物質流動遵循「資源—產品—廢棄物排放」的單向式流程。在這種模式下，經濟增長主要依靠資源高開採、低利用、高排放，即「兩高一低」為特徵的線性經濟模式，在獲取經濟增長的同時，也造成了資源浪費和環境污染，影響和制約了經濟社會的可持續發展。因此，傳統線性工業模式是屬於一種外延擴張的粗放型增長方式。

生態工業模式是對傳統線性工業模式的一種變革和突破，足以克服傳統線性工業模式的弊端。在「生態價值優先」的基本理念指導下，生態工業模式以生態經濟的技術範式改變了傳統的「資源—產品—廢棄物排放」的線性經濟流程，代之以物質閉環循環流動為特徵的「資源—產品—再生資源」反饋式經濟流程，將減量化、再利用、資源化作為生產、流通和消費等活動的基本原則，通過資源節約和循環利用的方式，降低輸入和輸出經濟系統的物質流，減少自然資源的消耗，提高資源使用效率，最大限度地降低生產對生態環境的負面影響，在獲取經濟效益的同時，也實現可持續發展所要求的生態和環境保護效益。

3. 對污染防治方式的區別

傳統線性工業模式對於污染和生態環境破壞主要採取的是一種事後的治理方式，即「先污染、後治理」的末端治理模式。這種以被動反應為主的環境末端治理方式存在嚴重的時效滯後性，補救措施所能實現的環境改善有限，無法從根本上解除污染對生態環境的影響。生態工業模式則將事後治理變為事前防範，它充分利用科學的管理方法和技術手段，在生產設計階段，就將減少污染作為生產經營的前置標準，通過對工藝、設備、原料和產品進行環保化、循環化和生態化的設計，以及嚴格的管理控制，來實現節能、降耗、減輕污染的目的，通過對排放物的資源化處理，基本消除工業污染的負面影響。在促進物質的循環利用，減少對生態環境危害的同時，企業也降低了成本，提高了經濟效益。

4. 未來發展趨勢的區別

隨著工業化進程的推進，人口、資源、環境與全球性經濟社會發展的矛盾變得尖銳起來，生態環境問題已成為全球性的難題，傳統線性工業模式已經難以為繼。生態工業模式在全面、協調、可持續發展的科學發展觀指導下，按照生態經濟理念的要求，採取以「清潔生產」為代表的方式，實現對能源、資源的節約使用和對廢棄物的綜合利用，使人類的經濟活動對自然環境的影響降低到盡可能小的程度。生態工業模式作為一種新的發展模式和經濟形態，代表了未來經濟和社會的發展方向，正在受到越來越廣泛的重視。因此，生態工業模式是對傳統線性工業模式革命性的顛覆，是符合科學發展原則的經濟發展模式，具有持續的、旺盛的生命力。

（二）欠發達地區生態工業建設的途徑

欠發達地區生態工業建設是生態經濟建設的主攻環節，必須按照全面、協調、可持

續的科學發展觀的要求，將生態工業建設作為生態經濟的重點領域，不斷探索適合欠發達地區實際的新型工業化道路，使欠發達地區的工業生產既遵循生態系統規律，又符合社會經濟系統的要求，實現自然生態和社會經濟系統的互動發展。

1. 增強生態工業的發展意識

欠發達地區多處於西部，社會相對封閉，經濟發展比較落後，對生態理念的認識亟待提高。要深入開展宣傳，加強相關方針政策、法律法規的宣傳貫徹工作。引導公眾樹立資源節約意識和環境憂患意識，真正使生態經濟理念深入人心，成為推進生態工業建設的行動指南。同時，要使企業和社會公眾真正認識到，按照生態循環模式加強工業生產中的技術創新和管理，不僅可以降低原材料用量，還可以節約生產和管理成本，增加效益，增強競爭優勢，從而引導企業自覺將環保工作的重點從廢棄物末端處理轉向從源頭控制廢棄物的產生。

2. 制定科學的生態工業發展規劃

生態工業建設是一項巨大的系統工程，涉及面廣、涉及的部門較多，需要政府、企業和社會各界的積極參與和努力。為加快生態工業建設的進程，需要建立部門間有效的協調機制，建立有效的組織協調機構，加強相關部門相互配合，制定工作方案，落實管理工作責任，積極指導和推動欠發達地區生態工業建設的深入開展。

3. 建立有利生態工業建設的保障機制

當前，鼓勵生態工業建設的法規和政策體系還不健全，對生態工業建設的激勵作用有限，這不僅影響到企業的積極性，而且還導致生態工業建設的無序性。因此，要充分借鑑國內外的成功經驗，加緊完善中國相關的政策、法規及配套標準，明確生態工業有關部門及相關環節的責任和義務，將生態工業建設逐步納入法制化軌道，促進健康快速發展。

4. 加強生態工業的技術創新

技術創新是生態經濟建設的根本推動力量，生態工業的發展離不開技術創新的支撐。通過工藝創新、設備創新、產品創新和原料創新等各種技術創新手段，使欠發達地區生態工業建設上層次、上規模。加強政府引導，充分發揮市場機制，調動各方面的積極性，加大科技開發的投入，建立生態工業技術支撐體系，依靠科技進步和技術創新擴大生態工業建設的領域，提高工業企業的競爭力，推進欠發達地區生態工業的發展和進步。

三、欠發達地區生態服務業建設的途徑

生態服務業是將服務業納入生態經濟建設的軌道，實現生態系統和服務業有機結合的重要方式，是現代服務業發展的一個重要方向。生態服務業作為一種新興的服務業類型，不同於傳統的服務業，它在服務產品的設計階段，就已經將生態經濟的理念作為指導思想，在服務過程中，重點考慮減少服務主體、服務對象和服務途徑等環節對生態環境的負面影響，並通過有效的方式，力求實現投入少、產值高、無污染，並提供以生態

循環為基礎的服務產品，進而實現服務業的可持續發展。

生態服務業與傳統服務業的區別：第一，生態服務業是建立在生態經濟理論的基礎之上，從可持續發展的角度，遵循減量化、再使用、再循環的原則，對服務業內部資源的利用進行重新設計，推動生產、市場和消費行為的生態化，走出一條循環發展的模式。傳統服務業和一般的產品生產相類似，沿襲「資源—產品—污染—治理」的發展模式，屬於從生產到消費的單向流動的線性經濟。第二，傳統服務業和第一、第二產業之間的關係，主要體現為產品間的流動與合作關係。生態服務業則主要體現為紐帶關係，生態服務業作為生態經濟的有機組成部分和其他產業的紐帶，更側重於通過生態型服務業的建設，發揮引導和帶動作用，為生態農業和生態工業的建設提供支撐服務，促進其他產業的循環發展，進而帶動生態經濟的整體發展。

本節以生態物流業和生態旅遊業為例，具體闡述欠發達地區生態服務業建設的途徑。

（一）生態物流業

欠發達地區生態環境的脆弱性決定了物流業必須要處理好物流與生態環境的關係。在物流業的建設中，要重視科學規劃和綜合利用，不斷提高對生態物流的認識，充分利用社會化大生產和專業化分工，積極發展生態物流。

1. 欠發達地區生態物流業建設的三種主要模式

（1）綠色物流模式。綠色物流是指在物流過程中，合理利用資源、減少消耗和排放、降低經營成本、提高工作效率、改善服務質量，以減輕對生態環境的污染和危害，促進生態經濟建設和可持續發展的一種物流模式。欠發達地區的綠色物流建設，主要是對傳統物流業的供應、生產、銷售、消費等各環節和流程進行生態化改造，實現循環化、綠色化、現代化運作，減少和防止物流過程中對生態環境的危害，實現物流體系與生態環境有機融合，從物流系統的源頭控制污染的產生。

（2）逆向物流模式。逆向物流是和正向物流相對應的概念，正向物流是指貨物從生產者到消費者的正向流動，是沿著供應鏈方向進行的物流，逆向物流則是以綠色環保、循環利用作為指導思想，使貨物從消費者返回到生產者即產地的過程。引發逆向物流的主要因素包括退貨、維修、物料循環利用、廢棄物回收處理等因素。物資經過逆向物流返回到生產者後，通過進一步的維修、加工、材料提取等措施，可以使這些返回的物資重新得到有效的利用並實現重置價值和利潤。逆向物流的開展對於解決資源和環境壓力有重要的現實意義。從企業層面來看，逆向物流為企業降低物料成本、節約資源、提高效益提供了條件，既有利於提升企業形象，也增強企業的競爭優勢。從社會層面來看，逆向物流促進了資源的流動，可以有效地降低廢棄物對環境的負面影響，促進區域經濟的可持續發展。

（3）回收物流模式。回收物流就是將在經濟活動中失去原有使用價值的廢棄物品，根據實際需要進行收集、分類、加工、包裝、搬運、儲存等，並分送到專門處理場所時所形成的物品實體流動。有資料顯示，目前世界上主要發達國家每年再生資源回收價值

達 2,500 億美元左右，世界鋼產量的 45%、銅的 62%、鋁的 22%、鉛的 40%、鋅的 30%、紙製品的 35% 來自再生資源的回收利用。因此，回收物流對於資源再生利用和生態環境保護具有重要的意義。

2. 欠發達地區生態物流業發展的重點環節

現代物流系統一般由運輸、倉儲、包裝、加工配送、行銷和信息、商務服務等環節構成，各個環節相互連結，相互作用，相互影響，共同構成完整的物流系統鏈條，其中，運輸、倉儲、包裝、加工配送、行銷是對生態環境構成潛在威脅的重點環節，各個環節對生態環境造成威脅的方式和途徑有所不同。因此，欠發達地區發展循環物流業，要抓住這五個重點環節，分析各環節對生態環境的潛在威脅和差異，用生態經濟理念改造物流系統鏈條。

（1）運輸環節。運輸是物流體系中的主要活動，也被認為是物流系統中對生態環境影響較大的環節，主要是汽車等交通工具能源消耗較大，在貨物運輸過程中汽車排放的廢氣會對空氣造成污染。同時，隨著城市車輛的增加，交通堵塞也給生態環境造成影響。在運輸環節中，要按照資源投入減量化的原則，嚴格控制運輸環節的能源消耗，這不僅是欠發達地區建設循環物流所面臨的首要障礙，同時也是重要的發展方向。

（2）倉儲環節。加強倉儲環節的科學管理，預防貨損、變質、包裝破壞等因素帶來的污染。通過建設自動化倉庫，使用計算機監控先進的倉儲管理設備，及時監測溫度、濕度等倉儲環境的變化，減少人工搬運和操作。通過建設立體倉庫，採用高層貨架、貨箱托盤等設備增加倉容面積，進而減少土地占用面積，降低基礎設施建設過程中對資源的消耗和對環境的污染。

（3）包裝環節。綠色包裝是未來貨物包裝的一個重要趨勢，綠色包裝制度也成了國際貿易中的一項主要的非關稅壁壘。生態物流要在保證貨物運輸需求的前提下，使貨物包裝符合「3R」原則，盡量減少包裝的體積、質量和成本，減少包裝廢棄物的產生量。這就需要科學地對貨物分類，針對貨物種類的不同和運輸方式、距離等因素，合理確定各類貨物的包裝程度，開發新型重量輕、耐磨損、可降解、成本低的綠色包裝材料，降低包裝的木材使用率，減少紙製運輸包裝，提高可降解包裝的使用率，鼓勵開展包裝的回收再利用，提高包裝的重複使用率。

（4）加工配送環節。在加工配送環節，為使商品適應市場消費的需求，還需要對運送的商品繼續進行非生產性加工，非生產性加工過程儘管在商品價值中所占比重較小，但由於二次加工的分散性和不確定性，往往也成為污染的重要來源，比如，一些大包裝或大體積食品在經過流通並交付到消費者之前，需要銷售商對這些食品進行分割加工，如果以規模化的方式進行合理的集中加工處理，就會減少因家庭分散加工和烹飪所形成的浪費，提高資源利用效率。同時，集中處理剩餘的廢棄物和邊角料，也有助於減少因家庭對垃圾隨意處理所造成的污染和再生資源的利用，因此，要高度重視配送加工環節對生態環境的影響作用。

（5）行銷環節。行銷環節是物流鏈條的末端環節，也是在環保工作中容易被忽視

的環節。現代行銷手段種類繁多，比如大量精美的紙質廣告宣傳單的發放，不僅造成資源的浪費，也導致環境的污染。因此，要大力推廣綠色行銷模式，通過樹立綠色行銷理念，探索綠色行銷的手段，引導綠色消費，減少不必要的資源消耗，提高行銷的效果，並以此推動整個生產及流通領域的生態化和環保化進程。

(二) 生態旅遊業

所謂原生態一般是指沒有受到人為干預和影響的原始生態。生態旅遊就是將原始生態的自然景觀和民俗文化作為遊覽目標而開展的旅遊活動，展示著自然與人文的多樣性，生態旅遊景觀是以天然美、自然美、原始美、無人工雕琢痕跡為主要特徵。隨著工業化進程的加快和人類生存環境的被破壞，原生態景觀作為一種重要的人類文化遺產，已被人們普遍認同為是一種重要的旅遊資源，生態旅遊在國內外已成為旅遊業的一個主要增長點。開展生態旅遊能夠有效維護生態環境，促進生態景觀可持續發展，使原生態旅遊資源轉化為產業優勢和經濟優勢，提高居民收入。

1. 欠發達地區發展生態旅遊的優勢和劣勢

中國欠發達地區原始的自然生態景觀非常豐富，擁有草原、戈壁、高原、雪域、沙漠、丘陵、叢林等多種類型的自然資源，自然生態的多樣性十分豐富，生態旅遊發展潛力巨大，同時，欠發達地區也是歷史文化遺產富集的地區，比較完整地保留了傳統的生產生活方式、民俗文化和自然景觀，有著豐厚的歷史文化和人文旅遊資源。當前，以西部為代表的欠發達地區作為中國最具特色的原生態景觀富集地區，在發展生態旅遊業方面具有天然的後發優勢。在未來的發展中，可以將生態旅遊作為切入點，將西部地區定位於生態旅遊的重點區域，憑藉大量原生態的自然、人文的旅遊資源開拓國內外旅遊市場，使欠發達地區的原生態資源優勢轉化為現實的生產力。

不過，儘管欠發達地區具有發展生態旅遊的良好資源條件，但是由於受經濟發展水準、地理位置、氣候條件，以及生態脆弱性等因素的影響和制約，欠發達地區生態旅遊產業建設仍面臨諸多問題需要解決。

（1）從旅遊資源條件來看，欠發達地區的生態旅遊資源比較分散，集聚度低，景觀差異性較小。同時，欠發達地區生態的脆弱性，也使得生態旅遊區域的承載能力較差，生態系統脆弱。近年來，隨著人口數量的增加，在經濟利益驅動下，人為破壞生態環境的現象屢見不鮮，生態保護區內的物種不斷減少，這些現象的出現嚴重威脅到欠發達地區原生態景觀的保存和可持續發展。

（2）從地理環境條件來看，欠發達地區主要集中在西部，地理空間廣大，離發達地區距離較遠，交通基礎設施不完善。西部地區的遊客源主要來自發達地區，距離客源地較遠，因此，如果交通硬件設置落後，會影響到客源量。同時，部分景點道路設施不完備，一些原生態自然景區的可進入性不強，也影響到旅遊的舒適性。

（3）從經濟基礎條件來看，由於受經濟總體發展水準的制約，西部地區旅遊的衛生、住宿、餐飲等條件較差。旅遊開發投資不足，財政投入能力弱，基礎設施滯後，配套設備不完善，所能提供的物質條件較差。而且，居民對旅遊資源的開發意識較弱，觀

念保守，缺乏開放意識。

2. 欠發達地區生態旅遊建設的途徑

發展原生態旅遊業，既是保護原生態文化和景觀的需要，也是欠發達地區實現可持續發展的重要途徑，兩者共同統一在建設生態經濟的框架中。欠發達地區發展原生態旅遊業，既具有一定的優勢，也具有一定的劣勢；既蘊涵著有利的機遇，也面臨著巨大的挑戰。因此，在未來發展中，要確立當地居民開發、共享旅遊資源的主體地位，著力解除制約欠發達地區生態旅遊業發展的問題和矛盾，努力在發展旅遊業與維護生態環境之間找到契合點，實現「雙贏」的目標。

（1）發展生態旅遊與生態環境保護相協調。生態環境保護與生態旅遊產業發展是相輔相成的關係，生態環境的維護狀況與生態旅遊經濟效益成正比，即生態環境維護得越好，生態旅遊經濟就發展得越好，旅遊經濟效益就越好，反之亦然。中國已有22%的自然保護區由於發展生態旅遊而造成保護對象的破壞，11%的自然保護區出現旅遊資源退化，44%的自然保護區存在垃圾公害，12%的自然保護區旅遊效益源於開發生態旅遊資源，發展生態旅遊產業的同時必須高度重視生態環境的保護。

（2）加強業務指導與政策支持。通過政府引導，市場運作的模式，利用多種途徑收集整理本地區的民族文化和藝術，挖掘豐富多彩的民族藝術形式，建立民族文化博物館；加強業務指導，特別是要加強鄉村原生態旅遊業的管理，嚴格執行相關行業法規，嚴把市場准入關口，旅遊、衛生、環保等部門要密切配合，維護旅遊者和經營者的合法權益，規範民族歌舞、民俗表演活動等場所的演出秩序，保持市場穩定；指導區域旅遊商品的設計和開發，提高旅遊商品的民族特色和文化內涵；制定鼓勵政策，鼓勵在原生態旅遊區使用綠色交通工具，減少汽車尾氣對旅遊區環境的危害；制定和完善相關政策法規，作為推動行業發展的保障，杜絕旅遊發展中的違規現象。

（3）加強經營者素質建設。欠發達地區生態旅遊的主體和經營者是當地的居民，在發展過程中，需要努力提高經營者的綜合素質和業務技能。提高經營者的生態環境保護意識，掌握必要的生態環境知識，引導他們自覺遵守生態循環原則，合理利用生態環境和旅遊資源，促進環境、經濟和社會的可持續發展；要使經營者熟練掌握綠色生產技術，減少能源消耗與廢物排放，促進資源的循環利用；加強經營者的誠信意識、經營意識、服務意識，努力提高他們的文化素質和旅遊經營水準，通過邀請旅遊院校教師進行專業培訓、異地交流學習等方式，提高經營者綜合素質以及參與和管理生態旅遊業的能力。

（4）加強形象宣傳，拓寬旅遊市場。通過各種方式，向國內外宣傳本地區優美的原生態風光和濃鬱的民族文化，利用本地區文化的差異性，突出原生態旅遊產品的地域和民族特色。依託本地區民俗文化，舉辦民俗文化節等活動，吸引中外遊客。重點加強生態旅遊形象宣傳，通過對原生態概念和內涵的宣傳，贏得社會的認同和讚譽，提升欠發達地區的旅遊業品位。

3. 欠發達地區生態旅遊建設的模式選擇

（1）原生態民俗家居旅遊模式。欠發達地區可以以家庭為單位，利用現有的家庭

設施和民俗氛圍為旅遊者提供特色服務。這種小規模分散化的家居模式的優勢在於靈活分散，投入較小。可以通過建立家居旅遊協會的方式，加強對分散經營者的指導、協調，提高從業人員的服務管理和業務水準，以點帶面，共同樹立良好的外部形象，促進民俗生態家居旅遊健康發展。

（2）村民為主體的專業合作社模式。可以在傳統民族文化和原生態景觀保護較完好的少數民族聚居村寨，由當地村民自籌資金和相關設施，進行入股、成立原生態旅遊專業合作社，聯合開發當地的原生態旅遊資源。專業合作社通過採取集約化經營、標準化管理的方式，開設具有地方特色的原生態旅遊項目，建立集體經營約束制度，對合作社範圍內的旅遊活動實行價格透明、服務標準規範，逐步形成具有本地區特色的原生態旅遊產業鏈，並帶動和促進原生態旅遊健康發展。

（3）區域品牌帶動模式。通過政府的統一協調和組織，樹立本地區的原生態旅遊的品牌，帶動本地區域原生態旅遊發展。將本地的旅遊企事業單位的資源進行重組、整合，通過組建大型旅遊集團公司的模式，充分發揮國有資本對旅遊產業發展的影響和帶動作用；加大宣傳力度，通過多渠道、多媒體、多層次的宣傳手段，對本地區原生態旅遊進行全方位的立體包裝和宣傳，塑造具有區域特色的著名生態旅遊品牌；整合本地的原生態旅遊資源，統一管理，由地方政府自籌資金或設立旅遊建設基金等方式，加大行銷投入，加大宣傳推介，提高精品旅遊資源的知名度。

復習思考題

1. 欠發達地區開展生態經濟建設有何意義？
2. 如何處理欠發達地區生態保護和經濟建設的關係？
3. 簡述正式制度和非正式制度對行為約束的影響。
4. 資源高效利用的共生生態農業的實現途徑是什麼？
5. 試論欠發達地區生態工業建設與工業化的關係。

第九章

生態補償機制及政策研究

　　生態補償涉及生態學、資源科學、環境科學、經濟學、法學、管理學等學科領域，學科的綜合性給生態補償研究造成了一定的難度。建立生態補償機制的理論基礎包括公共物品理論、外部性理論、生態資本理論、產權經濟理論、利益博弈理論、社會公義理論等。本章從基本概念入手，對國內外的生態補償類型、機制、政策進行詳細的論述，並結合案例具體分析。

第一節　生態補償機制概述

一、生態補償機制的理論基礎

1. 公共物品理論

按照微觀經濟學理論，社會產品可以分為公共產品和私人產品兩大類。一般認為，公共產品的嚴格定義是保羅·薩繆爾森等給出的。按他的定義，純粹的公共產品是指這樣一種產品，即每個人消費這種產品不會導致別人對該產品消費的減少。與私人產品相比較，純粹的公共產品具有兩個基本特徵——非競爭性和非排他性。如果一種資源的所有權沒有排他功能，那麼就會導致公共資源的過度使用，最終使全體成員的利益受損，即出現了「搭便車」現象。作為公共產品的生態產品，消費中的非競爭性往往導致「公地的悲劇」——過度使用，消費中的非排他性往往導致「搭便車」心理——供給不足。政府管制和政府買單是有效解決公共產品的機制之一，但不是唯一的機制。如果通過制度創新讓受益者付費、有償使用，讓公共產品的供給者得到合理經濟回報，那麼，生態保護者同樣能夠像生產私人物品一樣得到有效激勵。

2. 外部性理論

薩繆爾森和諾德豪斯對外部性是這樣定義的：「外部性是指那些生產或消費對其他團體強徵了不可補償的成本或給予了無須補償收益的情形。」新古典經濟學認為，在完全競爭的市場條件下，社會邊際成本與私人邊際成本相等，社會邊際收益與私人邊際收益相等，從而可以實現資源配置的帕累托最優。但是在現實中，由於外部性等因素的存在往往使上述情況很難出現。庇古認為，社會邊際成本收益與私人邊際成本收益背離時，不能靠在合約中規定補償辦法予以解決。這就必須依靠外部力量，即政府干預加以解決，政府可以通過稅收與補貼等經濟干預手段使邊際稅率（邊際補貼）等於外部邊際成本（邊際收益），使外部性「內部化」，實現私人最優與社會最優的一致。外部效應理論在生態保護領域已經得到廣泛的應用，如排污收費制度、生態公益林補助等分別就是徵稅手段和補貼手段的應用。

3. 生態資本理論

該理論認為，生態資本主要包括能直接進入當前社會生產與再生產過程的自然資源，即自然資源總量（可更新的和不可更新的）和環境消納並轉化廢物的能力（自淨能力）；自然資源（及環境）的質量變化和再生量變化，即生態潛力生態環境質量。隨著人類對生存環境質量要求的提高，生態系統的整體性就越重要，而生態資本存量的增加在經濟發展中的作用也日益顯著。當生態產品稀缺性的日益凸現，人們意識到，不能只向自然索取，而要投資於自然。但是，如果隨著生態資本的增值，生態投資者不能得到相應的回報，社會從事這種「公益事業」的長期積極性就不可能堅持。如果通過建

立合理的制度，也就是生態補償機制讓受益者付費、有償使用，就可以避免公地悲劇的發生，促進區域可持續發展。

4. 產權經濟理論

該理論認為生態補償通過體現超越產權界定邊界的行為的成本，或通過市場交易體現產權轉讓的成本，從而引導經濟主體採取成本更低的行為方式，達到資源產權界定的最初目的，使資源和環境被適度持續地開發和利用。原因在於，在產權明確界定的情況下，只要有環境問題引起的衝突，就會發生交易。但是當存在交易費用時，人們的策略選擇就要根據一場交易的費用與採取這一行動所可能獲得的收益相比較。為達成交易，交易各方就會力求降低交易費用，使資源使用到產出最大、成本最低的地方，達到資源的最優配置。

5. 利益博弈理論

從博弈論的角度來看，生態補償政策旨在令生態保護的受益者向因實施保護行為而受到經濟損失的生態保護實施者進行補償，其實質是在生態保護實施者與受益者之間重新分配生態保護產生的社會淨效益。由於這種分配改變了舊有的利益分配格局，必然導致不同利益群體之間的矛盾。每一個利益群體為實現自身利益最大化，走出生態「囚徒困境」，都會在「游戲規則」框架下選擇最為利己的行動策略，展開與其他利益群體的博弈。

6. 社會公義理論

持該觀點的人認為，生態補償說到底是個社會公平問題，環境資源產權界定或者說權利的初始分配不同造成了事實上的發展權利的不平等，需要一種補償來彌補這種權利的失衡，因此生態補償應被更多地賦予社會公正與和諧的責任。社會公義理論為建立生態補償機制與實施生態建設提供了依據。目前，也開始研究如何採用生態補償扶貧，通過政府行為對為保護和恢復生態環境及其功能而做出犧牲、付出代價的地區或單位進行經濟補償，體現「效率與公平」。

二、生態補償機制的基本內涵

（一）生態補償機制相關概念

在生態補償機制一詞中，有三個關鍵詞：生態、補償和機制。在生態學中的「生態」反應的是生態系統存在的狀態（結構和功能）及其規律。本書的「生態」涉及生態系統的生態效應、生態服務功能和生態效益。

生態效應是生態系統中某個生態因子對其他生態因子、各生態因子對整個生態系統以及某個生態系統對其他生態系統產生的某種影響或作用。

生態服務功能是指人類從生態系統中獲得的惠益，包括生活必需品服務功能，如食物、木材、水、纖維等；調節服務功能，如調節氣候、洪水、疾病、廢物和水質等；文化服務功能，如休閒、審美、精神享受等；支持性服務功能，如土壤構成、光合作用、營養循環等。生態服務功能是國際上近年通用的說法，生態服務與通常所說的生態效益

比較接近，生態效益有時更多地用於表達生態服務的具體價值。

生態效益是指人們在生產中依據生態平衡規律，使自然界的生物系統對人類的生產、生活條件和環境條件產生的有益影響和有利效果，它關係到人類生存發展的根本利益和長遠利益。生態效益的基礎是生態平衡和生態系統的良性、高效循環。

（二）生態補償的概念

生態補償是生態學、環境學與經濟學交叉研究形成的一個概念。生態補償概念最初是國外學者在研究生態服務功能和價值的過程中提出來的。

Marsh 在 1965 年就記述了地中海地區人類活動對生態系統服務功能的破壞，並注意到了腐食動物作為分解者的生態功能。20 世紀 60 年代提出自然資源價值的概念，為自然資源服務功能的價值評價奠定了基礎。Lofo Resources Focus 指出生態補償是為了維護生態系統服務功能的長期安全，通過可持續的土地利用方式，由生態系統服務功能的受益者對提供這些服務的生態保護者進行補償的行為。葉文虎等認為生態補償是自然生態系統對由於社會、經濟活動造成的生態破壞所起的緩衝和補償作用。毛顯強等認為，生態補償是通過對損害（或保護）資源環境的行為進行收費（或補償），提高該行為的成本（或收益），從而激勵損害（或保護）行為的主體減少或增加因其行為帶來的外部不經濟性或外部經濟性，達到保護資源的目的。

所謂生態補償，是一種為保護生態環境和維護、改善或恢復生態系統服務功能，在相關利益者之間分配因保護或破壞生態環境活動而產生的環境利益及其經濟利益的行為。在形式上，表現為消費自然資源和使用生態系統服務功能的受益人，在有關制度和法規的約束下，向提供上述服務的地區、機構或個人支付相應的費用。

從本質上來看，中國的生態補償概念界定與國際上的生態服務付費和生物多樣性補償的內涵具有較大的相通性。生態服務付費強調對生態服務的經濟補償，生物多樣性補償強調對生物多樣性和生態環境破壞後的恢復性補償行為。中國的生態補償概念基本上包含了這兩者的內涵，是相對廣義的。

（三）生態補償機制的內涵

生態補償與機制結合起來時，就形成了為解決現實存在的實際問題而賦予的制度學概念——生態補償機制。由二者的概念，可以總結出生態補償機制的內涵應包括以下幾個方面：

（1）生態補償涉及哪些部門、組織和個人，即誰是生態補償主體（生態建設的受益者），誰是生態補償對象（生態建設者或者受損者），還有誰是生態建設的組織和協調者，這是生態補償這個大系統的構成要素。

（2）研究它們之間的關係、相互作用的方式、過程和規律，以確定生態補償的方式和途徑。

（3）科學地評估生態建設的效益和損失，制定合理的生態補償標準，建立科學的評價體系。

（4）按照生態補償的原則，協調補償主體和對象之間的關係，構建生態補償的網

路途徑，實施生態補償。

所謂生態補償機制就是研究生態補償各組成主體和部門之間相互影響、相互作用的規律以及它們之間的協調關係，通過一定的運行方式和途徑，把各構成要素有機地聯繫在一起，以達到生態補償順利實施的目的。本書建議，較科學規範和較符合政策性要求的生態補償機制內涵可以表述為：

（1）生態補償機制是以維護、恢復和改善生態系統服務功能為目的，以內化相關活動產生的外部成本為原則，以調整相關利益者（保護者、破壞者、受害者和受益者）因保護或破壞生態環境活動產生的環境利益及其經濟利益分配關係為對象的，具有經濟激勵作用的一種制度安排。

（2）生態補償機制對保護行為的補償依據是保護者為改善生態服務功能所付出的額外的保護與相關建設成本和為此而犧牲的發展機會成本對破壞行為的求償依據是恢復生態服務功能的成本和因破壞行為造成的被補償者發展機會成本的損失。

（3）實現生態補償機制的政策途徑有公共政策和市場手段兩大類。

（4）生態補償機制是一種有效保護生態環境的環境經濟手段，有利於促進社會公平與和諧發展。

三、生態補償機制的基本內容

生態補償機制是一項非常複雜的制度安排，目前世界各國還沒有一套成熟的生態補償機制可供借鑒，包括發達國家在內，對生態補償還處於一種探索過程。但是，生態補償機制的基本構成要素是確定的，應當包括生態補償原則、補償的類型、補償主體、補償客體、補償對象及補償標準。

（一）生態補償機制的原則

1. 公平性原則

公平原則在法律制度中的重要地位，決定了將其作為生態補償機制的基本原則。公平原則是以等利（害）交換關係為核心內容的，體現在生態補償機制中，就要求收益大於付出的地區做出補償，付出大於收益的地區接受補償。公平原則不僅包括人與自然環境、人與生物的公平，還強調人類的代內公平和代際公平。

2. 效率性原則

自然生態環境是很難再生甚至是不可再生的，低效率造成的浪費，最終一定是得不償失的。由於資源環境本身具備生態性和經濟性的雙重特點，因此在建立生態補償制度及實施生態補償的過程中應堅持兼顧生態效益和經濟效益的雙重原則。

3. 可持續性原則

可持續性原則的核心是要求人類的經濟和社會發展不能超越資源和環境承載能力。要貫徹可持續性原則，生態補償過程中必須要考慮整體協調性，一方面要將生態補償納入整個生態—經濟—社會的協調可持續發展的範疇之內，改變傳統的就生態補償論生態補償的補償方式，另一方面生態補償、環境保護也應以社會經濟的承受能力為限。

4. 受益者付費原則

受益者付費原則主要表現在享用者付費和污染者治理、開發者養護兩個方面。享用者付費是指自然資源和生態環境的享用者就其必要的生活需要而耗費的自然資源和享用的生態環境支付一定費用，以及就超出其必要的生活需要而耗費的自然資源和享用的生態環境支付相應的成本；污染者治理、開發者養護是指對生態環境和自然資源造成污染的污染者或進行開發利用的開發者有責任對其進行恢復、整治和保護。

5. 政府、社會和市場互補原則

生態環境的公共物品屬性要求發揮政府的作用，但是政府也存在失靈，如政府制定的某些補償不符合公平原則、政府自身的補償行為缺乏效率、難以做到在生態環境和自然資源配置上的效益最大化等。因此，有必要發揮社會和市場機制的作用。

(二) 生態補償的類型

生態補償類型的劃分是建立生態補償機制以及制定相關政策的基礎。不同的劃分標準和方法對生態補償政策設計和制度安排的目的性、系統性以及可操作性有很大的影響。當前，國內學術界對生態補償的類型劃分還沒有統一標準，按照不同劃分標準和目的有若干不同類型或表述。見表9-1。

表9-1　　　　　　　　　　　生態補償的主要類型

分類依據	主要類型	內涵
可持續發展	代內補償	同代人之間進行補償
	代際補償	當代人對後代人的補償
補償的空間範圍	國內補償	國內補償還可進一步劃分為各級別、區域之間的補償
	國家間的補償	污染物通過水、大氣等介質在國與國之間傳遞而發生的補償，或發達國家對歷史上的資源殖民掠奪進行補償
補償主體	國家補償	國家是補償的給付主體
	資源型利益相關者補償	自然資源的開發利用者或下游地區是補償的給付主體
	自力補償	負有生態保護義務的地方政府、資源利用者是補償的給付主體
	社會補償	對生態保護有覺悟的非利益相關者是補償的給付主體
補償對象性質	保護者補償	對為生態保護做出貢獻者給以補償
	受損者補償	對在生態破壞中的受損者進行補償和對減少生態破壞者給以補償
政府介入程度	強干預補償	通過政府的轉移支付實施生態保護補償機制
	弱干預補償	在政府引導下實現生態保護者與生態受益者之間自願協商的補償

表9-1(續)

分類依據	主要類型	內涵
補償的效果	輸血型補償	政府或補償者將籌集起來的補償資金定期轉移給被補償方
	造血型補償	補償的目標是增加落後地區發展能力
補償的途徑	直接補償	由責任者直接支付給直接受害者
	間接補償	由環境破壞責任者付款給政府有關部門，再由政府有關部門給予直接受害者以補償
政策實施的主動性	增益補償	政策主要是為直接刺激社會成員進行環境保護的積極性
	抑損補償	政策主要是為抑制生態資源過快的受損而設計

(三) 生態補償主體

1. 政府

政府作為生態補償中最常見、最主要的補償主體，主要是由國家的職能和生態環境與自然資源的公共物品屬性決定的。政府主要從提供公共品和服務的角度出發實施補償，實質是依靠國家強制力依法對生態環境和自然資源的利益收入進行再分配，間接干預市場經濟活動，重在維護社會公平，實現社會經濟的可持續發展。

2. 企業

在現代社會，企業是越來越重要的生態補償主體，是因為企業從事生產經營活動無不涉及自然資源的利用和實施影響生態環境的行為，而且企業往往是導致生態環境問題的主要「肇事者」。依據「誰污染，誰治理」「誰破壞，誰恢復」「誰受益，誰付費」的原則，企業應當是主要責任的承擔者，由企業向生態環境服務的提供者或自然資源的所有者支付相應的費用，避免企業把本應由自己承擔的污染成本轉嫁給社會或者利用生態環境的外部經濟性「搭便車」降低生產成本，從而實現企業外部成本的內部化。

3. 公民

公民作為生態補償主體，主要是因為公民的個人生活、家庭生活和從事個體經營活動產生外部不經濟性行為，如個體或家庭生活產生的生活垃圾、開飯館的個體工商戶排出的大量廢氣等，因此他們應承擔相應的生態補償責任，交納相應的垃圾處理費和排污費。

4. 社會組織

作為生態補償主體的社會組織，主要是指非營利性組織，他們是一些對生態保護有覺悟的非利益相關者通過某種形式自發組織起來的社會團體。

5. 外國政府

隨著全球一體化的加快，生態環境問題的國際性愈加突顯，所有國家必須攜手合作才能應對目前的生態環境危機。

(四) 生態補償客體

1. 水土保持

保護水土是當前生態環境保護的突出問題，特別是中國西部地區，既是江河源頭，又面臨嚴重的沙漠化問題，更要重視水土的保護。退耕還林等生態政策正是水土保護的重要措施。

2. 野生動物保護

不僅要對野生動物本身進行保護，還要對野生動物的栖息地、獨特的生態環境、水源、食物等必要的生存要素進行保護。

3. 流域生態環境保護

上游地區為流域生態系統保護的投入和損失與下游地區的無償受益之間存在矛盾，雖然上游地區自身也有收益，但要求其獨自承擔整個流域的生態建設成本是不公平的，理應得到其他受益者的補償。

4. 濕地保護

濕地所在地政府和居民為保護濕地而採取的措施有權獲得補償，這些措施具體包括濕地保護地將原屬集體所有的土地劃入濕地保護範圍因保護濕地而不得利用濕地水源，從而喪失飲用水源或灌溉水源因保護濕地而使周邊政府、單位、居民承擔的與濕地保護相應的特別義務，從而承擔的額外成本或收入的減少等。

5. 自然景觀及動植物資源多樣性保護

對自然風景區進行的保護活動，具有景觀保護和生物多樣性保護的雙重含義。應予補償的自然景觀保護活動為保持自然景觀，包括對自然景觀的構成要素進行保護對景觀所屬生態系統的其他部分進行的保護和充實對景區生物多樣性資源的保護景區內的居民為適應景區生態保持的需要而調整生產生活。

(五) 生態補償標準

生態補償標準是指在一定社會公平觀念和社會經濟條件下，對生態補償支付的依據。按補償標準是否法定，可分為法定補償標準和協定補償標準。生態補償標準的確定一般參照以下四個方面的價值進行初步核算：

1. 按生態保護者的直接投入和機會成本計算

生態保護者為保護生態環境而投入的人力、物力和財力應納入補償標準的計算之中，包括生態環境的保護、建設、修復等各種行為的實際費用支出。同時，由於生態保護者在保護生態環境的同時犧牲了部分發展權，這一部分機會成本也應納入補償標準的計算之中。從理論上講，直接投入與機會成本之和應該是生態補償的最低標準。

2. 按生態破壞的恢復成本計算

資源開發活動會造成一定範圍內的水土流失、水資源破壞、植被破壞、生物多樣性減少等，直接影響到區域的水土保持、水源涵養、氣候調節、景觀美化、生物供養等生態服務功能，減少了社會福利。因此，按照「誰破壞、誰恢復」原則，應將環境治理與生態恢復的成本核算作生態補償標準的參考。

3. 按生態受益者的獲利計算。

生態受益者沒有為自身所享有的生態產品和服務付費，使得生態保護者的保護行為產生了正外部性。為使這部分正外部性內部化，需要生態受益者向生態保護者支付這部分費用，補償標準可通過產品或服務的市場交易價格和交易量來計算。通過市場交易來確定補償標準簡單易行，而且有利於激勵生態保護者採用新的技術來降低生態保護的成本，促使生態保護的不斷發展。

4. 按生態系統服務功能的價值計算

生態服務功能價值評估主要是針對生態保護或者環境友好型的生產經營方式所產生的水源涵養、水土保持、生物多樣性保護、氣候調節、景觀美化等生態服務功能價值進行綜合評估與核算。國內外已經對相關的評估方法進行了大量的研究。目前，在估算方法、採用的指標等方面缺乏統一的標準，且在生態系統服務功能與現實的補償能力方面有較大的差距。

第二節　生態補償機制的國際經驗與借鑑

一、國際生態補償實踐

國際上生態補償比較通用的概念是「生態或環境服務付費」（PES, Payment for Ecological/Enviromental Services），其基本內涵與中國的生態補償機制概念沒有本質區別，生態服務功能是其核心和目標，付費是手段，調整的也是在生態服務供給和消費中的不同利益相關者的生態保護成本分擔和經濟利益分配關係。

（一）國際生態補償的主要領域

從相關政策及實踐的領域來看，國際生態補償主要集中在森林保護及植樹造林、與農業活動相關的生態保護、資源開發中的生態保護、流域綜合管理等領域。

1. 森林生態系統的補償

主要通過碳蓄積與儲存、生物多樣性保護、景觀娛樂文化價值實現等途徑進行。歐洲排放交易計劃與京都清潔發展機制是世界上目前兩個最大的、最為人們所瞭解的碳限額交易計劃。

2. 農業活動相關的生態補償

瑞士、美國在其農業立法下，開展了通過補償退耕休耕等來保護農業生態環境的措施。20世紀50年代，美國政府實施了「保護性退耕計劃」；20世紀80年代實施了「保護性儲備計劃」，相當於荒漠化防治計劃，紐約州曾頒布了《休伊特法案》，以恢復森林植被。在這些計劃和法案的實施中，政府為計劃實施成本和由此對當地居民造成的損失提供補貼、補償。歐盟也有類似的政策和做法。

3. 流域開發治理的補償

流域保護服務可以分為水質保持、水量保持和洪水控制三個方面。三種流域服務的公共補償，以及對水質與水量的私人補償，都有利於上游保護者。在流域生態補償方面，比較成功的例子：紐約水務局通過協商確定流域上下游水資源、水環境保護的責任與補償標準；南非將流域生態保護與恢復行動與扶貧有機地結合起來，每年投入約1.7億美元雇傭弱勢群體來進行流域生態保護，以改善水質，增加水資源供給澳大利亞利用聯邦政府的經濟補貼推進各省的流域綜合管理工作等。

4. 礦產資源開發的補償

礦產資源開發的生態補償方面，美國和德國的做法相似。美國將礦區的生態環境治理分為法律前和法律後，使礦區生態損害與恢復治理的責任明確。對於立法前的歷史遺留的生態破壞問題，由政府負責治理，由國家通過建立治理基金的方式組織恢復治理，而對於法律頒布後出現的礦區生態環境破壞，一律實行「誰破壞、誰恢復」，由開發者負責治理和恢復。德國是由中央政府（75%）和地方政府（25%）共同出資並成立專門的礦山復墾公司負責生態恢復工作。

5. 生物多樣性保護的補償

生物多樣性保護的補償類型包括：購買具有較高生態價值的棲息地、使用物種或棲息地的補償、生物多樣性保護管理補償、支持生物多樣性保護交易、限額交易規定下可交易的權利。

（二）國際生態補償的主要方式

目前在國際上，生態服務付費的方式可以分為兩大類，一類是政府購買，或稱為公共支付體系；另一類則是較多地運用市場的手段，如自行組織的私人交易、開放的市場貿易、生態標記以及使用者付費等。

1. 以公共支付為主導的生態補償方式

公共支付主要是指由政府來購買社會需要的生態環境服務，然後提供給社會成員。無論從支付規模還是應用的廣泛程度來說，公共支付都是購買生態環境服務的主要形式。購買資金可能來自公共財政資源，也可能來自有針對性的稅收或政府掌控的其他金融資源，如國債、一些基金和國際上的援助資金等。

2003年，墨西哥政府成立了一個價值2,000萬美元的基金用於補償森林提供的生態服務。補償標準是對重要生態區支付40美元/（公頃·年），對其他地區支付30美元/（公頃·年）。

2. 以市場為主導的生態補償方式

（1）自組織的私人交易。自組織的私人交易是指生態環境服務的受益方與提供方之間的直接交易，適用於生態環境服務的受益方較少並很明確，生態環境服務的提供方被組織起來或者數量不多的情況，一般是交易雙方經過談判或通過仲介確定交易的條件和價格。自組織的私人交易主要是得益於較為明晰的產權和可操作的合同，常見於產權比較明確的森林生態系統與其周邊受益地區，小流域的上下游之間，有時也可能是某些

保護組織和商業機構達成為保護生態系統功能而支付報酬等。比如法國皮埃爾礦泉水公司案例。

（2）開放的市場貿易。當生態服務市場中的買方和賣方的數量比較多或不確定，而生態系統提供的可供交易的生態環境服務是能夠被標準化為可計量的、可分割的商品形式，如地下水鹽分信貸、溫室氣體抵消量等，這時可以使這些指標進入市場進行交易。比如哥斯達黎加開展的交易案例。1996年，哥斯達黎加做成第一筆交易，以200萬美元的價格賣給挪威20萬個CTO單位（相當於抵消萬噸碳排放）。同年，哥斯達黎加還啟動了「森林環境服務支付」（FESP）項目，項目中規定要對植樹造林支付一定費用作為補償，所植樹木要以國際標準嚴格認證。費用的支付標準每年都要調整，2002年的支付水準為5年每公頃支付530美元。支付費用的主要來源是政府成立的「碳基金」和政府從化石燃料中徵收的銷售稅。

（3）生態標記。生態標記是間接支付生態環境服務的價值實現方式。因為如果消費者願意以高一點的價格購買經過認證是以生態環境友好方式生產出來的商品，那麼消費者實際上支付了商品生產者伴隨著商品生產而提供的生態環境服務。推行生態標記的關鍵，是要建立起能贏得消費者信賴的認證體系，因此認證制度常常被當作是一種對生產者和消費者的激勵機制來使用。比如歐盟的生態標籤體系案例。

二、國際生態補償實踐的經驗借鑑

由於國情不同，國際上不同的國家對生態補償的做法也不盡相同，各有側重，這些成功經驗對中國進行生態補償研究與實踐有著重要的啟示：

第一，國際生態補償取得成功的主要原因在於，一是大多數國家產權制度比較完善，有利於利用市場機制進行補償；二是政府支付能力較強，能夠對重要的生態服務進行購買；三是法律法規比較完善，很多資源開發的外部成本能夠內部化；四是社會參與協商機制較為成熟，能夠在生態補償政策實施中真正反應各利益相關者的立場等。這些經驗對中國有著直接的借鑑意義，當然由於社會經濟條件，特別是市場經濟發育程度的不同，中國不能對國際上的有些做法進行簡單的拷貝。

第二，國際上實現生態服務付費主要包括公共支付手段和市場手段二種模式。二者各有其適用的條件，也各有利弊，是相輔相成的關係，中國可以進行移植、改革和應用。國際經驗表明，公共支付模式適用於典型公共物品的情況，生態功能服務面大、受益人數多或難以準確界定。但該模式有兩大風險：一是因為信息不對稱，公共支付可能支付了高於實際所需的費用；二是官僚體制本身的低效率、腐敗的可能性以及政府預算優先領域的衝擊，都可能影響公共支付模式的實際效果。

中國在重要生態功能區和一些大江大河的生態補償中，政府處於主導地位，但也不妨在適當的環節充分利用市場機制，如利益相關者的參與及協商機制，以保證公共支付政策的效率和長效性對於一些中、小流域上下游之間的補償，或是以市場貿易手段實現的補償，市場機制可以占主導作用，但政府應該在市場培育、制度完善等方面發揮作

用，同時加強對交易過程的監管。

第三，國際上公共支付模式是開放和靈活的。公共支付的一個重要特徵是主要資金來源於政府或其他公共部門，但其運行機制不是公共部門獨家封閉運作，而是開放和靈活的。

第四，重視生態標誌制度的作用。生態標誌制度不是直接意義上的生態補償，但是公眾以超出一般產品的價格購買和消費以環境友好方式生產的產品，實際上購買了附加在這些產品上的生態服務功能的價值，是對生產這類產品所付出的保護生態環境的額外成本進行間接補償。

目前，中國的生態標誌產品的消費市場正在逐漸形成，只要價格體系得當，消費者有支付意願，願意購買生態標誌產品，也能夠達到生態補償的目的。目前，中國環境標誌已經在辦公設備、日用品、家電、建築裝修材料、紡織用品等領域開展了56大類產品的認證，共有2,000餘家企業的20,000多種產品獲得了中國環境標誌產品認證，環境標誌產品的年產值超過900億元人民幣，但中國目前對生態標誌制度的生態補償含義的認識還不夠清晰。從這一角度出發，政府一方面應重視生態標誌制度的生態補償意義，有意識地將其作為實現生態補償的政策手段加以廣泛深入地應用，鼓勵調整產業結構，發展環境友好型產品，將保護後的生態優勢轉化為產業優勢，走出一條清潔型產業的道路；另一方面應積極建立綠色消費體系，特別是鼓勵政府綠色採購，推動生態標誌產品的發展，以形成新的補償途徑。

第三節 重點領域生態補償機制的案例分析

一、重點領域生態補償案例評述

1. 自然保護區生態補償

2001年，中央財政設立了「森林生態效益補助資金」，選擇24個國家級自然保護區進行試點。地方政府積極創新，拓寬資金來源，旅遊開發與自然保護區補償結合的方式正在興起，福建省武夷山市星村鎮紅星村以0.113萬公頃林地入股森林公園，森林公園按15元/（年·公頃）標準支付村民資源保護費，村民負責護林任務，同時對景點利潤進行分成。

2. 重要生態功能區生態補償

國家主導實施了一系列重大生態治理工程，包括天然林保護、三北防護林體系建設工程、京津風沙源治理工程、中央財政森林生態效益補償基金項目，覆蓋面廣，有效遏制了生態環境惡化。

地方政府開展了多種補償形式：①湖南、廣西、雲南從水電費中按一定比例提取補償公益林；②福建省從旅遊經營收入中提取一定資金，直接用於生態公益林所有者的補

償；③山西省靈石縣從煤炭企業可持續發展基金中提取補償資金，對縣域集體生態公益林進行補償；④江蘇常熟虞山國有林場通過和企業、林場住戶簽訂自願管護協議的方式保護生態景觀林。

3. 流域水資源生態補償

為了處理好地區間、上下游生態補償問題，各地方政府積極探索了豐富的市場手段：①受益者付費。如紹興市每年從自來水費中提取 200 萬用於源頭地區的生態保護。②破壞者補償。如河北子牙河水系主要河流試行的生態補償金扣繳政策。③排污權交易。如 1987 年上海閔行區上鋼十廠與塘灣電鍍廠排污權轉讓，每年補償電鍍廠 4 萬元的經濟損失；2009 年 3 月浙江太湖流域杭嘉湖地區和錢塘江流域開展的化學需氧量排污權有償使用和交易試點。④水權交易。如浙江東陽市向義烏市有償轉讓橫錦水庫部分用水權。

4. 大氣環境保護區生態補償

1994 年，原國家環保局在包頭、開遠、柳州、太原、平頂山、貴陽 6 個城市開展了大氣排污權交易試點，1998 年太原市通過了《太原市大氣污染物排放總量控制管理辦法》，成為中國第一部包括排污權交易的總量控制法規。2009 年，北京天平汽車保險股份有限公司購買奧運期間北京綠色出行活動產生的 8026t 碳減排指標，用於抵消該公司營運過程中產生的碳排放，成為國內第一家自願購買碳減排量實現碳中和的企業。

5. 礦產資源開發區生態補償

1983 年，雲南省環保局以昆陽磷礦為試點，對礦石徵收 0.3 元/噸，用於採礦區植被及其他生態環境恢復的治理，是中國礦產領域生態補償的起點。中國礦產資源主要分佈在中西部，開展礦產資源生態補償的省份較少，主要集中在山西、安徽、陝西、新疆。其中山西產煤地區進行了積極的補償機制探索，太原市首創煤礦恢復生態環境補償基金制度，晉城市煤炭企業出資對採掘區和承包荒山進行造林綠化。

6. 農業生產區生態補償

2000 年和 2002 年，國家相繼推出退耕還林、還草和退牧還草工程，對農產區喪失發展機會的農民、牧民予以補償。2006 年，山東省政府出資購買濕地作物種苗，鼓勵周邊農民種植蘆竹等能夠降解和淨化污染物的濕地作物，同時由政府牽頭，與山東 3 大造紙企業簽訂了蘆竹收購的終身制合同，以保障銷售暢通。2009 年，「中歐農業可持續發展與生態補償政策研究項目」啓動，選定天津、江蘇、安徽和雲南 4 省（市）為示範點，探索適合中國國情的農業生態補償實施框架。

7. 旅遊風景開發區生態補償

2009 年 10 月，蘇州正式實施《蘇州市風景名勝區條例》，建立生態補償機制，通過財政轉移支付制度補償當地人民對景區生態維護做出的貢獻；新疆阜康市委為合理利用三工河谷旅遊資源。2006 年，遷出河谷內所有農牧民、幹部職工，按照居民住宅實際評估價值發放生態移民補償費。

二、重點領域生態補償案例剖析

以七種類型的生態補償實施情況為主，圍繞數量多少、區域分佈、補償措施、發展趨勢方面分析存在的特點。見表9-2。

表9-2　　　　　　　　　　　類型生態補償實施情況

生態補償類型	案例數量	補償措施	實施省份
自然保護區生態補償	9	中央財政轉移支付；地方財政轉移支付；專項基金；受益者保護；自組織的私人交易	內蒙古、上海、江蘇、安徽、福建、山東、湖北、廣東、四川、雲南、青海、新疆12個省市自治區
重要生態功能區生態補償	23	中央、地方財政轉移支付；地區間財政轉移支付；專項基金；重大生態治理工程；受益者保護、破壞者補償；自組織的私人交易	全國
流域水資源生態補償	41	中央、地方財政轉移支付；地區間財政轉移支付；專項基金；受益者保護、破壞者補償；排污權交易；水權交易	北京、河北、山西、內蒙古、遼寧、上海、江蘇、浙江、安徽、福建、江西、山東、河南、湖北、湖南、廣東、重慶、陝西、甘肅、寧夏20個省市自治區
大氣環境保護區生態補償	16	破壞者補償；排污權交易；自組織的私人交易	北京、天津、河北、山西、江蘇、河南、湖北、湖南8個省市
礦產資源開發區生態補償	13	地方財政轉移支付；破壞者補償	河北、山西、內蒙古、浙江、安徽、雲南、陝西、新疆8個省市自治區
農業生產區生態補償	8	中央財政轉移支付；地方財政轉移支付專項基金；重大生態治理工程	天津、上海、江蘇、安徽、山東、雲南6個省市
旅遊風景開發區生態補償	3	地方財政轉移支付	河北、江蘇、新疆3個省市

（1）流域水資源生態補償案例最豐富，達41例；重要生態功能區生態補償實施23例，覆蓋範圍較廣；大氣環境保護生態補償16例；其餘4類生態補償實施力度較為欠缺。由於水污染和水短缺危機的日益嚴重，中央及地方政府高度重視流域水資源生態補償，大量專家學者就合理解決流域上下游因水環境保護或破壞造成的外部性問題進行了深入研究，各省、市、自治區積極實行生態補償試點，重點推行流域上游水源涵養區生態保護、跨界水污染超標、排污權有償使用和交易、水權交易、重大水利工程（如南水北調工程）、洪水控制（如蓄滯洪區分洪）5方面的生態補償。特別是浙江、福建兩省起到了積極的表率作用。重要生態功能區生態補償案例數量次之，但近年來國家主導實施了一系列重大生態治理工程，尤其是中央財政森林生態效益補償基金項目於2004年推廣至全國，使得該類生態補償實施範圍最廣，影響力最大。中國大氣環境保護生態

補償集中在江蘇、湖北、湖南、北京、天津、山西、河北、河南8省市，處於試點階段，尚未推廣至全國，主要圍繞二氧化硫排污交易以及碳減排交易展開。其餘4類生態補償開展數量較少，且局限在少數地區。可以看出7類生態補償的實施力度不均，中國生態補償工作尚未全面展開。

（2）中國東部、中部、西部的自然資源、產業結構、經濟基礎等存在較大差異，直接導致各類生態補償的區域分佈對比明顯。目前，在全國已實施的113例生態補償案例中，中央主導實施了天然林保護、三北防護林體系建設工程、京津風沙源治理工程、中央財政森林生態效益補償基金項目、三江源自然保護區生態保護工程、退耕還林（還草）工程、退牧還草工程7個重大生態治理工程，31個省、市、自治區實施了106例生態補償案例。見表9-3。

表9-3　　　　　　　　　　不同類型生態補償案例的區域分佈

	自然保護區生態補償	重要生態功能區生態補償	流域水資源生態補償	大氣環境保護區生態補償	礦產資源開發區生態補償	農業生產區生態補償	旅遊風景開發區生態補償	合計
東部	1	8	27	8	2	4	2	52
中部	2	3	9	8	6	1	0	29
西部	5	8	5	0	5	1	1	25

東部與中部、西部生態補償實施力度差距較大。東部11個省市位於中國沿海經濟發達地區，資金以及技術支持相對充足，政府、企業自主開展生態補償的意識強烈。在開展的52例生態補償中，流域水資源生態補償27例；中西部地區自然條件相對惡劣，而且伴隨著石油、天然氣、煤炭及礦產資源的大規模勘探開發，水土流失、土地沙化、草地退化等生態問題日益嚴重，但其落後的生產力，匱乏的資金來源，導致多數省市沒有足夠的經濟技術條件獨立開展生態補償工作。

各類生態補償的區域分佈也有差異。自然保護區生態補償與重要生態功能區生態補償多分佈於環境脆弱、生態地位重要的西部地區；流域水資源生態補償多集中在開發力度大、污染相對嚴重的東部地區；大氣環境保護生態補償在西部尚未開展，僅在東部和中部進行了少量的試點；礦產資源開發區生態補償主要分佈在礦產資源豐富的中西部；農業生產區與旅遊風景開發區生態補償尚屬個例，各區域補償數量較少，需加大試點工作的推廣。

生態補償在市場手段與政府手段的使用中，中國目前的生態補償仍以政府手段為主。雖然市場手段取得了一定的發展，但其中大多數市場補償案例在實施過程中仍是在政府的協調指導下完成，是一種政府介入式的市場手段。表9-4為不同類型生態補償案例實施手段。

表 9-4　　　　　　　　　不同類型生態補償案例實施手段

	自然保護區生態補償	重要生態功能區生態補償	流域水資源生態補償	大氣環境保護區生態補償	礦產資源開發區生態補償	農業生產區生態補償	旅遊風景開發區生態補償	合計
政府手段	4	16	20	0	2	8	3	53
市場手段	5	8	23	16	11	0	0	63

從各類生態補償的手段可以發現：重要生態功能區受益範圍廣，利益主體不清晰，其生態補償主要以政府手段為主。農業生產區以及旅遊風景開發區生態補償尚屬起步階段，目前主要依賴政府手段開展。自然保護區生態補償的政府手段與市場手段數量基本持平，但仍需要繼續拓寬。流域水資源生態補償則在政府指導下，積極開展受益者付費、破壞者補償、排污權交易、水權交易等市場交易。大氣環境保護區以及礦產資源開發區，補償主體及補償對象相對清晰，易於界定，其生態補償主要通過破壞者補償以及排污權交易等市場手段實現。

中國 113 例生態補償案例的補償手段合 116 種，其中 3 例案例政府手段和市場手段並行：浙江德清縣西部鄉鎮不僅從縣財政出資，還從全縣水資源費、排污費以及農業發展基金中分別提取一定比例展開生態補償；東江源生態功能保護區的補償手段多樣，國家財政補貼、香港廣東的區際補償、下游珠江三角洲地區的利稅等構成的生態補償基金是其主要政府手段，異地開發模式是其市場手段；重慶武隆區自 2009 年起對因承擔生態建設任務而做出經濟犧牲的鄉鎮展開生態補償，其補償手段主要是財政轉移支付，將工業經濟區地稅收入的一定比例補償給其他地區建設生態環境，並且建立企業反哺生態制度，按資源成本的一定比例對排污企業提取費用，用於統籌安排、集中營造企業林。

案例連結：流域生態補償的五種模式

近年來，跨行政區域的流域污染糾紛時有發生。其根源在於流域上下游之間環保責任的不對等，容易出現上游排污，下游「買單」的現象，如何破解跨行政區域的流域環境問題，成了多年來一直在探索的難題。

2005 年開始，浙江逐步推進生態補償試點，隨後，江蘇、安徽等多省份也在逐步探索生態補償制度。2011 年，財政部、環保部在新安江流域啟動了全國首個跨省流域生態補償機制試點，試點期 3 年。試點之後，新安江的水質連年達標，取得顯著的成效。

新安江流域治理涉及安徽和浙江兩省，安徽黃山市是新安江流域上游的水源涵養區，浙江省杭州市是流域下游的受益區。按照流域補償方案約定，只要安徽出境水質達標，浙江每年補償安徽 1 億元。

按照成熟一批，推進一批的原則，自 2011 年以來，包括新安江流域在內，中國已探索出九洲江、汀江—韓江、東江、灤河、渭河流域五大河流的生態補償模式。

1. 九洲江流域：投入累積超 15 億元兩廣聯手治理顯成效

九洲江跨越粵、桂兩省區，是廣西的玉林市（陸川、博白兩縣）和廣東的湛江市主要飲用水水源，九洲江流域的水環境安全，關係到九洲江流域人民群眾的飲水安全和粵、桂經濟社會協調發展大局。粵、桂兩省區聯手治理九洲江是兩省區黨委政府主要領導達成的共識。

2016 年 3 月 21 日，廣西壯族自治區政府與廣東省政府簽署了《九洲江流域水環境補償的協議》（以下簡稱《補償協議》）。根據《補償協議》約定，協議有效期為 2015—2017 年，治理期間廣西、廣東兩省各出資 3 億元，共同設立九洲江流域生態補償資金。此外，中央根據年度考核結果，完成協議約定的污染治理目標任務，將獲得 9 億元的專項資金支持。至此，九洲江流域合作治理資金投入累計超過 15 億元。

在中央的支持及粵桂兩省區的努力下，九洲江流域工業點源和縣城生活污染源得到較好控制，初步探索出規模化畜禽養殖污染減負模式，飲用水源保護區的非法抽砂、違法養殖、圍庫造塘等問題得到不同程度的治理，一定程度上遏制了流域水質惡化的趨勢。

2. 汀江—韓江流域：雙向補償，已獲中央財政 5.99 億元補助

發源於閩西的汀江全長 300 多千米，是福建省第四大河流，也是福建流入廣東的最大河流。韓江是粵東地區第一大河流，擔負汕頭、梅州、潮州和揭陽市 1,000 多萬人生產、生活供水的重任，因此上游汀江水質直接關係到下游 1,000 多萬人的用水安全。

為更好地保護水環境，2016 年 3 月，福建省與廣東簽署汀江—韓江流域水環境補償協議。按照規定，廣東、福建共同出資設立 2016—2017 年汀江—韓江流域水環境補償資金，資金額度為 4 億元，兩省每年各出資 1 億元。同時，中央財政將依據考核目標完成情況確定獎勵資金，並撥付給流域上游省份，專項用於汀江—韓江流域水污染防治工作。

與以往相關協議不同，汀江—韓江流域上下游橫向生態補償協議採用雙指標考核，既考核污染物濃度，又考核水質達標率。同時，實行「雙向補償」原則，即以雙方確定的水質監測數據作為考核依據，當上游水質穩定達標或改善時，由下游撥付資金補償上游；反之，若上游水質惡化，則由上游賠償下游，上下游兩省共同推進跨省界水體綜合整治。

據東方網 2017 年 9 月份的報導，自流域補償協議實施至今，福建省已投入汀江—韓江流域水污染防治資金 15.99 億元，累計獲得中央 5.99 億元資金補助。

3. 東江流域：兩省每年各出資 1 億元，中央財政補貼撥付上游

2016 年 4 月，國務院印發《關於健全生態保護補償機制的意見》，明確在江西—廣東東江開展跨流域生態保護補償試點。同年的 10 月，江西、廣東兩省人民政府簽署了《東江流域上下游橫向生態補償協議》。明確了東江流域上下游橫向生態補償期限暫定三年。跨界斷面水質年均值達到Ⅲ類標準水質達標率並逐年改善。

該生態補償協議明確以廟咀里（東經 115.178,8、北緯 24.701,3）、興寧電站（東經 115.559,0、北緯 24.645,1）兩個跨省界斷面為考核監測斷面。考核監測指標為地表水環境質量標準中的 PH、高錳酸鹽指數、五日生化需氧量、氨氮、總磷等 5 項指標。如出現其他特徵污染物，經兩省協商也納入考核指標。同時，江西、廣東兩省聯合開展

篁鄉河、老城河兩個跨省界斷面監測評估。中國環境監測總站負責組織江西、廣東兩省有關環境監測部門，對跨界斷面水質開展聯合監測。

資金補償與水質考核結果掛勾。江西、廣東兩省共同設立補償資金，兩省每年各出資1億元。中央財政依據考核目標完成情況撥付給江西省，專項用於東江源頭水污染防治和生態環境保護與建設工作。兩省共同加強補償資金使用監管，確保補償資金按規定使用。

4. 灤河流域：以國土江河綜合整治予以資金支持

灤河，發源於河北省豐寧縣，流經沽源縣、多倫縣、隆化縣、灤平縣、承德縣、寬城滿族自治縣、遷西縣、遷安市、盧龍縣、灤縣、昌黎縣、在樂亭縣南兜網鋪注入渤海，全長877千米。

與新安江、汀江—韓江等橫向上下游補償方案相比，灤河流域的補償方案有所不同，初步方案是先建立補償試點，國家以國土江河流域綜合整治試點形式予以資金支持，天津、河北再各自支付一部分，以充分體現誰受益、誰補償的原則。

灤河流域試點共涉及三省一市、共9個地市。其中，水土環境污染防治項目共73個，投資35.38億元；河湖生態保護與修復項目共65個，投資32.74億元；統一水質、生態監測、監管、應急平臺項目1個，投資2.5億元。

5. 渭河流域：參照新安江流域方案，建立中央補助+跨省補償機制

2011年，作為生態補償方面的探索嘗試，陝、甘兩省沿渭6市1區簽訂了《渭河流域環境保護城市聯盟框架協議》，陝西省向渭河上游的甘肅天水、定西兩市分別提供300萬元渭河上游水質保護生態補償資金，用於上游污染治理、水源地生態保護和水質監測等。

「但考慮到現有上游保護投入和治理成本及未來生態治理需求，目前開展的補償還存在著量小力微、基數不盡合理、補償渠道和方式單一、缺乏有效機制保障等問題，無法滿足流域生態治理和水環境保護的需要。因此，通過先行先試，在渭河流域建立健全可行的上下游橫向補償機制顯得十分急迫。」2017年6月27日，全國政協委員張世珍在接受中國網採訪中表示。他建議渭河流域治理，應參照新安江流域生態補償試點經驗，以中央財政生態補償基金和跨省的生態補償資金為重點，啓動實施渭河流域上下游橫向生態補償試點，建立渭河流域生態保護共建共享機制。

（資料來源：http://hbw.chinaenvironment.com/zxxwlb/index_55_97429.html.）

第四節　建立生態補償機制的戰略與政策框架

一、建立生態補償機制的總體戰略

建立生態補償機制的戰略定位：在中國，建立生態補償機制不僅是完善環境政策體

系，保護生態環境的關鍵措施，而且是落實科學發展觀，建立生態文明，構建和諧社會的重要舉措，各級政府應予以高度重視。

建立生態補償機制的戰略目標：①調整區域生態環境保護相關主體間的環境及其經濟利益的分配關係，協調保護與發展的矛盾，促進區域的協調、公平與和諧發展；②切實解決諸如重要生態功能區、流域和礦資源開發等領域的生態環境保護問題，恢復和維護生態系統的服務功能，改善生態環境質量；③爭取用5~8年的時間，建立起較完善的生態補償機制和政策體系，使生態補償政策的效果與國家的環境保護總體戰略要求以及全面建設小康社會的進程相一致。

建立生態補償機制的原則：①以調整相關利益主體間的環境及其經濟利益的分配關係為核心，以內化相關生態環境保護或破壞行為的外部成本為基本要求，以經濟激勵為目的，堅持「受益者或破壞者支付，保護者或受害者被補償」的原則；②以改革和完善現有相關政策為基礎，逐步建立新的補償制度；③先易後難，循序漸進，不斷完善。

建立生態補償機制的戰略步驟：在全國範圍內選擇優先領域（如水源涵養區和自然保護區等重要生態功能區、跨省界中型流域等），開展國家級和地方級試點示範，重點探索建立上級政府協調機制、地方橫向財政轉移支付、市場機制等方面的政策經驗。在國家層面，研究改革重要公共財政政策（如財政轉移支付），研究制定國家建立生態補償綜合指導政策（如國務院相關文件）和一些新的公共政策（如國家生態補償專項），研究建立生態補償管理體制等重要問題。在試點示範和專項研究的基礎上，建立國家生態補償的關鍵政策，並逐步形成體系，開始全面推進生態補償工作。

二、生態補償問題的類型及優先領域

目前，國內學術界對生態補償問題的類型劃分還沒有統一的體系，這主要是由於不同的劃分標準和目的，劃分結果的政策意義有較大差別，不利於實際應用。

例如，按照補償主體的不同，中國環境規劃院將生態補償分為國家補償、資源型利益相關者補償、自力補償和社會補償。前三者都屬於利益相關者補償，具有強制補償的性質，社會補償屬於非利益關聯者補償，屬於自願補償的範疇。同時該機構從政策選擇的角度，還有一種劃分：西部補償、生態功能區補償、流域補償、要素補償。

沈滿洪和陸菁根據不同的標準，早在2004年就對生態補償類型做過詳細的劃分：①按補償對象，可劃分對生態保護做出貢獻者進行補償，對在生態破壞中的受損者進行補償和對減少生態破壞的主體給以補償；②從條塊角度，可劃分為「上游與下游之間的補償」和「部門與部門之間的補償」；③從政府介入程度，可分為政府的「強干預」補償機制和政府「弱干預」補償機制；④從補償的效果，可分為「輸血型」補償和「造血型」補償。

標準是對生態補償問題的類型劃分的前提，標準的確定要服從兩個目的：一是幫助對現實存在問題的認識；二是有利於制定政策，即分類本身具有一定的政策含義。所以，分類可以是多層次的，但必須是屬於一個體系。

（一）生態補償問題的類型

根據上述原則，將生態補償問題先按地理尺度和性質進行三級分類，以便全面辨析現實問題，然後根據問題的公共物品屬性特徵進行第四級分類，以反應解決各類問題的政策途徑（見表9-5）。

表9-5　　　中國生態補償問題的類型及其公共物品屬性與政策途徑

Ⅰ：全球尺度	Ⅱ：國家尺度和問題性質	Ⅲ：地區尺度和問題性質	Ⅳ：公共物品屬性	政策途徑
國際補償	全球森林和生物多樣性保護、污染轉移、跨界河流等		絕大部分屬於純粹公共物品類	多邊協議下的全球購買、區域或雙邊協議下的購買、各類國際組織購買等，包括全球和區域市場交易
國內補償	區域補償	西部、東北等	純粹公共物品類	主要國家（公共）購買
	重要生態功能區補償	水源涵養區、生物多樣性保護區、防風固沙、土壤保持、調蓄防洪區等	純粹公共物品類	主要是國家（公共）購買
	流域補償	長江、黃河等大江大河	準公共物品：公共資源	主要是國家（公共）購買
		跨省界的中型流域，如東江流域、西江流域、新安江流域、漢江流域、黑河流域等	準公共物品：公共資源或俱樂部物品	公共購買與市場交易相結合，但上級政府的協調至關重要
		城市飲用水源區	準公共物品：公共資源或俱樂部物品	公共購買與市場交易相結合，但上級政府的協調至關重要
		地方行政轄區內的小流域	準公共物品：公共資源或俱樂部物品	公共購買與市場交易相結合，但上級政府的協調至關重要
	生態系統或生態要素補償	森林保護、礦產資源開發、水資源開發、土地資源開發等	大部分屬於準私人物品	政府法規下的開發者負擔原則

從地理尺度和問題性質來看，生態補償問題首先可分為兩類：國際生態補償問題和國內（中國）生態補償問題。

國際補償問題包括全球森林和生物多樣性保護、污染轉移（產業、產品和廢物）和跨界水體等引發的生態補償問題。

國內生態補償問題主要包括以下四類：

第一類，區域補償類。中國的區域補償問題是由兩個方面的原因形成的，一是某些地區是全國生態環境安全的重要屏障，如西部地區；二是由於過去計劃經濟體製造成某

些資源開發區曾向其他地區輸送了大量廉價的資源，卻承受著開發遺留下的生態環境破壞的危害，經濟發展也未能切實受益，如西部地區和東北地區等。最近新提出的資源枯竭型城市的生態補償問題也屬於這一類。

第二類，重要生態功能區的補償類。中國有1,458個對保障國家生態安全具有重要作用的生態功能區，包括水資源涵養區、土壤保持區、防風固沙區、生物多樣性保護區和洪水調蓄區等，約占國土面積的22%，人口的11%。

第三類，流域生態補償類。流域類可以進一步細分為四個二級類。①長江、黃河等7條大江大河，其最大特點是流域涉及幾個到十幾個省，受益和保護地區界定困難，補償問題非常複雜。②跨省界的中型流域，其特點定義為跨兩個省市界的、與受益關係明確的中等規模的流域，至少不超過三個省市，否則其利益關係界定就會變得像大江大河一樣複雜。這類流域有跨廣東和江西兩省的東江流域、跨廣西和廣東的西江流域、跨安徽和浙江的新安江流域、跨陝西和湖北的漢江流域、跨青海、甘肅和內蒙古的黑河流域等。③城市飲用水源類。這類型的特點：一是涉及飲用水源這一重要問題；二是只涉及兩個利益主體，水源保護區和飲用水供水區，兩者可能隸屬於同一個行政轄區，也可能是兩個轄區。④地方行政轄區內的小流域。其特點一是流域小，利益主體關係比較清晰，二是轄區政府較容易協調其利益關係。

第四類，生態系統或要素補償類。前三類基本屬於不同的生態經濟系統類。第四類是按照生態系統或生態系統的組成要素建立生態補償機制的一類，如森林保護（森林既是一個獨立的生態系統，也是更大生態系統的組成部分）、草地保護、礦產資源開發、水資源開發和土地資源開發等。

有兩個因素決定著對上述補償問題的政策途徑：一是利益主體關係的清晰程度，或者說是利益主體的數量；二是保護主體提供或受益者分享的生態服務功能的性質，即公共物品屬性。實質上二者是相通的，所以有必要按照公共物品屬性對上述問題再進行分類分析，以便識別出建立生態補償機制的政策途徑。

根據消費的競爭性和排他性特點，經濟學將物品分為兩大類：公共物品和私人物品。再兩者之間還可以劃分出準公共物品和準私人物品。根據這一理論，可以對現實存在的上述問題進行第四級分類：

一是屬於純粹公共物品的生態補償類型：部分國際補償問題、區域補償問題和國家重要生態功能區補償問題。

純粹公共物品具有消費的非排他性和非競爭性兩個特徵。國家級重要生態功能區，其生態服務功能和地位是保障和維繫整個國家的生態安全。從非排他性看，無法排除他人獲得或享受這些地區生態保護所產生的生態服務；從消費的非競爭性來看，在全局上，增加一個人不會影響其他人對這些生態服務的消費。因此，國家重要生態功能區的補償問題是典型的純粹公共物品。根據公共物品理論，對這種生態服務應該是全體受益者購買，或者說是其代表——政府購買，政府購買的資金應該來自公共收入，既可以由公共財政支付，也可以通過庇古稅方式——用徵收生態稅的收入來支付。部分國際補償問題，如全球森林

和生物多樣性保護問題和中國的區域補償問題也具有純粹公共物品的特徵。

對於全球森林和生物多樣性保護所產生的生態服務，應該是所受益國共同購買，通常可以通過多邊協定實現；對於某種可以定量並標準化的生態服務，如森林吸收二氧化碳功能，可以採用開放市場貿易的方式進行補償，如《京都議定書》下的清潔發展機制和排放貿易機制。

二是屬於準公共物品的流域生態補償類型。

在現實世界中，存在大量的介於純粹公共物品和私人物品之間的一種物品，稱作準公共物品或混合物品，包括俱樂部和共同資源兩類。

流域上游保護所產生的生態服務，主要體現在提供足量優質的水資源。從消費特徵來看，具有競爭性；從流域的地理邊界來看，也可以做到一定的消費排他，但從流域內部來看，又無法做到排他。所以，流域的生態補償問題屬於準公共物品，兼具共同資源和俱樂部產品的特點。如果考慮到流域利益主體的數量和利益關係界定的難易程度等特點，可以認為，大江大河更具共同資源的特性，跨省界的中型河流、城市飲用水源地、地方行政轄區的小河流域更多具有俱樂部產品的性質。對於這類型的生態補償，公共購買政策和市場交易是同等重要的，具體政策途徑的選擇取決於具體實施條件的完備程度和利益主體的意願。但是不管選擇哪種政策，上級政府的協調作用是至關重要的，特別是為利益主體沿著科斯路徑達成補償協議而搭建工作平臺的作用。

三是屬於準私人產品的生態補償類型：部分生態系統或要素補償問題。

除森林保護問題外，許多生態系統或要素的補償問題，例如礦產資源等開發的生態補償問題具有準私人產品的性質。礦產資源開發過程及其產品具有私人性質，產生的生態環境問題大部分屬於點源污染，責任主體明確；但是它又具有一定公共物品性質，因為礦產資源產權屬於國家所有，資源開發所產生的生態問題的影響部分具有公共物品的性質。總體上，在礦產資源開發中，損害方和受損方的關係較為明確，主要是生態環境的代理人和責任人——政府、開發者和當地居民的利益關係。對這類問題的生態補償，經典的稅費制度是很好的政策選擇。

（二）建立生態補償機制的優先領域與政府職責

從國內面臨的各生態補償問題的相關性來看，區域補償和大江大河補償問題可暫時不作為優先領域考慮。這是因為：①如果建立了重要生態功能區和資源開發的生態補償機制，區域補償的問題就得到了較大程度的解決，理由是在地理分佈上三者基本上是一致的，主要是西部地區，包括東北；而且實際上重要生態功能區和資源開發是造成區域需要補償的原因。②大江大河的補償對象主要是江河源頭和部分上游地區，這些地區基本上都屬於國家重要生態功能區，所以，只要建立了重要生態功能區的生態補償機制就可以基本涵蓋了大江大河的補償區域。③本著先易後難的原則，大江大河和區域的補償問題也就宜優先考慮。

對於剩下的5類問題：國家重要生態功能區、跨省界的中型河流、城市飲用水源地、地方行政轄區的小流域和礦產資源開發等，很難確定「誰先誰後」。

從生態環境問題的緊迫程度和國家「十一五」環保工作重點來看，飲用水源、國家重要生態功能區、礦產資源開發大致是一類，其他兩個可能屬於另一類；從生態問題的影響範圍來看，重要生態功能區最大，其次是跨界中型流域、城市飲用水源和礦產資源開發，小流域影響也最小；從建立機制的難易程度來看，不同的政策途徑對不同的問題有不同的適宜程度，公共購買和市場交易途徑對小流域都適合，但對其他問題則情況會不大一樣。

因此，較難用統一的標準去確定一個優先領域的排序，即使排出序來，也未必對實踐有好處。

然而，按照責任範圍，可以劃出一個較清晰的政府推動生態補償機制建立的重點領域，即，中央政府重點解決重要生態功能區、礦產資源開發和跨界中型流域的生態補償機制問題，重要生態功能區以國家自然保護區和水源涵養區為重點；地方政府主要建立好城市飲用水源地和本轄區內小流域的生態補償機制，並配合中央政府建立跨界中型流域的補償機制問題。這樣一來，各有分工和側重，並針對不同問題採用較容易可行的政策途徑，既能逐步完善，又可以全面推進。

案例連結：赤水河流域實施生態雙向補償，補償金按月核算

《貴州省赤水河流域水污染防治生態補償暫行辦法》（以下簡稱《辦法》）已由貴州省政府辦公廳近日轉發。

《辦法》明確，按照「保護者受益、利用者補償、污染者受罰」的原則，在貴州省畢節市和遵義市之間實施赤水河流域水污染防治雙向生態補償。

按照《辦法》，上游畢節市出境斷面水質優於Ⅱ類水質標準，下游受益的遵義市應繳納生態補償資金；上游畢節市出境斷面水質劣於Ⅱ類水質標準，畢節市則應繳納生態補償資金。赤水河流域內有關縣（市、區）出境考核斷面水質劣於規定的水質類別，也應繳納生態補償資金。

《辦法》明確，生態補償以赤水河在畢節市和遵義市跨界斷面水質監測結果為考核依據，斷面水質監測指標為高錳酸鹽指數、氨氮、總磷，污染物超標補償標準為高錳酸鹽指數0.1萬元/噸、氨氮0.7萬元/噸、總磷1萬元/噸。有關區（縣）生態補償資金計算按照該方法執行。

據介紹，赤水河流域生態補償資金實行按月核算、按季通報、按年繳納。省環境保護廳按月對生態補償金進行核算，每季度將核算結果向省財政廳和遵義市、畢節市人民政府及有關縣（市、區）人民政府通報，每年1月31日前將上年度核算結果和應繳納總額向省財政廳和遵義、畢節兩市人民政府及有關縣（市、區）人民政府通報。遵義市人民政府或畢節市人民政府及有關縣（市、區）人民政府在收到上年度生態補償資金核算結果和應繳納總額後的20個工作日內，向對方市級財政和省級財政繳納生態補償資金。逾期不繳納的，省財政廳將通過辦理上下級結算扣繳。

據瞭解，《辦法》所稱赤水河流域指《赤水河流域環境保護規劃》中確定的流域和範圍，包括七星關區、金沙縣、大方縣、習水縣、仁懷市、赤水市、遵義市、桐梓縣。

据悉，生态补偿资金统一缴入省级财政，由贵州省财政厅会同贵州省环境保护厅按照定向使用原则，通过因素法进行分配。

（资料来源：http://www.guizhou.gov.cn/ztzl/xxgcgzswsyjqcqhjs/lszd/201609/t20160901_435954.html.）

三、建立生态补偿机制的政策工具

（一）公共类政策

对公共政策可以有不同的理解和范围界定。例如，从政策目的来看，凡是提供社会公共物品和服务的政策可称为公共政策。这里的公共政策是按照政策所依赖的公共资源和公共权力来界定，因为生态补偿的结果基本是都属于公共物品，市场手段有时同样可以提供公共物品。

1. 公共财政政策

有三种依靠经常性收入的公共支出财政政策可以用于生态补偿。

一是纵向财政转移支付，是指中央对地方，或地方上级政府对下级政府的经常性财政转移。该政策适宜于国家对生态功能区的生态补偿，实现补偿功能区因保护生态环境而牺牲的经济发展的机会成本。对跨省界中型流域、城市饮用水源地、辖区小流域和矿产资源开发的生态补偿问题，因责任关系不提倡，或因财力限制不可能使用中央向地方的转移支付。地方行政辖区内的纵向转移支付，个别地方要根据情况，也不宜大量使用，应尽量鼓励采用与相关利益和责任主体关系更紧密的政策。当然，如果跨省界流域的上游属于国家重要生态功能区，或者当某地区存在严重的大规模历史遗留的矿产资源开发造成的生态环境问题时，可以使用中央和地方的财政转移支付政策。

二是生态建设和保护投资政策，包括中央和地方政府的投资。中央政府的生态建设和保护投资政策主要适用于国家生态功能区的生态补偿，实现功能区因满足更高的生态环境要求而付出的额外建设和保护投资成本。地方政府的生态建设和保护投资政策的使用原则与国家的相类似，适用于当地生态环境安全有重要作用的地区。表9-6为建立生态补偿机制的政策工具。

表9-6　　　　　建立生态补偿机制的政策工具

主体利益/责任关系		重要生态功能区	跨省界的中型流域	城市饮用水源区	辖区内小流域	矿产资源开发
主体利益/责任关系	被补偿主体	功能区的政府和居民	上游地方政府和居民	饮用水源保护区政府和居民	上游地方政府和居民	开发所在地政府和居民
	补偿主体	功能区以外的所有受益者（代表）、中央政府	下游地方政府和居民	用水城市政府和居民	下游地方政府和居民	开发者
	上级政府		国家协调和部分补偿	城市上级政府协调	上级政府协调	国家颁布法律、组织实施和部分补偿

表9-6(續)

		重要生態功能區	跨省界的中型流域	城市飲用水源區	轄區內小流域	礦產資源開發
公共類政策	財政政策 縱向財政轉移支付	適宜	較適宜（如果流域上游是國家重要生態功能區）	不提倡	不提倡	不提倡（除非歷史原因造成嚴重問題）
	生態建設和保護投入	適宜（國家投入）	較適宜（國家投入，如果流域上游是國家重要生態功能區）	較適宜（地方投）	較適宜（地方投）	不提倡（除非歷史原因造成嚴重問題）
	橫向財政轉移支付	適宜	適宜	適宜	適宜	
	稅費和專項資金	較適宜				適宜
	扶貧、稅費優惠和發展援助	適宜	較適宜（如果流域上游是國家重要生態功能區）	上一級政府可以使用	上一級政府可以使用	較適宜
	經濟合作		適宜	適宜	適宜	較適宜（開發者與當地政府）
市場手段	一對一的市場交易（水資源交易）		適宜	適宜	適宜	
	可配額的市場貿易	較適宜（如碳匯）				
	生態標誌（如有機農產品、旅遊文化標誌）	適宜	較適宜	較適宜（地方投）		

三是地方同級政府的財政轉移支付，適用於跨省界中型流域、城市飲用水源地和轄區小流域的生態補償。與縱向財政轉移支付的補償含義不同，受益地方政府對保護地方政府的財政轉移支付應該同時包含生態建設和保護的額外投資成本和由此犧牲的發展機會成本。當然，若由其他手段如經濟合作實現了第二個補償內容，橫向轉移支付可以只補償第一個內容。當其他手段只是發揮輔助和強化作用時，轉移支付仍需包含兩個方面的補償內容。

2. 稅費和專項資金

稅費既是內化外部成本和激勵主體改變行為的經濟手段，又是政府財政的重要來源。向所有公民和組織徵收生態稅，並建立專項資金（基金）用於國家履行生態補償的責任是一個好的政策方向。但考慮到中國目前財稅政策改革思路，開徵新的稅種有較大困難，需要時日。

然而，針對礦產資源開發造成的嚴重生態環境問題，開徵生態補償費，或在現有資源補償費的基礎上增加一塊生態補償費是非常必要的。徵費收入可以建立專項基金，用於治理礦產資源開發引發的大規模生態問題及其歷史遺留問題。

3. 收優惠、扶貧和發展援助政策

對被補償地區，實行稅收優惠、扶貧和發展援助是生態補償政策的重要輔助手段，主要目的是補償發展機會成本的損失。稅收優惠包括稅收分成比例調整和稅收減免兩個方面。將現有扶貧和發展援助政策向補償地區傾斜和集中，就可以發揮生態補償的作用。國家的稅收優惠、扶貧和發展援助政策主要向國家重要生態功能區傾斜，地方的相關政策可以向所屬補償區域傾斜。

4. 經濟合作政策

開展經濟合作是解決跨省中型流域、城市飲用水源地和轄區小流域生態補償問題的重要輔助政策，其目的是補償流域上游地區犧牲的發展機會成本。根據地方經驗，經濟合作的形式是多種多樣的，如建立異地開發區、清潔型產業發展項目投資、人力資源培訓、創造就業機會等。

（二）市場手段

1. 一對一的市場交易

當受益方與保護方明確，利益關係清晰，特別是一對一的情況時，就可以通過協商，直接進行生態服務的市場買賣交易。該模式適合於跨省界中型流域、市飲用水源地和轄區小流域生態補償問題。因為流域生態服務最直接和最綜合地體現在上游提供優質足量的水資源，所以上下游政府間的水資源交易是這種市場交易的主要形式，當然，水資源交易也可在企業與社區之間展開。

2. 可配額的市場交易

當生態服務市場中買方和賣方的數量比較多或不確定，而生態系統提供的可供交易的生態環境服務是能夠被標準化為可計量的、可分割的商品形式，如溫室氣體等，這時可以使這些指標進入市場進行交易，即開放貿易方式。在重要生態功能區的生態補償領域，中國應該積極濟探討可配額的市場交易模式，如《聯合國氣候變化框架公約》及《京都議定書》下的碳匯清潔發展機制項目、配額生物多樣性保護和濕地保護交易機制等。

3. 生態標誌

生態標誌制度是一項廣泛發展的制度，可以作為生態功能區和流域生態補償的一種創新政策工具加以應用。這裡，廣義的生態標誌物品和服務既包括產品生態標誌，如生態（有機）農產品，也包括旅遊景區和文化或生物遺產地標誌。所以，鼓勵生態功能保護區和較大流域水源保護區積極發展生態標誌物品和服務，將當地的生態優勢轉化為產業優勢，有廣大的消費者支付生態補償的費用。

（三）生態補償機制的財政政策涉及

1. 縱向財政轉移支付制度的生態補償改革

改革中央對地方的縱向財政轉移支付，使其對國家重要生態功能區等地方具有生態補償作用的關鍵問題有兩個：調整的依據與標準；調整因子。

（1）調整的依據與標準

縱向財政轉移制度要實現的生態補償的內容是補償保護者犧牲的發展機會成本，所以，發展機會成本是調整轉移支付制度的基本依據。

機會成本是一個理論概念，要進行具體的計算，難度較大。從具體事實上來看，保護者所付出的機會成本，最後主要體現在產業結構的變化、政府收入能力的損失和人民生活水準的下降上。中國現行的財政轉移支付制度，已經充分考慮了受付地區的產業結構和財政收入能力因素。但是，目前財政對受付地區的產業結構因素，是按照常態的方式來對待的。它的基本假設條件是，這些地區的經濟結構是歷史形成的。這實際上否認了生態功能區對當地經濟結構的影響。

所以，在此基礎上考慮的機會成本，應重點考慮兩項指標：一是人民生活水準的下降程度；二是根據國家要求，建立與生態環境相適應的產業結構的相關本。為了與現行的財政政策相銜接，可以通過增加因素和調整系數的頒發，對現行的中央轉移支付制度進行必要的調整來體現生態補償的要求。

（2）調整因子

第一，農村社會保障支出。根據社會發展規律和中央建設新農村的精神，這一因素遲早要納入中央轉移支付的範圍。但在沒有總體進入之前，通過建立農村低保制度，對生態功能導致的人民收入水準下降，給予一定的補償，確保生態功能區的人民在失去一些經濟發展機會後，能有一個長效的生存機制，是非常有意義的。

第二，生態功能區因子。一般而言，生態功能區面積越大，其生產的生態服務功能就越大。因此，把生態功能區的國土面積作為中央轉移支付的一個因素，既可以較好地體現生態補償的功能，又易於操作。由於不同功能區生產的生態服務不同，從理論上講，同樣的面積不同生態功能區應該享受不同標準的生態補償金。

第三，現代化指數。現代化指數，既是反應一個地區經濟發展的水準，也一定程度上反應了其「清潔型產業結構」與「常規產業結構」的差距。因此，用這一指數來表示因保護生態環境造成產業發展機會成本的損失，具有較好的代表性。目前，中國科學院每年對中國各省的現代化指數進行測算，並公開發布。在此基礎上，考慮財政的承擔能力，確定一個合理的系數，具有較強的可操作性。

2. 生態補償的橫向財政轉移支付制度設計

與縱向財政轉移支付設計一樣，調整的依據與標準及其衡量指標仍然是生態補償橫向財政轉移支付制度設計的關鍵。

生態補償的橫向轉移支付主要是在流域上下游地區之間發生，其依據包括兩個：上游地區政府和居民為保護生態環境而付出的額外建設與保護的投資成本；因保護喪失的發展機會成本。

額外投資成本是可以被計量的。根據下游對上游出水水質的要求，上游生態建設和保護計劃，可以測算出達到該要求所需要的生態建設與保護成本；同時，以上下游相同的水質標準為基線，也可以測算出相應的成本。這兩個成本之差，就是額外成本。

對於發展機會成本的損失，同樣可以用上下游，或者上游與同類地區在產業結構水準、政府財政收入水準和居民生活水準等指標上的差距來考慮。

在實際確定轉移支付的額度時，真正的機制是靠上下游政府在上述依據的基礎上，協商確定。當發展機會成本有其他方式，如經濟合作來補償時，橫向轉移支付的依據可以主要考慮額外成本方面。

在支付方式上，與縱向轉移支付不同，不是直接轉移，而是先進入上一級政府的專項帳戶，並成立由上級政府和橫向轉移的兩地政府的代表共同組成的監督管理機構。被補償地（上游）對資金的使用，必須根據專門的生態環境保護規劃，以具體項目的方式申請，經共同監督管理機構批准後方可使用。如果轉移支付中包含了對發展的補償，申請項目可以包含發展及提高當地福利水準方面的用途。

在橫向財政轉移支付方式上的管理體制安排，主要目的是為了確保受益地政府所支付資金當然正確支出和增加透明度。同時，以專項資金（基金）方式管理，還可以募集社會資金如捐贈、無償援助等。

3. 國家生態補償專項（基金）設計

建立國家生態補償專項（基金）的目的是為了國家實施生態補償任務，建立固定的資金來源，其作用有三個：

一是整合現有不同渠道，發揮著一定生態補償作用的資金，消除生態補償政策部門化所帶來的弊端，集中使用方向、領域和地區，提高有限資源的使用效果。

二是調整現有有關可以發揮一定生態補償政策的使用方向，擴大實現生態補償目的的政策範圍。

三是增加新的資金來源，提高國家生態補償的能力。

根據中國財政政策改革要求，國家生態補償基金的建立需要堅持兩項原則：第一，減輕企業負擔，提高人民收入，即至少不能增加公民負擔和影響社會福利水準的提高。資金的籌集需要在現有收入渠道的框架下，謀求調整和改革。第二，新的資金源的開闢，必須與內化社會經濟活動的外部成本的原則相一致，例如在財政改革中關於資源有償使用的思路下尋找渠道。

國家生態補償基金的主要資金來源可以包括四個渠道：

（1）將現有中央財政每年投入的生態建設與保護工程資金，全部納入基金中，並作為經常項目，按財政收入增長的幅度，每年增加一定的比例。

（2）借鑑浙江等地經驗，將國家對林業、水利、農業、扶貧等專項補助金和相關收費（如水資源費、水土保持收費）收入的一定比例放入基金中，有效地利用這類資金可以發揮生態補償功能的部分。

（3）根據資源有償使用的思路和礦產資源開發造成嚴重的生態環境問題的現實，開徵礦產資源生態補償費，或在現有資源補償費的基礎上，提高一個增量，其收入全部劃入基金。

（4）基金解釋社會捐贈和海外發展援助等資金。

案例連結：青海三江源生態補償範例

生態補償，就是利用經濟手段來明確環境保護的主體責任。青海省三江源區的生態補償就是中國生態補償機制建設的一個典型案例。

一、「輸血」變「造血」

有人將三江源稱為「大美淨土」。的確，群山起伏，湖泊、小溪星羅棋布，茂盛的植被以及棲居其間的野生動物讓三江源集成了生態自然的所有珍稀美景，人們置身其中，遠離城市的喧囂，對自然的敬畏之心油然而生。

三江源區地處青藏高原腹地，是長江、黃河和瀾滄江的源頭匯水區。作為中國最為重要的生態功能區之一，三江源區對三條河流的中下游地區用水和經濟社會發展具有重要的保障作用。

然而，三江源區生態系統卻十分敏感脆弱。三江源區冰川退縮、湖泊和濕地萎縮等現象不斷加重，源頭產水量逐年減少。同時，原始粗放的牧業生產與資源環境保護之間關係不斷惡化，「人—草—畜」之間關係失衡。

過去，三江源的生態補償多為階段性政策，以項目作為補償方式，缺乏系統、穩定、持續、有序的法律保障和組織領導及資金渠道。然而要想獲得長效發展，政府就必須主動作為，提升服務能力，對補償成效負責。2010年，青海省人民政府印發了《關於探索建立三江源生態補償機制的若干意見》，明確指出生態補償機制是一項持久、穩定的長效機制，必須充分認識建立生態補償機制的重要意義。

當地政府不僅明確了建立生態補償機制的指導思想和基本原則，還與中國工程院合作，於2012年和2014年先後啟動實施了「三江源區生態補償長效機制研究」和「三江源區生態資產核算與生態文明制度設計」兩個重點諮詢項目。有關人員進行了大量的討論和實地調研，明確了三江源區生態保護與建設、農牧民生產生活條件改善、基本公共服務能力提升三個方面的工作重點。

三江源區的管理部門主動探索生態補償的機制，並在探索中認識到：要想建立生態補償的長效機制，就必須實現由國家「輸血式」生態補償向自身「造血式」生態補償的轉變，主動尋求實施生態補償的科學路徑。

二、金山和青山

生態補償機制是對重點生態功能區當地政府和人民群眾因生態保護喪失發展機會或增加的發展成本給予合理的經濟補償。那麼，如何算出三江源生態資源資產的各項經濟帳並確立補償的標準就成了實施生態補償的關鍵一環，也是最為基礎的一步。

中國環境科學研究院生態環境研究所所長張林波介紹說，摸清生態資源資產的家底就等於是在金山銀山和綠水青山之間架起了相互衡量的天平。中國工程院重點諮詢項目研究成果顯示，三江源區每年可提供的生態服務和生態產品價值約4,920.7億元。這一結果表明，生態資源資產是三江源區最重要的資產，其價值遠遠超過經濟生產價值。三江源的綠水青山才是其最為重要的金山銀山。為了保護國家重要的生態資源資產，三江

源區每年放棄了約369.7億的發展機會成本。為實現生態資源資產的保值增值，三江源區每年約需投入129.72億元進行生態保護恢復。

對生態資源資產的核算與價值評估便於將生態資源資產作為三江源區資源占用的重要依據，將生態資源資產核算納入國民經濟統計核算體系，替代原有單純的地區生產總值考核指標，建立以生態資源資產為核心的新型績效考評機制，構建綜合考慮區域經濟發展和生態資源資產狀況的區域發展衡量指數。權責清晰並且有了科學的數據支撐，生態補償工作的展開也就有了長久的動力支持。

三、探索與創新

探索建立生態補償機制，必須以保障和改善民生為核心。自2000年，國家和青海省已經投入了大量的生態補償資金用於改善三江源區牧民生活，但是這種補貼式、被動式和義務式的生態補償方式並不見效。牧民放棄原有的生產生活方式，接受國家的補償資金，但卻沒有找到替代的謀生方式，這樣下去不僅讓一些牧民再次按原有方式進行牧業經營，失去生態保護的積極性，甚至會影響到少數民族地區的團結穩定。

張林波所長介紹說，要想切實改變牧民生活就要根據三江源區生態資源資產核算結果，創新生態補償機制，將三江源區生態資源資產的生產經營變成牧民收入提高的另外一個來源，使牧民的身分定位由原來單純的牧業生產者轉變為牧業和生態產品雙生產者。同時，大力普及教育，轉移牧業人口，並培育三江源區生態畜牧業和民族手工業，引導和鼓勵農牧民自主創業和轉產創業。

三江源地處水之源頭，它的生機和活力孕育著下游的生生不息和繁榮發展。生態補償也為三江源生態文明的建設孕育著新的契機。

在生態保護這項事業中，誰都不能坐享其成，誰也不能逃避責任，破壞者付出代價，保護者得到獎勵，才是還原了最為基本的人類法則。有了生態補償的支撐，三江源的生態未來一定會探索出更為多元化的生態保護機制，促進形成綠色的生產方式和生活方式，最終讓文明的生態觀根深蒂固地存在於每個人的心中。

（資料來源：李琮．青海三江源建生態補償範例 為大自然「養顏」[N]．人民日報海外版，2016-08-23（12）．）

四、實施生態補償的管理體制

有四個方面的理由和事務，需要建立一個生態補償的管理和協調體制。

第一，生態補償機制不只是環境保護的常規手段，而是直接觸及重新調整許多方面的環境和經濟利益關係的重大問題，影響廣泛而深刻，是落實科學發展觀和建立和諧社會的重要措施，必須認真和科學對待。

第二，生態補償政策不是某一個或幾個獨立的政策，大部分政策是依附於現有許多部門政策和國家綜合政策之中，涉及許多部門利益，關係到全國生態功能和經濟發展功能分區，需要綜合協調。

第三，一些緊迫的生態補償問題的機制形成（如流域），都需要上一級政府的協

調，搭建利益主體的協商平臺。

第四，國家或地方建立了公共財政補償政策（如財政轉移支付和專項基金），需要監督管理和實施的績效評估。

因此，在國務院下設置生態補償委員會或領導小組，負責上述四項事務的協調管理，仲裁有關糾紛，為重大決策提供諮詢意見等。委員會或領導小組由環境保護部、發改委、財政部、水利部、農業部、林業局等相關部委領導組成。委員會或領導小組下設辦公室，作為常設辦事機構。辦公室可外設一個由專家組成的技術諮詢委員會，負責相關政策和事務的科學諮詢。

生態補償工作量比較大的省市，可參照國家生態補償委員會，設置相應機構。

五、責任賠償機制

生態補償機制和相關責任賠償機制是一個問題的兩個兩面，二者相輔相成，缺一不可。責任賠償機制就是對享受了生態補償機制的經濟利益，但不履行相應的生態環境保護責任和義務的行為進行懲罰的機制。所以，責任賠償機制是落實生態補償機制的一個工作機制，不需要單獨設立，應該在建立生態補償機制的契約關係（如補償協議或合同）中加以明確，賠償的標準應根據補償的標準和實際的違約情況來確定，原則上應更高一些。至於被補償一方造成的污染事故的賠償問題，屬於另一類問題，應該遵循其他規則。

復習思考題

1. 什麼是生態補償機制？其生態補償機制的理論基礎有哪些？
2. 國際生態補償的主要方式有哪些？
3. 試述生態補償機制的基本內容。
4. 中國的生態補償的重點領域有哪些？各領域的補償機制的特點是什麼？
5. 怎樣理解生態補償機制的政策選擇？

第十章

生態經濟制度建設

　　探索生態經濟建設中面臨的矛盾和問題，克服體制機制性障礙，必須加強制度建設，才能保障生態經濟發展。因此，加強生態經濟建設，制度保障是關鍵。

第一節　生態經濟制度建設的意義

一、生態經濟制度

在新制度經濟學的理論中，制度作為一種內生變量，對經濟的影響很大。新制度經濟學派的代表 T.W.舒爾茨將制度界定為一系列規則，他認為制度是某些服務的供給者，是應經濟增長的需求而產生的。制度可以降低交易費用；影響要素權利人之間配置的風險；能提供組織和個人的收入；影響公共品和服務之間的生產和分配等。

新制度經濟學派的另一代表人物 D.諾思在舒爾茨的基礎上對制度進行了更加深入的闡述。諾思認為制度是一種社會博弈規則，是人們所創造的用以限制人們相互交往的行為的框架，制度以一種自我實施的方式制約著參與人的策略互動，並反過來又被他們在連續變化的環境下通過實際決策不斷再生產出來。之所以存在制度是因為制度有利於克服外部性和市場失靈，促使不完全市場更好地運作。

諾思指出：制度是由一系列正式約束、社會認可的非正式約束及其實施機制所構成。正式約束又稱正式制度，包括政治規則、經濟規則和契約等，它由公共權威機構制定或由有關各方共同制定，具有強制力。非正式約束又稱非正式制度，主要包括價值觀、道德規範、風俗習慣、意識形態等，它是對正式制度的補充、拓展、修正、說明和支持，是得到社會認可的行為規範和內心行為標準，在某種意義上說，非正式制度比正式制度更為重要。此外，一些經濟學家把制度看作一系列契約的集合。

以諾思和舒爾茨為代表的新制度經濟學派提出的制度變遷理論，是制度經濟學的最新發展。諾思認為，制度是一個社會的游戲規則，更規範地說，它們是為決定人們的相互關係而人為設定的一些制約。諾思認為，在影響人的行為決定、資源配置與經濟績效的諸因素中，市場機制的功能固然是重要的，但是，市場機制運行並非盡善盡美，因為市場機制本身難以克服「外在性」等問題。制度變遷理論認為，「外在性」在制度變遷的過程中是不可否認的事實，而產生「外在性」的根源則在於制度結構的不合理，因此，在考察市場行為者的利潤最大化行為時，必須把制度因素列入考察範圍。因此，深入探討制度的基本功能、影響制度變遷的主要要素、經濟行為主體做出不同制度安排選擇的原因，以及產權制度與國家職能、意識形態變遷的關係等問題，是經濟學發展的必然要求。

按照一定的角度，制度經濟學把制度分為三個層次。一是憲法秩序，它是具有普遍約束力的一套政治、經濟、社會、法律的基本規則。憲法秩序就是第一類制度，它規定確立集體選擇條件的基本規則，是制定規則的總則。二是制度安排。它是在憲法秩序下約束特定行為模式和關係的規則，具體指法律和制度。三是規則性行為準則。新制度經濟學把思想文化因素納入制度範疇，制度變遷不僅包括正式制度變遷，還包括非正式制

度變遷，即以意識形態、價值觀、道德規範為核心的文化結構模式的變遷，作為「規則」的制度包括正式制度和非正式制度。正式制度主要包括界定人們在社會分工中的「責任」的規則，界定每個人可以幹什麼、不可以幹什麼的規則，關於懲罰的規則和度量衡規則等；非正式制度主要包括價值信念、倫理規範、道德觀念、風俗習慣和意識形態等。

就生態經濟制度而言，正式制度包括生態經濟法律、生態經濟規章、生態經濟政策等；非正式制度包括生態意識、生態觀念、生態風俗、生態習慣、生態倫理等。因此，生態經濟制度就是解決生態經濟問題、促進生態經濟協調發展的社會規則。由於這些規則有利於生態保護，因此生態經濟制度也被稱作「綠色制度」。

二、生態問題的制度根源

（一）市場失靈

新古典經濟學研究證明，在理想市場狀態下，市場機制可以在不同的消費者之間有效地配置生產的產品，在不同的廠商之間有效地配置生產要素，在不同的商品生產之間有效地配置生產要素，從而實現最優狀態。事實上，在現實的生態經濟中，這種理想化市場狀態的假設條件是不滿足或不完全滿足的，從而導致「市場失靈」。所謂市場失靈就是市場機制的某些障礙造成資源配置缺乏效率的狀態，通俗地說，就是經濟生活中，價格機制對某些問題無能為力，市場調節作用存在局限性。

根據微觀經濟學基本原理，市場機制這只看不見的手在一系列理想假設條件下，是資源在不同用途之間和不同時間上配置的有效機制，也就是說，正常市場機制可以實現廢棄物資源配置的帕累托最優。然而，市場機制有效運作要求市場具備理想假設條件，其中包括：①所有資源的產權一般來說是清晰的；②所有資源必須進入市場，由市場供求來決定其價格；③完全競爭；④人類行為沒有明顯的外部效應，公共產品數量不多；⑤短期行為、不確定性和不可逆決策不存在。如果這些條件不能滿足，市場就不能有效配置資源，而現實經濟活動中，這些理想假設條件往往無法滿足，因此產生市場失靈。

（二）政府機制失靈

市場不是萬能的，在市場失靈的情況下，往往需要政府干預的積極配合。

當然，政府機制同樣存在失靈的時候。政府機制失靈指政府干預不但沒有糾正市場失靈，反而進一步扭曲市場的現象。在生態環境領域，生態經濟建設是一項外部性很強的事業，市場機制對此表現出力不從心，導致有效供給不足，很難使這項事業蓬勃發展起來。政府通過制度設計以消除自由市場機制的障礙，並同時調動經濟主體對於生態經濟建設的積極性，就可以解決供給不足的問題，從而彌補市場失靈。

市場失靈意味著對一些環境產品和服務很難建立起市場或很難使市場正常工作。在市場失靈的情況下，政府干預成為一個可能的解決辦法。但市場失靈僅僅是政府干預的必要條件，政府干預還需要兩個其他條件：第一，政府干預的效果必須好於市場機制的效果；第二，政府干預所得到的收益必須大於政府干預本身的成本即計劃、執行成本和

所有由於政府干預而加於其他經濟部門的成本。理論上，政府干預的目的在於通過稅收、管制、建立激勵機制和制度改革來糾正市場失靈。例如，上游亂砍濫伐破壞森林造成下游洪水，政府就應該向上游林業和下游農業徵稅，來補貼上游森林的再種植。而實際上政府干預往往不能改正市場失靈，反而會讓市場進一步扭曲，這種情形就是「政府失靈」。政府失靈一般源於「干預失靈」或政府的有意或無意的不恰當行為；或由於缺乏政府的干預而導致的失靈或糾正市場失靈的失敗。在干預失靈的情況下，可能導致內部和外部的市場失靈。在干預不足的情況下，現存的市場失靈會繼續泛濫。當由於制度體系內部的原因，政府管理過程的最終結果使得價格遠離社會最優的價格時，就會發生政府失靈。

三、生態經濟制度建設的意義

（一）生態經濟制度建設對生態經濟的發展有重要的保證和推動作用

生態經濟模式是一種涉及經濟、社會、生態和區域經濟協調等多種因素的發展模式。促進生態文明建設和經濟建設的有機結合的經濟發展離不開制度的保障，只有在完善的制度下，才能使生態經濟主體自覺進行相應的生產和消費。無論是發達國家，還是發展中國家，都非常重視制度的建設，使經濟發展有章可循。

隨著中國經濟的迅速發展，生態和環境問題已經成為阻礙經濟社會發展的瓶頸。經濟系統的運行和生態系統的運行都是客觀存在的。人們由於片面地追求眼前和局部利益，破壞了生態系統，從而受到了自然規律的嚴厲懲罰。因此，增強社會公眾的生態經濟意識，有利於推動把中國經濟建設放在經濟與生態穩固協調發展的基礎上，實現經濟、社會、生態三個效益的統一。

科學發展觀強調以人為本，全面、協調、可持續發展，高度重視生態建設，政府採取了一系列加強生態保護和建設的政策措施，有力地推進了生態狀況的改善。但在實踐過程中，在生態保護方面還存在著結構性的政策缺位，特別是有關生態建設的經濟政策短缺。這種狀況使得生態效益及相關的經濟效益在受益者與保護者、破壞者與受害者之間的不公平分配，導致了受益者無償佔有生態效益，保護者得不到應有的經濟激勵；破壞者未能承擔破壞生態的責任和成本，受害者得不到應有的經濟賠償。這種生態保護與經濟利益關係的扭曲，不僅使中國的生態保護面臨很大困難，而且也影響了地區之間以及利益相關者之間的和諧。要解決這類問題，必須建立生態補償機制，以便調整相關利益各方生態及其經濟利益的分配關係，確保城鄉間、地區間和群體間的公平性，促進社會的協調發展。

（二）生態經濟制度建設是獲得良好資源環境效果的關鍵

環境制度創新的意義就在於以盡可能小的環保成本實現盡可能好的環境效果。所以有觀點認為，凡是存在能使制度供給主體獲得超過預期成本的收益的條件，一項制度就會被創新，而且創新的不斷延續和發展將構成現代社會安全感與共同體的真正基礎。由此看來，一國經濟的增長、生態的平衡、社會的發展，其內涵就是制度的合理性和創

造力。

　　從實際運作的視角分析，創建環境保護經濟制度的核心意義在於：把自然資源和環境納入國民經濟核算體系，能使市場價格準確反應經濟活動造成的環境代價，進而確定恰當的邊際社會成本，以刺激企業對相應的環境經濟政策和環境懲罰措施產生靈敏性和足夠的反應；同時，在合理分割企業所消費的「環境資源」產權的基礎上，使他們把生產中所帶來的「外部性」在明晰的產權和恰當的邊際社會成本中實現「內部化」，以實現社會經濟的高效率產出。然而，調整價格體系和實行環保經濟政策，對於國家產業結構的調整和經濟主體的決策選擇具有更加深遠的意義。因為，經濟主體存在著對不同產業方案進行選擇的潛在性動力，其中價格的導引和刺激是最為有效的。人們已經開始認識到，通過產業結構升級來保護自然環境和擺脫生態危機，已經成為現代國家和政府的一項重大的戰略性決策。有學者認為，產業層次越高，對環境的破壞作用就越小。因為，隨著產業結構的不斷升級，知識在產業中的含量會越來越高，對有形資產的依賴會越來越小，對資源利用的強度會越來越大，所以它對大幅度提高生產率和經濟集約化程度，以及對投資規模、經濟增長方式的改進都將產生積極和重大的影響。

　　當然，環境保護的經濟制度只有在能夠被使用的條件下才能發生作用，亦即對它們的應用需要政府機構、當下和未來污染者團體、越來越多的代表環境惡化受害者的非營利性組織對這些經濟政策及其手段的接受，而最終的可接受程度將取決於不同的社會力量的抗衡。事實上，這些力量之間的抗衡在本質上表現為不同利益團體之間的一種博弈，而現代政府對環境利益關係的整合，就是通過協調它們之間的討價還價來實現妥協與平衡的過程。誠然，現存的「不平衡」將受到政府與社會的普遍關注，然而政府行為越影響利益團體，這些團體就越覺得政府與自己的目的相關，也越是積極努力地去影響政府的決策。為了使國家和政府真正成為屬於整個社會的公共力量，不至於成為少數強勢利益團體的代言人，就需要建立起現代社會的有效機制，通過制度化的途徑接納社會成員的普遍參與。環境問題的公民參與有助於激發社會成員的責任感和積極性，以進一步壯大環境保護的社會力量，從而避免既得利益集團按照自身的經濟標準來影響政府的決策；有助於實現公眾對政府的監督，以制止政府的自利和擴張行為；有助於克服由生態危機而激發的矛盾，避免發生政治動盪和社會衝突。

　　以上分析可以得出一個總體性的結論：人與自然的關係集中體現在生產力方面，其本質為科學技術；人與人的關係集中體現在制度方面，其本質為社會價值。而人與自然的相容性決定了制度與技術一定是密切相關的。所以與其他所有制度一樣，保護生態環境的制度機制並不是一種空泛的架構，它將在推動科技進步、促進社會經濟發展方面發揮越來越大的作用。

第二節　生態經濟制度建設的現狀

中國的生態經濟建設始於 20 世紀 80 年代。建設生態經濟以來，政府對生態經濟制度的建設表現出高度的重視，一系列促進生態經濟建設的相關政策相繼出抬，生態經濟機制的建立越來越受到重視。各項生態經濟制度由最早的簡單的強制性規則發展到了經濟上的各項激勵機制，形式上更加靈活多樣。目前中國有關生態環境保護的法律內容已初具規模，形成了由憲法、法律、行政法規、地方性法規和中國簽訂的國際條約等所組成的生態環境保護法律體系。

1978 年修訂的《中華人民共和國憲法》第一次對環境保護做了規定：「國家保護環境和自然資源，防治污染和其他公害。」這為中國的環境立法提供了憲法依據。1979 年《中華人民共和國環境保護法（試行）》的頒布，標誌著中國的環境保護工作進入了法治階段。《中華人民共和國環境保護法》是一部綜合性的實體法，是制定專門性環境單行法的依據。該法對環境保護立法目的、任務、對象及環境法基本原則、制度、防治污染、保護和改善環境的基本要求，以及環境監督管理的職權、環境保護法律責任等做出了原則性規定。

環境行政法規是由國務院制定的有關合理開發利用和保護改善環境和資源方法的行政法規，如《中華人民共和國水污染防治法實施細則》《淮河流域水污染防治暫行條例》《建設項目環境保護管理條例》等。行政規章是由依法行使監督管理權的環境行政主管部門制定的，如《環境監理工作暫行辦法》《環境保護行政處罰辦法》《廢物進口環境保護管理暫行規定》等。2003 年，《中華人民共和國清潔生產促進法》較系統地對生產領域節約資源、提高資源利用率、資源綜合利用、減少有毒的原料使用以及合理包裝等進行了規範。

在環境行政法規出抬的同時，地方環境保護法也相應出抬。省、自治區、直轄市的人大及其常委會根據本行政區域的具體情況和實際需要，在不與憲法、法律、行政法規相抵觸的前提下，可以制定地方性法規。省、自治區、直轄市的人民政府，可以根據法律、行政法規和本省、自治區、直轄市的地方性法規來制定規章，如《河北省環境保護條例》《雲南省野生動物管理法》。

20 世紀 80 年代中國開始實施了生態環境補償政策，20 世紀 90 年代末實施了退耕還林（草）工程、天然林資源保護工程、退牧還草工程的經濟補助政策，2001 年開始試點實施生態公益林補償金政策、扶貧政策中的生態補償政策、生態移民政策、礦產資源開發的有關補償政策、耕地占用的有關補償政策、三江源保護工程經濟補助政策以及流域治理與水土保持補助政策等。從立法角度看，中國 1998 年的《中華人民共和國森林法》修正案中第一次明確規定「國家設立森林生態效益補償基金」，但是這項立法至今還沒有全面實施。嚴格意義上說，上述與生態補償相關的政策還不能稱為生態補償政

策,確切地說應當是針對單一要素或單一工程項目的補助政策。儘管如此,這些生態補償相關政策在保護生態環境、調節生態保護相關方經濟利益的關係上發揮了積極作用,對於完善中國生態補償機制具有重要參考價值。綜合起來看,中國現行的生態補償相關政策存在的主要問題是:政策基本上還不是以生態補償為目標而設計的,帶有比較強烈的部門色彩;整體上還缺少長期有效的生態補償政策;在政策制定過程中缺乏利益相關方的充分參與;補償標準普遍偏低;資金使用上沒有真正體現生態補償的概念和含義。

近年來,儘管中國生態經濟制度的建立取得了一定的成績,但相比發達國家還存在很多不足,特別是欠發達地區的生態經濟制度的建立還存在諸多不足,主要表現在四個方面。

一、生態經濟制度供給不足

(一) 生態經濟制度供給總量不足

目前,中國正處在從農業社會向工業社會轉變的關鍵時期,我們離發達國家和工業社會還有距離。由於全球化,全球生態危機加速了世界向後現代工業轉化的步伐,綠色經濟成為我們的必然選擇。目前,中國現有的制度中很少出現專門的綠色制度,生態經濟法律體系不健全,缺乏促進生態經濟發展的基礎法律。自生態經濟理念20世紀80年代被引入中國後,迄今為止,國內尚未出拾一部關於生態經濟的法律。

(二) 生態經濟制度供給手段落後

制度是經濟發展的規則。由於國民對市場經濟認識有限,對於生態經濟更是知之甚少,所以,中國對生態經濟制度的設計更多地運用了計劃手段,強制性、限制性制度較多,經濟發展的鼓勵性、指導性制度不足,導致激勵不夠,使制度的受用者要麼正面抵觸,要麼採取迂迴的方式,架空制度的效用。

(三) 生態經濟制度供給的範圍狹窄

中國目前生態經濟制度的供給主要是在生產領域,如循環經濟促進法、清潔生產法等,在流通、分配和消費領域較少。然而,生態經濟的發展同樣涉及生產、流通、分配、消費等環節,資源在流通和消費過程中污染和浪費也非常嚴重,過度消費、超前消費的現象愈演愈烈。因此,政府應拓寬生態經濟制度供給領域,加強對流通領域中企業、政府採購行為的規範,對居民的消費給予合理引導,鼓勵綠色採購和綠色消費,使終端的綠色消費引導前端的綠色生產,從而形成經濟過程的綠色化。

二、生態經濟制度操作性差、效率低

(一) 生態經濟制度不健全

當今世界各國包括中國在內,對怎樣計算、評估生態環境破壞與資源浪費所造成的直接經濟損失,對怎樣計算保護環境、治理污染、保護生態、挽回資源損失所必須支付的投資,都已累積了一些初步經驗,形成了一套初步可行的評估、計算方法。已創建的綠色制度完全可以量化後投入實際操作,用綠色經濟制度體系這個新的「指揮棒」,去

規範和考核經濟行為。但強烈的利益衝突使已有的研究成果無法在制度中體現。

(二) 生態經濟部分法規不能適應新形勢發展的需要

中國的環境保護法律體系主要是在計劃經濟體制下建立起來的，有些內容帶有濃厚的行政隸屬色彩，其指導思想主要體現為如何治理污染，這顯然不符合建設生態經濟的要求，所以，我們的立法指導思想應由污染治理改變為預防污染。環境法律體系尚待完善。目前出抬的許多環境法律都過於原則化，缺乏相應法規、規章和實施細則的配套，結果導致法律的可操作性差，執法隨意和執法標準不一致。

(三) 環境保護制度和措施落後

長期以來，中國在環保工作中主要採用行政管理的制度和措施，這些制度在市場經濟條件下早已顯示不足，為此，還必須引進相應的經濟激勵制度和市場調節制度。

(四) 環境標準偏低

由於中國以往片面追求高經濟效益，對環境標準制定過低，從而造成企業不惜犧牲環境追求經濟效益的短視行為。

三、生態法律滯後

20世紀以來，世界各國在經歷了放任發展經濟帶來的環境污染使得生態失衡以後，都在探索一條促進經濟、社會、生態環境平衡發展的可持續道路。改革開放後，中國也採取了各種措施治理環境污染、生態破壞。然而這些措施和手段仍然是針對生態環境遭到破壞以後採取的，並不能到達真正意義上的平衡的可持續發展。

四、非正式制度缺失

非正式制度，又稱非正式約束、非正式規則，是指人們在長期社會交往過程中逐步形成，並得到社會認可的約定成俗、共同恪守的行為準則，包括價值信念、風俗習慣、文化傳統、道德倫理、意識形態等。正式制度的建立和實施需要非正式制度的支持，非正式制度又受到正式制度的影響而改變。隨著中國經濟體制轉型和市場經濟的發展，人們把更多的關注放在正式制度的改革上，希望通過不斷完善法律監管體系來解決經濟發展中出現的治理缺失和秩序混亂等問題，在一定程度上卻忽略了非正式制度對經濟運行所起到的維護作用。另外，與一些發達國家相比較，中國公眾的生態知識比較匱乏，生態意識比較淡漠，公眾參與有限。法律雖然規定了公眾參與制度，但卻鮮少提供參與的渠道和措施。

第三節　生態經濟制度建設的途徑

建設生態經濟，制度建設是保障。加強生態經濟的制度建設對建設生態經濟有著重要的推動作用，建設生態經濟制度可以從以下方面展開。

一、完善市場機制

市場機制應該成為生態經濟發展內部運行的基礎，市場機制的資源配置基礎作用應該被充分發揮。

(一) 建立市場價格機制

市場機制最主要是通過價格機制來實現的，生態產品必須具有相應的價格，以實現生態經濟建設者的利益補償。

(二) 健全產權制度

經濟學認為，產權是有效利用、交換、保存、管理資源和對資源進行投資的先決條件，產權必須是明確的、專一的、可安全轉移的和可涵蓋所有資源、產品、服務的，這是市場機制正常作用的基本前提。從產權的形式上看，環境資源主要是以公共資源為主，由於環境資源的公共物品屬性所產生的外部性，難以實現排他性和可交易性，難以通過市場價格機制對其實現合理有效的配置。產權經濟學家認為，產權制度是整個社會制度體系的基礎和核心。產權越明晰，產權交易的成本越低，收益越高；產權不明則會發生「公地悲劇」現象。

經濟系統中，重視社會、經濟、環境的協調發展，將環境代價計入發展的成本，真實反應經濟發展的速度和質量，已是不爭的事實。所以，生態經濟制度建設的重點在於要明晰環境、資源產權，建立完整的環境、資源價格體系，使其價格正確反應它的價值，從制度上迫使利益主體承擔相應責任和義務。從責任與公平的角度看，生產者、經營者、消費者都要對產品的最終報廢處理和再利用承擔資源與環境的責任。

明晰的產權關係會產生激勵作用，從而影響主體的行為，這是產權的一個基本功能。產權的排他性激勵著擁有財產的人將它用於帶來最高價值的途徑，有權決定如何使用他的財產，以及有權要求侵犯其權利的人進行賠償。形成資源環境利用者相互制約體內生治理機制，主要包括明確產權和健全排污權交易制度。只有明確產權，才能對環境污染的責任加以明確的界定，並對環境的所有權加以有效的保護；健全排污權交易制度，主要是政府作為環境保護者的代表，享有環境不被污染的權利。

二、健全政府機制

政府的管理往往是通過各種手段對開發和利用環境的活動進行干預。

(一) 制定生態經濟政策

生態經濟制度的具體化就是生態經濟政策。為了達到生態改善與環境保護的目的，政府往往會採取多種手段對開發與利用環境的活動進行干預，利用它的行政權力制定經濟發展和生態保護的各種政策。

1. 生態產業政策

建設生態經濟要求形成節約資源和保護生態環境的產業結構、增長方式、消費模式，建立和完善產業導向，這是全面實現小康社會的新要求。中國經濟發展主要不是靠

提高生產要素的效率來促進發展，而是靠資源、投資和勞動力的擴張來促進發展。因此，必須改變以高投入、高消耗、高排放為特徵的傳統的工業化道路，發展生態經濟。

2. 生態保護政策

在諸多的政策中，環境經濟政策尤為重要。環境經濟政策是指政府按照市場經濟規律的要求，運用價格、稅收、財政、信貸、收費、保險等經濟手段，影響市場主體行為的政策手段。目前中國政府應從以下幾個方面制定或完善政策：環境稅費制度、財政補助制度、生態補償機制、排污權交易制度、環境標誌制度、環境責任保險制度等。

（二）構建生態經濟法律法規體系

法律法規是生態經濟政策和環保行動的出發點和歸宿。生態保護的原理、原則、方針和政策規範化、權威化和強制化，就形成生態經濟法律法規。

法律作為最基本的制度形式，所反應的只是不同的交易規則，它界定和影響著交易成本，交易活動中依靠個別組織機構或私人制度安排形式都存在著極高的制度成本，在這種情況下，制定並實施國家統一的法律就具有較大的規模效益。此外，法律是其他制度安排的基礎，法律制度決定各種具體制度安排形式的選擇範圍，進而影響具體制度安排形式的成本。有效的法律制度一方面可以降低制度的創新成本及維護成本，另一方面可以增加制度的收益，改善資源配置效率。

1. 完善環境法律法規

一是及時彌補環境立法領域上存在的空白點，為解決環境糾紛提供法律依據，使環境行政執法有法可依。二是及時修訂與市場經濟和可持續發展戰略不相符合的法律法規，以便更好地適應社會發展，更好地解決社會矛盾。三是完善各項環境法律制度，加強地方環境保護立法，使國家與地方的法律法規互相配套、相互呼應，以保證國家法律在各地的實施。

法制是生態文明建設職能運行的直接依據。目前，政府在環境行政立法上還存在配套立法進展緩慢、環境法規滯後於社會發展的突出問題，給生態文明建設職能的執行帶來障礙。在執法上，有的地方政府在項目的環保審批、驗收上把關不嚴，對破壞環境的違紀違法行為放任不究，嚴重影響了生態建設職能的行使。因此，立法機關和政府必須加強立法、保障嚴格執法，通過尊重和發揮法律法規的權威性、嚴肅性，使生態文明建設職能得到彰顯。

2. 嚴懲執法不嚴

政府必須嚴格執法，切實維護環境法律法規的權威性、嚴肅性，堅決抵制地方政府在環保項目審批、驗收上把關不嚴，以及對破壞環境的違紀違法行為放任不究等執法不嚴的現象。

（三）建立生態補償與政府財政轉移支付制度

生態補償是以保護生態環境、促進人與自然和諧發展為目的，根據生態系統服務價值、生態保護成本、發展機會成本，運用政府和市場手段，調節生態保護利益相關者之間利益關係的公共制度。生態補償按照實施主體和運作機制的差異，可以分為政府補償

和市場補償兩大類型。政府補償機制是目前開展生態補償最重要的形式，也是目前比較容易啓動的補償方式。政府補償機制是以國家或政府為實施和補償主體，通過財政補貼、政策傾斜、項目實施、稅費改革和人才技術投入等方式的補償。

生態補償機制是一種新型的資源環境管理模式，是新時期中國生態環境保護政策創新的重要內容。建立和完善生態補償機制是中國落實科學發展觀、實現人與自然和諧的重要戰略選擇。生態補償機制是一種保護資源環境的經濟手段，是一種有利於調動生態建設的積極性、促進環境保護的利益驅動機制、激勵機制和協調機制。

生態補償機制是指為改善、維護和恢復生態系統服務功能，調整相關利益者因保護或破壞生態環境活動產生的環境利益及其經濟利益分配關係，以內化相關活動產生的外部成本為原則的一種具有經濟激勵特徵的制度。其基本思路是通過恰當的制度設計使環境資源的外部性成本內部化，由環境資源的開發利用者來承擔由此帶來的社會成本和生態環境成本，使其在經濟學上具有正當性。生態補償機制的建立是一項複雜的系統工程，需要政府、社會和公民的廣泛參與，需要各利益相關方的協調配合和相互監督。生態補償堅持的兩個原則：一是誰利用誰補償，二是誰受益誰付費。

建立生態補償機制應採取的措施：

第一，建立生態補償的長效機制。生態建設是長期的、艱鉅的任務。政策調整具體為：繼續推進退耕還林、退耕還草工程，尤其要擴大重要江河流域所涉區域的實施範圍，將補助期限延長到20～30年；完善「項目支持」的形式，重點支持生態環境保護地區的生態移民和替代產業的發展。

第二，完善中央財政轉移支付制度。中央財政增加用於限制開發區和禁止開發區生態保護的預算規模和轉移支付力度及生態補償科目。財政部制定的政府預算收支科目中，與生態環境保護相關的支出項目約30項，其中具有顯著生態補償特色的支出項目如退耕還林、沙漠化防治、治沙貸款貼息占支出項目的三分之一，但沒有專設生態補償科目。因此，應在政府財政轉移支付項目中，增加生態補償項目，以用於國家級自然保護區、生態功能區的建設補償。因保護生態環境而造成的財政減收應作為計算財政轉移支付資金分配的一個重要因素。國家對限制開發區和禁止開發區實行政策傾斜，增加對生態保護地區環境治理和保護的專項財政撥款、財政貼息和稅收優惠等政策支持。

第三，建立橫向財政轉移支付制度，將橫向補償縱向化。建立地方政府間的橫向財政轉移支付制度，實行下游地區對上游地區、開發地區對保護地區、受益地區對生態保護地區的財政轉移支付。讓生態受益的優化開發區和重點開發區政府直接向提供生態保護的限制開發區和禁止開發區政府進行財政轉移支付，以橫向財政轉移改變四大功能區之間既得利益格局，實現地區間公共服務水準的均衡，提高限制開發區和禁止開發區人民生活水準，縮小功能區之間的經濟差距。

案例連結：無錫將立法出抬生態補償條例

村鎮「犧牲」自身利益不搞開發，生態變好了，但村民不能變窮了！繼今年生態

補償「提標擴面」以後，無錫在生態補償機制上也要「提檔升級」：通過地方立法的形式出抬《無錫市生態補償條例》，將無錫在生態補償工作中取得的經驗做法進一步制度化、法治化。據透露，目前該條例草案已進入公開徵求社會各界意見階段。如果進展順利，該條例有望明年實施，生態補償今後將成為政府每年的「必修課」。

一、補償機制促進生態環境保護

無錫自4年前在全市域建立生態補償機制以來，減緩了水稻種植面積快速下滑的趨勢，生產面積基本穩定，蔬菜、水蜜桃生產栽培面積也連續4年保持基本穩定。隨著保護力度的不斷提升，生態環境持續改善。市農委相關負責人介紹說，生態補償政策實施以來，新增省級濕地公園4個，濕地保護小區13個，對環太湖湖濱濕地保護恢復及改善太湖水環境發揮了積極作用，自然濕地保護率從2014年的41%提高到2017年的51.1%，恢復濕地面積7,000畝。生態公益林面積大幅增加，市區新增縣級生態公益林7.5萬畝。與此同時，農田基礎設施得到改善。發放的生態補償資金主要用於生態環境保護修復、環境基礎設施建設、發展鎮村社會公益事業和村級經濟等。市區共有111個行政村享受到了基本農田生態補償，由於這些村多為經濟薄弱村，工業基礎差、基本農田面積多，獲得的生態補償資金極大增加了這些村的集體經濟收入。生態補償實施後，村（居）民委員會參與生態建設的熱情空前提高，受補償的村可支配收入增加，農村公益服務事業得到了穩定的財政支持，農田基礎設施建設和維護水準得到了提升。

二、今年以來生態補償「提標擴面」

生態補償專項資金的設立，使為保護生態環境而付出代價、發展受限的區域獲取一定的經濟補償，受到了各鎮（街道）、村（社區）的廣泛歡迎。今年起，無錫又對全市生態補償機制進行「提標擴面」：擴大了補償範圍，提高了補償標準。除原有補償範圍外，將永久基本農田、全市實際種植的水稻田、紅豆杉國家林木種質資源庫、清水通道維護區以及重要水源涵養區等生態重點區域納入生態補償範圍。與此同時，對生態補償標準作了適度提高。比如永久基本農田從以前零補償變為每畝補償100元，水稻田由每畝400元提高到450元，市屬蔬菜基地由每畝200元提高到300元，種質資源保護區由每畝300元提高到350元等。此外，市區生態補償年初預算也大幅增加。2017年度市級生態補償年初預算資金3,000萬元，2018年度增加到5,625萬元，比上年增長87.5%。自2014年底至2017年，市區累計落實生態補償資金21614萬元。

三、地方立法草案向社會徵求意見

「要通過立法將此作為政府今後要做的常規工作落實下來，成為每年要做的『必修課』。」有關人士表示，為強化生態文明建設的法治保障，今年市人大常委會將生態補償工作列入年度立法計劃，將我市生態補償工作中取得的經驗做法進一步制度化、法治化。根據市發改委「關於報送《無錫市生態補償條例》立法計劃的報告」，條例立法工作已於今年1月份正式啟動。為確保立法質量，市人大常委會強化立法主導，提前介入立法起草，多次召開調研座談會，反覆研究斟酌，修改完善條例草案；同時強化問題導向，堅持立法創新，致力於體現無錫特色，形成工作亮點。目前《無錫市生態補償條

例（草案）》已經市政府常委會議討論通過，並由市十六屆人大常委會十三次會議進行了第一次審議。目前已全文公布，公開徵求社會各界意見。

（資料來源：http://www.wxrb.com/news/wxxw/201811/t20181118_1437498.shtml.）

三、建立社會機制

建設生態經濟制度離不開社會機制的構建。社會機制指社會公眾包括社會團體、民間組織和公民個人接受並宣傳生態環保的思想，參加生態建設和環境保護的實施。社會機制是生態經濟發展中最為廣泛的機制。

市場經濟建立在市民社會的基礎上，社會團體是市民社會的中堅力量。生態經濟的發展離不開社會團體的參與。世界各國在建設生態經濟過程中都越來越重視社會機制的建立。新加坡能夠在較短的時間內取得綠色經濟建設的成果，很大程度上與公民的參與有關。日本在《循環型社會形成推進基本法》中特別規定了社會團體的參與。因此，中國應當特別注意加強對社會團體的培育。社會團體的參與不僅有利於決策的科學化、民主化，還對公民綠色環保意識的培養起到積極的作用。它是因為社團的成員來自民間，其宣傳和榜樣的力量可以對社會綠色化進程產生巨大的影響。

構建生態社會機制的路徑：

（一）普及教育，增強公眾的生態經濟觀念

生態經濟的建設，既是經濟問題也是生態問題，經濟系統和生態系統的運行都是客觀存在的，但由於人們片面地追求眼前和局部利益，破壞了生態系統，從而受到了自然規律的嚴厲懲罰，各種環境問題凸現出來。因此，應以環境教育和環境意識普及的方式，喚起公眾的節約意識和環保意識，從而提升整個社會對環境的責任感，讓足夠的認知成為公眾自覺行動的能力；改變公眾的消費偏好，使其形成健康文明、節能環保的消費和生活方式。

（二）公開生態環境信息

信息公開可以使公眾能夠基於更充分的信息做出選擇，從而對有利於生態的產品和服務產生更大的需求。如對污染排放的信息公開使公眾能夠監督生產經營者的行為。

（三）發動公眾自覺參與

社會機制特別注重公眾的參與程度，政府在改善生態環境中的作用往往是基於公眾對於環境狀況的強烈不滿和改善環境的強烈願望，因此，鼓勵公眾參與是生態管理的一個重要方面。如在重大項目的環境評價中要求公眾聽證可以提高公眾的生態意識。公眾參與環境影響評價，不應僅僅停留在項目規劃的事前監督上，還應包括事後監督；不應僅僅是對建設項目規劃的評價，還應包括立法規劃的評價。這樣公眾參與貫穿到建設規劃項目和立法規劃項目的全過程，確保所有行為和決策以生態環保為前提。

（四）扶植綠色社團建設

綠色社團在生態經濟中發揮著越來越重要的作用，要通過民間發起的環境保護組織開展宣傳，鼓勵公眾創辦綠色企業、從事綠色行銷、生產與消費綠色產品。要通過組建

具有相對獨立性的非政府綠色社團組織,對政府的生態管理活動形成一定的監督和制約作用。環保團體是公眾參與的重要渠道,依靠其團體優勢和專業優勢,公眾能夠更好地監督政府的立法、執法行為,防止企業、個人的環境破壞行為。

(五) 倡導綠色消費、生態消費

綠色消費是目前世界各國比較流行的一種觀念和行動。綠色消費是隨著生態環境危機的加深、人類消費觀念及消費需求的變化而產生的一種全新的消費理念和生活模式,目前已成為世界消費發展的大趨勢,並日益成為中國消費發展的主旋律。當今社會,關於綠色消費的研究涉及多學科、多角度,研究也不斷深入。學界一般認為,綠色消費是指以綠色、自然、和諧、健康為宗旨的,有益於人類健康和環境保護的消費內容和方式。綠色消費具有十分豐富的經濟、社會、生態的內涵,其內涵的本質是可持續消費,即要求消費的過程和消費的商品、勞務均對消費者本人、對他人(包括同時代人和後人),對生態環境無害,達到人與人之間、人與自然之間均衡、公平、可持續發展的目的。

生態消費就是廣義的綠色消費,是為了滿足人類的生態需要,實現人類和經濟的可持續發展。西方發達國家早在 19 世紀末就有了「綠色意識」。20 世紀 70 年代以來的「綠色革命」深刻衝擊著人們的觀念,當今綠色意識、生態意識已深入人心。據有關民意測驗統計,77%的美國人表示,企業和產品的綠色形象會影響他們的購買欲;94%的德國消費者在超市購物時會考慮環保問題;85%的瑞典消費者願意為環境清潔而付出較高的價格;80%的加拿大消費者寧願多付出 10%的錢購買對環境有益的產品;日本消費者更勝一籌,對普通的飲水機和空氣都以「綠色」為選擇標準;韓國的消費者爭先購買幾乎絕跡的茶籽、茶籽油作為天然的洗髮劑、護髮劑。中國 20 世紀 90 年代初引進「綠色行銷」的概念,消費者的綠色消費需求是拉動企業綠色生產的動力。然而,目前中國對「綠色行銷」宣傳不夠,企業在生產、銷售中也缺乏必要的「綠色意識」,沒有形成對消費者的有效的綠色消費心理刺激,綠色產品的社會效應難以深入人心。同時,受制於收入水準的限制,一些消費者無力承擔由於生產綠色產品而帶來的成本的上漲,綠色產品成為一些人眼中的「空中樓閣」。因此,加強生態消費制度建設具有非常重要的意義。

復習思考題

1. 如何理解生態經濟制度建設的重要性?
2. 你認為目前的生態經濟制度建設存在哪些不足?
3. 什麼是「公地悲劇」?舉例說明公地悲劇產生的原因及其影響。

參考文獻

[1] 唐建榮. 生態經濟學［M］. 北京：化學工業出版社，2005.

[2] 趙桂慎. 生態經濟學［M］. 北京：化學工業出版社，2009.

[3] 梁山，趙金龍，葛文光. 生態經濟學［M］. 北京：中國物價出版社，2002.

[4] 湯天滋. 主要發達國家發展循環經濟經驗述評［J］. 財經問題研究，2005（2）.

[5] 彼得·巴特姆斯. 數量生態經濟學［M］. 齊建國，張友國，王紅，等譯. 北京：社會科學文獻出版社，2010.

[6] 赫爾曼·E. 戴利. 超越增長：可持續發展的經濟學［M］. 諸大建，胡聖，等譯. 上海：上海譯文出版社，2001.

[7] 張黎. 什麼是綠色經濟［N］. 中國環境報，2009-8-18.

[8] 中國人民大學氣候變化與低碳經濟研究所. 低碳經濟——中國用行動告訴哥本哈根［M］. 北京：石油工業出版社，2010.

[9] 王松霈. 中國生態經濟學研究的發展與展望［J］. 生態經濟，1995（6）.

[10] 王松霈. 生態經濟學是指導實現可持續發展的科學［J］. 鄱陽湖學刊，2009（1）.

[11] 騰有正. 環境經濟問題的哲學思考——生態經濟系統的基本矛盾及其解決途徑［J］. 內蒙古環境保護，2001（2）.

[12] 李鵬，楊桂華. 生態經濟學學科基本問題的新思考［J］. 生態經濟，2010（10）.

[13] 姜學民，等. 生態經濟學概論［M］. 武漢：湖北人民出版社，1985.

[14] 赫爾曼·E. 戴利，肯尼斯·湯森. 珍惜地球［J］. 範道豐，譯. 北京：商務印書館，2001.

[15] 嚴茂超. 生態經濟學新論：理論、方法與應用［M］. 北京：中國致公出版社，2001.

[16] 梁山，趙金龍，葛文光. 生態經濟學［M］. 北京：中國物價出版社，2002.

[17] 尚杰. 農業生態經濟學［M］. 北京：中國農業出版社，2000.

[18] 戴星翼，俞厚未，董梅. 生態服務的價值實現［M］. 北京：科學出版社，2005.

[19] 趙桂慎，於法穩，尚杰. 生態經濟學［M］. 北京：化學工業出版社，2009.

[20] 姜學敏. 生態經濟學概論［M］. 武漢：湖北人民出版社，1985.

［21］馬傳棟. 可持續發展經濟學［M］. 濟南：山東人民出版社，2002.

［22］萊斯特·布朗. 生態經濟學［M］. 林自新，等譯. 北京：東方出版社，2002.

［23］王松霈. 生態經濟學［M］. 西安：陝西人民教育出版社，2000.

［24］張震，李長勝. 生態經濟學——理論與實踐［M］. 北京：經濟科學出版社，2016.

［25］黃玉源，鐘曉青. 生態經濟學［M］. 北京：中國水利水電出版社，2009.

［26］沈滿洪. 生態經濟學［M］. 2版. 北京：中國環境科學出版社，2016.

［27］劉思華. 生態馬克思主義經濟學原理［M］. 北京：人民出版社，2006.

［28］丁四保. 區域生態補償的方式探討［M］. 北京：科學出版社，2010.

［29］黃欣榮. 產業生態論［M］. 北京：科學出版社，2010.

［30］傅國華，許能銳. 生態經濟學［M］. 北京：中國農業出版社，2008.

［31］沈滿洪. 生態經濟學［M］. 北京：中國環境科學出版社，2008.

［32］廖娟論. 中國生態旅遊的可持續發展［J］. 現代商貿工業，2011（24）.

［33］夏林根. 論旅遊生態資源化［J］. 旅遊論壇，2000（3）.

［34］李雲龍. 綠色物流的產生背景及發展對策初探［J］. 中國商界，2012（9）.

［35］胡江虹. 綠色物流發展研究［J］. 長安大學，2011.

［36］李麗. 論生態旅遊的特點及其開展［J］. 商場現代化，2012（673）.

［37］羅清. 關於中國生態旅遊發展前景的分析［N］. 中國城市低碳經濟網. 2012-11-15.

［38］吳肖堅. 中國發展綠色物流的對策研究［J］. 中國人口·資源與環境，2011（21）.

［39］陳秋華. 生態旅遊［M］. 2版. 北京：中國農業出版社，2017.

［40］張建萍. 生態旅遊［M］. 修訂版. 北京：中國旅遊出版社，2017.

［41］David A. Fennell. 生態旅遊［M］. 4版. 張凌雲，馬曉秋，譯. 北京：商務印書館，2017.

［42］王楊，馬媛媛，張麗娜. 生態旅遊資源開發［M］. 北京：旅遊教育出版社，2017.

［43］高文武，闞勝俠. 消費主義與消費生態化［M］. 武漢：武漢大學出版社，2011.

［44］黃國勤. 生態文明建設的實踐與探索［M］. 北京：中國環境科學出版社，2009.

［45］生態文明建設學習讀本編寫組. 生態文明建設學習讀本［M］. 北京：中共中央黨校出版社，2007.

［46］俞海山，周亞越. 論消費主義的危害與對策［J］. 商業研究，2003（8）.

［47］王寧.「國家讓渡論」：有關中國消費主義成因的新命題［J］. 中山大學學報（社會科學版），2007（4）.

[48] 張文偉. 美國「消費主義」興起的背景分析 [J]. 廣西師範大學學報（哲學社會科學版），2008（1）.

[49] 杜林. 多少算夠——消費主義與地球的未來 [M]. 長春：吉林人民出版社，1997.

[50] 尹世杰. 提高生態消費力的意義和途徑 [N]. 人民日報，2012-04-12.

[51] 鞠美庭，等. 生態城市建設的理論與實踐 [M]. 北京：化學工業出版社，2007.

[52] 李海龍，於立. 中國生態城市評價指標體系構建研究 [J]. 城市發展研究，2011（7）.

[53] 吳瓊，王如松. 生態城市指標體系與評價方法 [J]. 生態學報，2005（8）.

[54] 李玉霞，肖建紅，陳紹金. 國內外生態足跡方法應用研究進展 [J]. 安徽農業科學，2011（5）.

[55] 蔣依依，等. 國內外生態足跡模型應用的回顧與展望 [J]. 地理科學進展，2005（3）.

[56] 周國忠. 國內外生態足跡研究進展 [J]. 浙江學刊，2010（6）.

[57] 杜斌，等. 城市生態足跡計算方法的設計與案例 [J]. 清華大學學報（自然科學版），2004（9）.

[58] 夏春海. 生態城市指標體系對比研究 [J]. 城市發展研究，2011（1）.

[59] 王玉慶. 當前生態城市建設中的幾個突出問題 [J]. 求是，2011（4）.

[60] 李鋒，等. 生態市評價指標體系與方法——以江蘇大豐市為例 [J]. 應用生態學報，2007（9）.

[61] 郭珉媛. 1999年以來國內生態城市評價指標體系研究述評 [J]. 前沿，2010（23）.

[62] 任正曉. 中國西部地區生態循環經濟發展研究 [D]. 北京：中央民族大學，2008.

[63] 吳燕燕. 欠發達地區循環經濟發展障礙及對策研究 [D]. 金華：浙江師範大學，2010.

[64] 丹尼斯·米都斯，等. 增長的極限——羅馬俱樂部關於人類困境的報告 [M]. 李寶恒，譯. 長春：吉林人民出版社，1997.

[65] 崔兆杰，遲興運，滕立臻. 應用生態位和關鍵種理論構建生態產業鏈網 [J]. 生態經濟（學術版），2009（1）.

[66] 龔著燕. 製造業與資源性產業實現清潔生產的一般性工業生態框架 [J]. 軟科學，2008（9）.

[67] 曲格平. 關注中國生態安全 [M]. 北京：中國環境科學出版社，2004.

[68] 宋東寧，咚敏. 中國生態旅遊發展淺析 [J]. 齊齊哈爾大學學報（哲學社會科學版），2007（6）.

[69] 王來喜. 西部民族地區「富饒的貧困」之經濟學解說 [J]. 社會科學戰線, 2007 (5).

[70] 師守祥, 張賀全, 石金友. 民族區域非傳統的現代化之路 [M]. 北京: 經濟管理出版社, 2006.

[71] 胡鞍鋼. 地區與發展: 西部開發新戰略 [M]. 北京: 中國計劃出版社, 2001.

[72] 王振健, 等. 四川典型紫色土肥力特徵及可持續利用研究 [J]. 西南農業大學學報(自然科學版), 2005 (7).

[73] 王石川. 期待垃圾分類從文本走向範本 [N]. 京華時報, 2011-11-20.

[74] 牛斌武. 中國22%自然保護區遭破壞, 生態旅遊「名不副實」 [N]. 光明日報, 2010-03-15.

[75] LOOMIS J B. Assessing Wildife and enviromental Values in cost benefit analysis: state of art [J]. Journal of Enviornmental Management, 1986 (2).

[76] Focus L R. Financing environmental service: the Costa Rican experience and its implications [J]. The Science of the Total Environment, 1999 (3).

[77] 葉文虎, 魏斌. 城市生態補償能力衡量和應用 [J]. 中國環境科學, 1998 (4).

[78] 毛顯強, 鐘瑜, 張勝. 生態補償的理論探討 [J]. 中國人口·資源與環境, 2002 (4).

[79] 加勒特·哈丁. 生活在極限之內——生態學、經濟和人口禁忌 [M]. 興翼, 張真, 譯. 上海: 上海譯文出版社, 2001.

[80] SANMUELSON P A. The pure Theory of Public expenditure, The Review of Economics and Statistics [J]. The Review of Economics and statistics, 1955 (11).

[81] 庇古. 福利經濟學(英文版) [M]. 北京: 中國社會科學出版社, 1999.

[82] SANMUELSON P A. The pure Theory of Public expenditure, The Review of Economics and Statistics [J]. The Review of Economics and statistics, 1955 (11).

[83] 呂忠梅. 超越與保守一可持續發展視野下的環境法創新 [M]. 北京: 法律出版社, 2003.

[84] 俞海, 任勇. 流域生態補償機制的關鍵問題分析——以南水北調中線水源涵養區為例 [J]. 資源科學, 2007 (2).

[85] KOSOY N, et al. Payments for environmental services in water sheds: Insight form a comparative study of three cases in Central America [J]. Economics. 2006 (8).

[86] 萬本太, 鄒首民. 走向實踐的生態補償—案例分析與實踐探索 [M]. 北京: 中國環境科學出版社, 2008.

[87] HARDI P, et al. Measuring sustainable development: Review of current practice [R]. Occasional paper, 1997 (17).

[88] 徐中民，張志强，程國棟. 甘肅省1998年生態足跡計算與分析 [J]. 地理學報，2000（5）.

[89] 郝文杰. 政府的淡出與市場的深入——從排污權交易談起 [J]. 經濟導刊，2002（7）.

[90] 樊勝岳. 生態經濟學原理與運用 [M]. 北京：中國社會科學出版社，2010.

[91] 尚杰. 農業生態經濟學 [M]. 北京：中國農業出版社，2011.

[92] 本尼斯，等. 超越領導：經濟學、倫理學和生態學的平衡 [M]. 劉薈，等譯. 上海：格致出版社，2011.

[93] 梁山，姜志德. 生態經濟學 [M]. 北京：中國農業出版社，2008.

[94] 馬傳棟. 工業生態經濟學與循環經濟 [M]. 北京：中國社會科學出版社，2007.

國家圖書館出版品預行編目（CIP）資料

生態經濟學 / 肖良武等編著. -- 第一版.
-- 臺北市：財經錢線文化, 2020.05
　　面；　公分
POD版

ISBN 978-957-680-400-7(平裝)

1.生態經濟學

367.016　　　109005411

書　　名：生態經濟學
作　　者：肖良武,蔡錦松,孫慶剛,張攀春 編著
發 行 人：黃振庭
出 版 者：財經錢線文化事業有限公司
發 行 者：財經錢線文化事業有限公司
E - m a i l：sonbookservice@gmail.com
粉絲頁：　　　　　網址：
地　　址：台北市中正區重慶南路一段六十一號八樓 815 室
8F.-815, No.61, Sec. 1, Chongqing S. Rd., Zhongzheng
Dist., Taipei City 100, Taiwan (R.O.C.)
電　　話：(02)2370-3310　傳　真：(02) 2388-1990
總 經 銷：紅螞蟻圖書有限公司
地　　址：台北市內湖區舊宗路二段 121 巷 19 號
電　　話:02-2795-3656 傳真:02-2795-4100　　網址：
印　　刷：京峯彩色印刷有限公司（京峰數位）

　本書版權為西南財經大學出版社所有授權崧博出版事業股份有限公司獨家發行電子
書及繁體書繁體字版。若有其他相關權利及授權需求請與本公司聯繫。

定　　價：450 元
發行日期：2020 年 05 月第一版
◎ 本書以 POD 印製發行